GAOANQUANXING TAISUANXINLI CHUNENG QIJIAN

高安全性钛酸锌锂储能器件

王利娟　著

化学工业出版社

·北京·

内容简介

《高安全性钛酸锌锂储能器件》全面而翔实地介绍了高安全性锂离子电池负极材料,提出了抑制 LZTO 容量攀升的方法,这有助于研究和开发具有安全性高且循环稳定性好的 LZTO 负极材料,对在混合动力电动汽车、纯电动汽车等领域有重大需求的高安全性锂离子电池的研究和开发具有重要意义。全书从制备方法探究、碳包覆改性、掺杂改性、引进氧缺陷改性等方面详细介绍了相关研究工作,可为这类高安全性负极材料的未来商业应用奠定相关理论和技术基础。

本书可供能源化学、电化学工程等领域的研发技术人员阅读。

图书在版编目(CIP)数据

高安全性钛酸锌锂储能器件/王利娟著. —北京:化学工业出版社,2023.8
ISBN 978-7-122-43558-3

Ⅰ.①高…　Ⅱ.①王…　Ⅲ.①锂离子电池　Ⅳ.①TM912

中国国家版本馆 CIP 数据核字(2023)第 094654 号

责任编辑:陈　喆　　　　　　文字编辑:陈　雨
责任校对:王　静　　　　　　装帧设计:关　飞

出版发行:化学工业出版社
　　　　　(北京市东城区青年湖南街 13 号　邮政编码 100011)
印　　装:北京虎彩文化传播有限公司
710mm×1000mm　1/16　印张 16¼　字数 270 千字
2023 年 9 月北京第 1 版第 1 次印刷

购书咨询:010-64518888　　售后服务:010-64518899
网　　址:http://www.cip.com.cn
凡购买本书,如有缺损质量问题,本社销售中心负责调换。

定　　价:158.00 元　　　　　　版权所有　违者必究

在环境污染日益加剧的今天，化石燃料已不是人类生存所需能量的唯一来源，环保可再生能源成为人们关注的焦点。太阳能、风能、潮汐能等可再生清洁能源虽然对环境友好，但是由于受季节以及天气的影响不能保证能源的持续供应，无法满足人们日常所需。因此，需要配备高效的储能系统以保证能源的持续供应。锂离子电池是一种高效的储能设备，与铅酸、镍镉、镍氢电池等其它二次电池相比具有更高的能量密度和更长的循环寿命。生活中越来越多的电子产品，如笔记本电脑、手机、手表、照相机等便携式电子设备都以锂离子电池作为首选电源。随着社会的发展和科技的进步，锂离子电池也逐渐应用在电动汽车、航空航天以及潜水艇等大功率设备上，这为锂离子电池的发展提供了巨大的空间。

现在商业化的锂离子电池负极材料多为石墨碳材料，这种负极在大电流或者过充情况下易产生锂枝晶，枝晶容易刺穿隔膜，造成电池短路甚至爆炸，这给锂离子电池的使用带来了严重的安全隐患。新型 $Li_2ZnTi_3O_8$（LZTO）材料因为其较高的理论比容量（229mAh·g^{-1}）和良好的循环稳定性，逐渐成为一种很有潜力的负极材料。$Li_2ZnTi_3O_8$ 属于立方尖晶石结构，具有同 $Li_4Ti_5O_{12}$ 一样的"零应变"特性，空间群为 $P4_332$。$Li_2ZnTi_3O_8$ 中 Li 与 Zn 以 1∶1 的原子比占据四面体位点，Li 与 Ti 以 1∶3 的原子比随机占据八面体位点。所以 $Li_2ZnTi_3O_8$ 也可以写成 $(Li_{0.5}Zn_{0.5})_{tet}[Li_{0.5}Ti_{1.5}]_{oct}O_4$ 的形式，这种结构如上所述，有利于锂离子在电化学反应过程中脱嵌。LZTO 具有许多优点：LZTO 的嵌锂电势高，可以保证锂离子电池具有良好的安全性；与 $Li_4Ti_5O_{12}$ 相比，LZTO 具有相对高的理论比容量；LZTO 的零应变特性保证了其良好的循环性能；LZTO 具有较宽的锂离子迁移通道；一般来说，$Li_4Ti_5O_{12}$ 在固相法中的煅烧温度在 800~900℃，煅烧时间约 10h。LZTO 的合成温度低于 800℃，合成时间缩短为 3~5h。因此，与 $Li_4Ti_5O_{12}$ 相比，LZTO 的合成工艺简单，易于工业化。

$Li_2ZnTi_3O_8$ 最早用于陶瓷领域，2010 年福州大学的魏明灯课题组首次报道了

LZTO 的储锂性能。在 0.1A·g^{-1} 的电流密度下，纳米棒状的 LZTO 循环 30 次放电比容量仍可以得到 200mAh·g^{-1}。随后，天津大学的唐致远课题组、山东大学的白玉俊、丰田中央研发实验室的 Kazuhiko Mukai 对 LZTO 进行了详细研究和报道。

经研究证明，$Li_2ZnTi_3O_8$ 负极材料的放电过程可以分为三步。第一步是放电之初 Li$^+$ 嵌入材料八面体的 4b 和 12d 空位上，另外，该过程中四面体 8b 位置上的 Li$^+$ 和 Zn^{2+} 不动。第二步是随着 Li$^+$ 不断嵌入八面体位置，四面体 8b 上的 Li$^+$ 和 Zn^{2+} 从原来的位置上运动到 Li$^+$ 和 Ti^{4+} 所在的八面体 4b 和 12d 位置上，可以看作是 Ti^{4+} 的多次还原，并且移动到八面体位置的 Li$^+$ 和 Zn^{2+} 对本身占据该位置的 Li$^+$ 和 Ti^{4+} 没有影响。第三步是 Li$^+$ 嵌入到四面体 8b 的位置上，直到放电结束。该过程中的嵌 Li$^+$ 属于额外嵌入，也正是因为有这一步，使得 $Li_2ZnTi_3O_8$ 的实际比容量高于理论值。

尽管 LZTO 具有以上多种优点，但是其也存在电子电导率低的缺点；另外，随着研究的不断深入，我们发现 LZTO 对水特别敏感，这就对电解液的水分控制、极片的干燥提出了比较苛刻的要求。此外，LZTO 在循环过程中出现了容量攀升的现象，这严重影响了其循环稳定性。这些问题都将直接影响 LZTO 材料未来的商业化应用前景。

本专著全面而翔实地介绍了新一代高安全性锂离子电池负极材料，帮助读者客观认识这种材料。更重要的是，本专著提出了抑制 LZTO 容量攀升的方法，这有助于研究和开发具有安全性高且循环稳定性好的 LZTO 负极材料，对在混合电动汽车、纯电动汽车等领域有重大需求的高安全性锂离子电池的研究和开发具有重要意义。另外，本专著从制备方法探究、碳包覆改性、掺杂改性、引进氧缺陷改性等方面详细介绍了本课题组的研究工作。本专著的撰写与出版，有望为高安全性负极材料的未来商业应用奠定相关理论和技术基础。

为了方便读者查阅和理解，全书插图汇总归纳制作成一个二维码，放于封底，读者可扫码获取。

著　者

目录

第1章

锂离子电池概论

1.1 概述

能源是人类赖以生存和发展的物质基础。在人类社会发展的漫长历史时期里，化石燃料（煤、石油、天然气）一直是人类能源利用的主体。随着现代社会的飞速发展，化石燃料的不可再生、储量有限以及燃烧过程引起的环境污染等问题逐渐凸显出来。特别是人类社会进入 21 世纪以来，经济的迅猛发展、能源危机的日益严峻和人类对低碳乃至无碳健康生活理念的倡导，使得大力发展化石燃料之外的新型环保能源迫在眉睫。

在新能源的开发中，自然能如风能、太阳能、水电能、地热能、海洋能等的开发具有重要意义。但是，由于作用形式的影响，这些新型能源发出来的电力具有稳定性和连续性差的缺点，限制了其大规模应用。所以，发展将不连续的电力储存起来在应用时再平稳地释放出来的储能媒介尤为重要。化学电源如电池、电池组等，是一种能够实现化学能与电能的直接转换，进而达到储能目的的装置。因此，电池尤其是二次电池是实现新型能源有效利用的重要媒介。

二次电池的发展经历了铅酸电池、镍镉电池、镍氢电池和锂离子电池四个阶段。图 1.1[1] 是几种常见的二次电池的能量密度比较图。从图中可以看出，铅酸电池的能量密度最低，镍镉和镍氢电池的能量密度较铅酸电池有所提高，锂离子电池具有最高的能量密度。另外，铅和镉都有毒；同时，铅酸电池质量大、循环寿命有限，镍镉电池存在严重的记忆效应，这些都决定了这两种电池必将退出历史的舞台。镍氢电池在诸多方面优于镍镉电池，但是其放电电压低、自放电率高以及循环寿命有限，这在一定程度上限制了其更大规模的应用。锂离子电池具有能量密度和工作电压高、循环寿命长、无记忆效应、工作温度范围宽、绿色环保等优点[2,3]，已经被广泛用于手机、笔记本电脑、照相机、摄像机等便携式电子产品上。同时，随着电动汽车技术的日趋成熟以及新型环保能源的开发，电动汽车和混合动力电动汽车用锂离子动力电池和储能电站用锂离子储能电池将给锂离子电池的发展带来更广阔的空间。

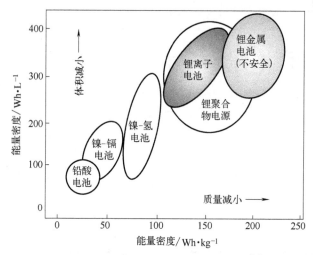

图 1.1　几种二次电池能量密度比较图[1]

1.1.1　锂离子电池的发展历史

锂离子电池是由锂电池发展而来的。锂电池是一种以金属锂或者锂合金为负极活性材料的化学电源的总称，包括锂一次电池和锂二次电池。锂是所有元素中标准电极电势最负（$-3.045V$, vs. SHE）、密度最小（$0.53g \cdot cm^{-3}$）、电化当量最高（$0.26g \cdot Ah^{-1}$）以及理论比容量最高（$3861mAh \cdot g^{-1}$）的金属元素[4]。所以，当以金属锂为负极时，电池具有高的工作电压、高的能量密度和功率密度。对锂电池的研究始于 20 世纪 60～70 年代，锂一次电池以其能量密度和工作电压高、储存寿命长、工作温度范围宽等优点于 20 世纪 70 年代初实现商品化[5]，并广泛应用于军事和民用小型设备中。但锂一次电池存在不能反复充放电循环使用、成本高等缺点。

20 世纪 60～70 年代，在研究锂一次电池的同时，研究者发现金属锂可以和许多插层化合物发生可逆反应，这样可以构成锂二次电池[1]。最具代表性的锂二次电池是 20 世纪 70 年代初 Steele 提出的以 TiS_2 为正极、金属锂为负极的 TiS_2-Li 体系[6]。Whittingham 于 1976 年[7] 证实这一体系的可行性之后，其所在的 Exxon 公司对这一体系开展了大量的研究。研究结果表明：这种电池存在极大的安全隐患。这是因为活泼的金属锂易于和有机电解液发生反应，反应产物在其表面形成一层钝化膜即固体-电解液界面膜，简称 SEI 膜[8]。一方面，反应产生的气体会引起电池体系内压升高；另一方面，SEI 膜上的缺陷使锂电极表面电势分布不均匀，在充电过程中容易造成锂的不均匀沉积，沉积较快的部位在多次充放电后容易产生锂枝晶。锂枝晶的产生会造成锂的不可逆容量损失；同时，锂枝晶很可能会刺穿隔膜进而引起电池内部短路，瞬间产生的大电流导致热失控，造成电池着火甚至爆炸，存在严重的安全问题。另外，这种电池的循环寿命不能满足实际的应用需求，因此并未真正商业化。

针对锂二次电池存在的缺陷，为了提高电池的安全性，研究者进行了各种各样的尝试。其中最有效的是采用能够可逆吸收释放锂离子的层状化合物代替金属锂作为电池的负极活性材料。1980 年 Armand[9] 首次采用摇椅式电池（rocking chair batteries）这一突破性思想制造了以具有低嵌锂电势的插层化合物作为负极，以具有高嵌锂电势的插层化合物作为正极的电池。由于摇椅式电池没有使用到金属锂，因此不会出现如锂二次电池的枝晶问题，大大提高了电池的安全性能。同时，在这种电池中，锂是以锂离子的形式存在的，电池在循环的过程中锂离子在正负极间反复地脱嵌，因此这种电池又叫做锂离子电池。同年，美国得州大学的 Goodenough 教授[10,11] 提出 Li_xMO_2（M＝Co、Ni 或者 Mn）过渡金属氧化物可以作为锂离子电池的正极材料。1987 年，日本 Sony 公司以嵌锂焦炭（Li_xC_6）为负极，组装了 $Li_xC_6/LiClO_4＋PC＋EC/Li_{1-x}MO_2$（M＝Co，Ni 或 Mn）电池。1990 年，Sony 公司推出了第一代商品化锂离子电池 C（焦炭）$/LiFP_6＋PC＋DEC/LiCoO_2$。1997 年，Sony 公司又将以石墨为负极的锂离子电池实现商品化。至今，锂离子电池不仅用于各种便携式电子产品上，同时还是电动车和混合电动车的首选电源。

1.1.2 锂离子电池的结构和工作原理

锂离子电池一般由正极、负极、电解液和隔膜组成。正极材料通常为具有较高脱嵌锂的电势、结构稳定的金属氧化物或者聚阴离子型化合物，如层状结构的 $LiCoO_2$ 和 $LiNi_{1/3}Co_{1/3}Mn_{1/3}O_2$、尖晶石型 $LiMn_2O_4$、橄榄石型 $LiFePO_4$。负极常采用相对于锂的脱嵌电势较低的材料，比如石墨、钛酸锂。电解液由电解质盐和有机溶剂组成。常见的电解质盐有 $LiClO_4$、$LiBF_4$、$LiPF_6$、$LiAsF_6$ 和 $LiCF_3SO_3$，有机溶剂有碳酸乙烯酯（EC）、碳酸二甲酯（DMC）、碳酸二乙酯（DEC）、碳酸甲乙酯（EMC）、碳酸丙烯酯（PC）以及碳酸丁烯酯（BC）。常用的隔膜为微孔聚丙烯（PP）和聚乙烯（PE）或者两者的复合（PE-PP-PE）。电解液为锂离子的传输提供通道，隔膜起到防止正负极直接接触短路的作用，同时允许锂离子通过。

图 1.2 是几种主要的商用锂离子电池的外形和结构示意图[1]。商业化的锂离子电池除了以上四部分外还包括电池壳、集流体、极耳、盖帽等。在实际的生产过程中，通常将正负极活性物质与导电剂和黏结剂混合制成浆料，然后将浆料分别涂覆在铝集流体（正极）和铜集流体上（负极），再经过烘干、辊压和裁片制成正负极极片。黏结剂的加入不仅增强了极片的机械强度，而且改善了活性物质与导电剂之间的接触。导电剂的加入可以提高极片的电子导电性。将制得的正

负极极片和隔膜卷绕成电芯，接着将电芯放入电池壳内，注入电解液，封口即得到锂离子电池。

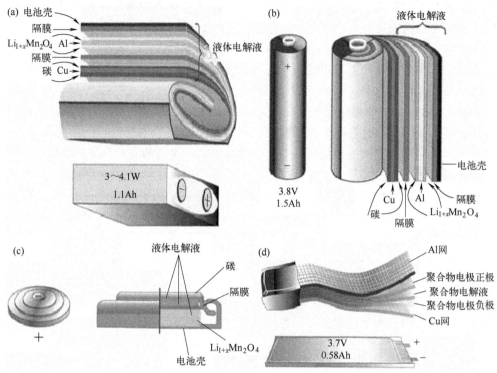

图 1.2　几种常见的锂离子电池的外形和结构示意图

（a）方形；（b）圆柱形；（c）纽扣式；（d）薄形[1]

图 1.3 是锂离子电池的工作原理示意图[12]。充电时，在外加电场的驱动下，正极活性物质发生氧化反应，失去电子，锂离子从晶格中脱出并经由电解液和隔膜迁移到负极嵌入负极活性物质；正极失去的电子经过外电路传输到负极，负极得到电子发生还原反应。充电结束，正极处于贫锂态，负极处于富锂态。充完电断开电源，在外电路连接负载，在内电场作用下，锂离子从负极脱出，经由电解液和隔膜进入到正极材料晶格中，电子经过外电路由负极传输到正极。这样就完成了一次充放电循环。以过渡金属氧化物 $LiMO_2$（M＝Co、Ni 或 Mn）为正极，石墨为负极，上述充放电过程涉及的电化学反应可用下面的式子来表示：

$$\text{正极反应：} \qquad LiMO_2 \underset{\text{放电}}{\overset{\text{充电}}{\rightleftharpoons}} Li_{1-x}MO_2 + xLi^+ + xe^- \tag{1.1}$$

$$\text{负极反应：} \qquad C + xLi^+ + xe^- \underset{\text{放电}}{\overset{\text{充电}}{\rightleftharpoons}} Li_xC \tag{1.2}$$

$$\text{电池总反应：} \qquad LiMO_2 + C \underset{\text{放电}}{\overset{\text{充电}}{\rightleftharpoons}} Li_xC + Li_{1-x}MO_2 \tag{1.3}$$

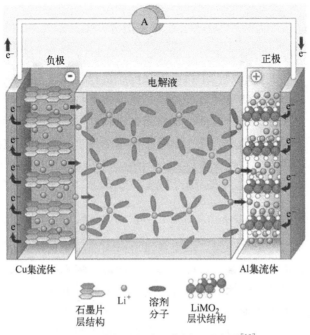

图 1.3　锂离子电池工作原理示意图[12]

1.1.3　锂离子电池负极材料的要求

负极材料是锂离子电池的重要组成部分之一，理想的锂离子电池负极材料应该具备以下条件[13]：

① 脱嵌锂的电势低而平稳，以保证电池输出的电压高而平稳；

② 脱嵌锂的比容量高，以使电池具有高的能量密度；

③ 脱嵌锂的过程材料结构具有良好的稳定性，以保证电池具有长的循环寿命；

④ 具有高的电子和离子电导率，以使电池具有高的功率密度；

⑤ 具有良好的热稳定性，与电解液的兼容性好，从而使电池具有好的循环性能；

⑥ 制备工艺简单，易于产业化；

⑦ 原材料易得、价格低廉、绿色环保。

1.2　锂离子电池的相关术语

1.2.1　电池的电动势及电压

在等温等压条件下，当体系发生变化时，体系吉布斯自由能的减小等于对外所

做的最大非膨胀功，如果非膨胀功只有电功，则

$$\Delta G_{T,p} = -nFE \tag{1.4}$$

式中，n 为电极在氧化或还原反应中电子的计量数。

电池的电压分为开路电压、工作电压和终止电压。开路电压是指电池外电路断开或无电流通过时电池正负极的电势差。工作电压是指电池在正常放电时对外输出的电压，数值为电流通过外电路后电极之间的电势差，由于欧姆内阻和极化内阻的存在，工作电压小于开路电压。终止电压是指基于需求和安全等因素，在电池充放电过程中规定的最高充电电压或最低放电电压，当二次电池达到终止电压后便不再充放电。

1.2.2　电池的内阻

电池的内阻是指电池工作时，电流通过电池内部所受到的阻力，分为欧姆内阻和极化内阻。欧姆内阻主要是指电极材料、电解液、隔膜的电阻及各部分零件的接触电阻，与电池的尺寸、结构、装配等有关。电流通过电极时，电极电势偏离平衡电极电势的现象称为电极的极化。极化内阻就是指电池的正负极在进行电化学反应时产生极化所引起的内阻，包括电化学极化内阻和浓差极化内阻。

1.2.3　电池的容量和比容量

电池的容量是指电池在一定充放电条件下（温度、终止电压、放电电流等）能够容纳或者释放的总电量，单位为 Ah（安时）或 mAh（毫安时）。电池的容量分为理论容量、实际容量和额定容量。

理论容量是指当电池活性物质完全用于电极反应时电池所具有的电量。实际容量是指电池在一定条件下正常工作中所能放出的实际电量，由活性物质的大小和利用率共同决定，由于电池在工作中难以一直保持理想工作状态，电池的实际容量总小于理论容量。额定容量是指电池在一定的放电条件（温度、放电速度）下由初始电压放电至终止电压所产生的容量。

比容量分为质量比容量（$Ah \cdot kg^{-1}$）和体积比容量（$Ah \cdot L^{-1}$），分别指单位质量和单位体积电池所具有的容量。

1.2.4　电池的能量和能量密度

电池的能量是指在一定放电条件下，电池对外做功所输出的电能，单位为 Wh（瓦时），分为理论能量和实际能量。

理论能量是指二次电池在恒温恒压条件下做的最大功，此时活性物质利用率为 100%，放电电压等于电动势。实际能量是指电池在放电时实际能够输出的能量。电池的实际能量远小于理论能量。

电池的能量密度是指单位质量或体积的电池所能放出的能量，也称为质量比能量和体积比能量，单位为 $Wh \cdot kg^{-1}$ 或 $Wh \cdot L^{-1}$。

1.2.5 电池的功率和功率密度

电池的功率是指在一定放电条件下，电池在单位时间内所输出的能量，单位为 W；功率密度是指单位质量或者体积的电池输出的功率，单位为 $W \cdot kg^{-1}$ 或 $W \cdot L^{-1}$。功率表示了电池承受电流的能力。

1.2.6 电池的充放电速率

充放电速率是用来度量电池充放电快慢的，有小时率和倍率两种表示方法。小时率是指在恒电流放电条件下放完电池额定容量所需要的小时数；倍率是指在一定时间内电池将额定容量全部放完所需要的电流大小，通常用 C 表示，单位为 1/h。比如，10Ah 的电池在 5A 电流条件下放电，需要 2h 完成，用小时率来表示为 2h 率放电；用 10C 放电时需要 0.1h，所需电流为 100A。

1.2.7 电池的荷电状态和放电深度

荷电状态也叫剩余电量，是指二次电池在使用一段时间或者长时间搁置后的剩余容量与其完全充电状态的容量的比值，常用百分数表示。当荷电状态为 100%，表示电池电量完全充满；当荷电状态为 0% 时，表示电池完全放电。

放电深度是表示二次电池放电状态的参数，是指二次电池放电容量与额定容量的比值，常用百分数表示。

1.2.8 电池的库仑效率

电池的库仑效率是指在一定的充放电条件下，电池放电放出的电荷量与充电时充入的电荷量的百分比。对正极材料来说是嵌锂量与脱锂量的百分比，对于负极来说正好反过来。

1.2.9 电池的寿命、自放电及储存寿命

电池的寿命是指在一定的充放电循环后，电池的容量下降到原始容量的 80% 以下时所循环的次数。

所谓自放电是指电池在搁置过程中，没有与外部负荷相连而产生容量损失的过程。

所谓储存寿命是指电池在没有负荷的一定条件下进行放置以达到性能恶化到规定的程度时所能放置的时间。

第2章

钛酸锌锂负极简介

2.1　钛酸锌锂负极材料的结构、电化学特性及优缺点

钛酸锌锂 $Li_2ZnTi_3O_8$（LZTO）最早用于陶瓷领域，2010 年福州大学的 Wei 课题组首次报道了 LZTO 的储锂性能[13]。在 $0.1A \cdot g^{-1}$ 的电流密度下，纳米棒状的 LZTO 循环 30 次放电比容量仍可以达到 $200mAh \cdot g^{-1}$。随后，天津大学的 Tang 课题组[14]、山东大学的 Bai 课题组[15]、丰田中央研发实验室的 Kazuhiko Mukai[16] 对 LZTO 进行了详细研究和报道。

2.1.1　钛酸锌锂负极材料的结构

新型 $Li_2ZnTi_3O_8$ 材料因为其较高的理论比容量（$229mAh \cdot g^{-1}$）和良好的循环稳定性逐渐成为一种很有发展潜力的负极材料。$Li_2ZnTi_3O_8$ 属于立方尖晶石结构（图 2.1）[16]，具有同 $Li_4Ti_5O_{12}$ 一样的"零应变"特性，空间群为 $P4_332$[17]。$Li_2ZnTi_3O_8$ 中 Li 与 Zn 以 1:1 的原子比占据四面体位点，Li 与 Ti 以 1:3 的原子比随机占据八面体位点。所以 $Li_2ZnTi_3O_8$ 也可以写成 $(Li_{0.5}Zn_{0.5})_{tet}$ $[Li_{0.5}Ti_{1.5}]_{oct}O_4$ 的形式，这种结构有利于锂离子在电化学反应过程中脱嵌。

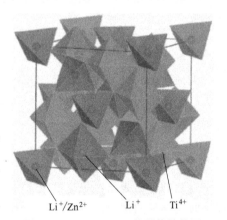

Li⁺/Zn²⁺　　　Li⁺　　　Ti⁴⁺

图 2.1　$Li_2ZnTi_3O_8$ 的晶体结构图

2.1.2　钛酸锌锂负极材料的优缺点

LZTO 具有许多优点：①LZTO 的嵌锂电势高，可以保证锂离子电池具有良好

的安全性；②与 $Li_4Ti_5O_{12}$ 相比，LZTO 具有相对高的理论比容量；③LZTO 的零应变特性保证了其良好的循环性能；④LZTO 具有较宽的锂离子迁移通道；⑤一般来说，$Li_4Ti_5O_{12}$ 在固相法中的煅烧温度在 $800\sim900℃$，煅烧时间约 10h。LZTO 的合成温度低于 $800℃$，合成时间缩短为 $3\sim5h$。因此，与 $Li_4Ti_5O_{12}$ 相比，LZTO 的合成工艺简单，易于工业化。但是 LZTO 中 Ti 3d 的能带间隙宽，为 $2\sim3eV$，这使得 LZTO 的电子电导率低，进而影响了 LZTO 的电化学性能。

2.1.3　钛酸锌锂负极材料的电化学特性

经研究证明，$Li_2ZnTi_3O_8$ 负极材料的放电过程可以分为三步[16]。第一步是放电之初 Li^+ 嵌入材料八面体的 4b 和 12d 空位上，另外该过程中四面体 8b 位置上的 Li^+ 和 Zn^{2+} 不动，比容量可达 $50mAh\cdot g^{-1}$，这一步的电化学反应如下所示：

$$[Li_{0.5}Zn_{0.5}]_{tet}[Li_{0.5}Ti_{1.5}]_{oct}O_4 + y_1Li^+ + y_1e^- \longrightarrow$$
$$[Li_{0.5}Zn_{0.5}]_{tet}[Li_{y_1}]_{oct}[Li_{0.5}Ti_{1.5}]_{oct}O_4 \tag{2.1}$$

第二步是随着 Li^+ 不断嵌入八面体位置，四面体 8b 上的 Li^+ 和 Zn^{2+} 从原来的位置上移动到八面体 4b 和 12d 位置上，这一步的电化学反应如下所示：

$$[Li_{0.5}Zn_{0.5}]_{tet}[Li_{y_1}]_{oct}[Li_{0.5}Ti_{1.5}]_{oct}O_4 + y_2Li^+ + y_2e^- \longrightarrow$$
$$[Li_{0.5-p}Zn_{0.5-p}]_{tet}[Li_{y_1+y_2+p}Zn_p]_{oct}[Li_{0.5}Ti_{1.5}]_{oct}O_4 \tag{2.2}$$

其中，p 为八面体中 Zn^{2+} 的量。

第三步是 Li^+ 嵌入到四面体 8b 的位置上，直到放电结束。这一步的电化学反应如下所示：

$$[Li_{0.5-p}Zn_{0.5-p}]_{tet}[Li_{y_1+y_2+p}Zn_p]_{oct}[Li_{0.5}Ti_{1.5}]_{oct}O_4 + y_3Li^+ + y_3e^- \longrightarrow$$
$$[Li_{0.5-p+y_3}Zn_{0.5-p}]_{tet}[Li_{y_1+y_2+p}Zn_p]_{oct}[Li_{0.5}Ti_{1.5}]_{oct}O_4 \tag{2.3}$$

该过程中的嵌 Li^+ 属于额外嵌入，也正是因为有这一步，使得 $Li_2ZnTi_3O_8$ 的实际比容量高于理论值。

2.2　钛酸锌锂负极材料的制备

2.2.1　高温固相法

固相法工艺简单、操作容易、原材料成本低，有望实现大规模生产，是最常见的制备电极材料的方法，也是最可能实现商业化的方法。高温固相法主要是通过机械球磨或者研磨的方法将化学计量比的锂、锌和钛源混合均匀，然后烘干并研磨成粉末，最后在高温炉中煅烧得到 $Li_2ZnTi_3O_8$。研究者采用此方法对 $Li_2ZnTi_3O_8$ 进行了广泛研究。如 Tang 课题组用简单固相法分别将 Cu[18]、Ag[19] 和 Al[20] 元

素掺杂到 $Li_2ZnTi_3O_8$ 中，在一定程度上改善了 $Li_2ZnTi_3O_8$ 的循环和倍率性能。虽然高温固相法工艺简单，但是制备出的 $Li_2ZnTi_3O_8$ 颗粒大小不均匀、容易团聚，导致材料的比表面积低，在电池充放电过程中不利于电极材料与电解液充分接触，影响材料的电化学性能。研究发现 V 掺杂 $Li_2ZnTi_3O_8$ 能够很好地抑制颗粒的团聚，电极和电解液能充分接触，有利于锂离子的扩散[21]。因此，尽管高温固相法有一定的缺点，但仍是制备 $Li_2ZnTi_3O_8$ 的主要方法。

2.2.2 共沉淀法

共沉淀法合成 $Li_2ZnTi_3O_8$ 主要包括以下步骤：将钛酸四丁酯（TBT）溶于乙醇，并将锂源和锌源溶于水，然后将水溶液缓慢滴加到钛酸四丁酯的乙醇溶液中，钛酸四丁酯水解得到白色的浑浊液，再用水浴加热搅拌的方式蒸发溶剂得到分散性良好的纳米级前驱体粉末，最后通过高温煅烧得到目标产物钛酸锌锂。Li 等[22]通过一步共沉淀法制备了 $Li_2ZnTi_3O_8/TiO_2$ 复合材料，利用 TiO_2 能够快速嵌入和脱出锂离子且无大的体积变化这些优点改善 $Li_2ZnTi_3O_8$ 的电化学性能。复合材料具备优异的循环和倍率性能，在 $1A \cdot g^{-1}$、$2A \cdot g^{-1}$ 和 $3A \cdot g^{-1}$ 的电流密度下首次放电比容量分别为 $211.1mAh \cdot g^{-1}$、$199.8mAh \cdot g^{-1}$ 和 $180.8mAh \cdot g^{-1}$，循环 1000 圈后仍能保持 $150.6mAh \cdot g^{-1}$、$137.2mAh \cdot g^{-1}$ 和 $108.2mAh \cdot g^{-1}$。并且该组[23]用同样的工艺制备了高性能的 Fe 掺杂 $Li_2ZnTi_3O_8$ 负极材料，在 $1A \cdot g^{-1}$ 电流密度下循环 500 圈比容量能保持 $178.2mAh \cdot g^{-1}$。尽管共沉淀法制备的 $Li_2ZnTi_3O_8$ 具有良好的电化学性能，但是原材料成本高，目前只适用于实验室，不能达到商业化的要求，而且钛酸四丁酯在水解沉淀过程中难免会出现部分团聚现象，可能会降低材料的分散性从而影响电化学性能。

2.2.3 熔融盐法

熔融盐法是制备氧化物粉末的一种简单方法。与传统固相法相比，熔融盐具有较高的离子扩散速率和较强的溶解能力[24]，所以熔融盐法反应速率快，颗粒形貌可控。低温熔融盐具有熔点低的特点，可以作为熔剂或（和）反应物质[25]。我们课题组[26-28]以具有低共熔点的 $LiOH \cdot H_2O$ 和 $LiNO_3$（物质的量比 0.38：0.62）同时作为反应物和熔剂，制备了结晶度高的纯相 $Li_2ZnTi_3O_8$，并以 β-环糊精、ZIF-8 和石墨烯纳米片/碳纳米管分别作为碳源进行改性，材料表现出良好的电化学性能。Yang 等[29]通过添加 KCl 作为熔剂采用熔融盐法制备了 $Li_2ZnTi_3O_8/KCl$ 复合材料，K^+ 和 Cl^- 的同时掺杂增强了 $Li_2ZnTi_3O_8$ 的电子电导率，改善了锂离子的扩散动力学。改性后的 $Li_2ZnTi_3O_8$ 在 $100mA \cdot g^{-1}$、$200mA \cdot g^{-1}$、$400mA \cdot g^{-1}$、$800mA \cdot g^{-1}$ 和 $1600mA \cdot g^{-1}$ 的电流密度下释放了 $225.6mAh \cdot g^{-1}$、$195.4mAh \cdot g^{-1}$、$178.0mAh \cdot g^{-1}$、$162.4mAh \cdot g^{-1}$ 和 $135.6mAh \cdot g^{-1}$

的可逆比容量，在 $0.5A \cdot g^{-1}$ 的电流密度下循环 700 圈后保留了 $201.6mAh \cdot g^{-1}$ 的比容量。因此，KCl 不仅是一种熔剂同时还作为一种改性剂提高了 $Li_2ZnTi_3O_8$ 的倍率和循环性能。

2.2.4 溶胶-凝胶法

目前通过溶胶-凝胶法制备 $Li_2ZnTi_3O_8$ 主要是以有机酸为螯合剂，利用羧酸基团与 Li、Ti 和 Zn 三种金属离子之间的配位形成溶胶，然后在水浴加热搅拌的条件下变成凝胶，干燥研磨后得到均匀分散的 $Li_2ZnTi_3O_8$ 前驱体。与其它方法相比，溶胶-凝胶法制备的 $Li_2ZnTi_3O_8$ 结晶度较好，颗粒尺寸均匀，堆积孔较多，分散性较好[30]。Liu 等通过溶胶-凝胶法制备的 $Li_2ZnTi_3O_8$ 在 $3000mA \cdot g^{-1}$、$2000mA \cdot g^{-1}$ 和 $1000mA \cdot g^{-1}$ 电流密度下经过 1000 次充放电循环后放电比容量分别为 $71.2mAh \cdot g^{-1}$、$90.9mAh \cdot g^{-1}$ 和 $150.0mAh \cdot g^{-1}$，容量衰减率分别只有 0.058%、0.051% 和 0.028%[30]。Zeng 等[31] 尝试了在不添加络合剂的情况下制备钛酸锌锂，但是制备的纯相 $Li_2ZnTi_3O_8$ 比容量低，在 $0.1C$、$0.2C$、$0.5C$、$1C$、$2C$ 和 $5C$ 的倍率下仅表现出 $193.4mA \cdot g^{-1}$、$170.2mA \cdot g^{-1}$、$147.8mA \cdot g^{-1}$、$131mA \cdot g^{-1}$、$98.3mA \cdot g^{-1}$ 和 $43.5mA \cdot g^{-1}$ 的最大放电比容量。在掺杂 Cr[31] 元素后，材料的倍率和循环性能有很大改善，在同倍率条件下最大放电比容量分别能达到 $221.7mAh \cdot g^{-1}$、$210.3mAh \cdot g^{-1}$、$185.1mAh \cdot g^{-1}$、$166mAh \cdot g^{-1}$、$156.7mAh \cdot g^{-1}$ 和 $107.5mAh \cdot g^{-1}$。

2.2.5 其它方法

除了以上常用的方法外，研究者们也尝试过采用其它方法制备 $Li_2ZnTi_3O_8$，每种方法都有其自身的优势。Wang 等[32] 用溶胶-凝胶法结合静电纺丝技术合成出 $Li_2ZnTi_3O_8$ 纳米纤维，纳米结构可以缩短锂离子扩散途径，增强锂离子扩散动力学。所以，静电纺丝技术也是制备具有高比容量及高倍率性能 $Li_2ZnTi_3O_8$ 的有效方法。Li 等[33] 采用溶液燃烧法合成片状 $Li_2ZnTi_3O_8$，此方法具有合成时间短、能耗小的特点。制备的 $Li_2ZnTi_3O_8$ 颗粒均匀，比表面积大，具有多孔片状的结构，这有利于其循环和倍率性能。与溶液燃烧法相比，微波法制备时间更短，微波法利用了高能辐射，将制备时间缩短到几分钟。由于合成温度低、反应时间短，也被认为是制备电极材料的一种有效方法[34]。

2.3 钛酸锌锂负极材料的改性

尽管上面提到了 $Li_2ZnTi_3O_8$ 负极材料的诸多优点，但是也存在明显的不足。

由于 Ti^{4+} 在电极材料的晶格中不导电，会严重阻碍电子的迁移，造成材料的电子导电性差。同时位于四面体位的部分 Zn^{2+} 会阻碍锂离子通过四面体，从而造成离子电导率低[17]。研究者往往通过调节制备工艺控制材料粒径和形貌结构、与导电金属或者碳类材料复合以及采用异种元素掺杂来提高材料的电子和离子电导率，进而改善 $Li_2ZnTi_3O_8$ 材料的电化学性能。具体改性研究进展如下：

2.3.1　纳米材料的构筑

纳米材料的研究如火如荼，合成纳米材料的方法也各不相同，但主要以液相法居多。其中对于形貌的控制比较好的方法是水热/溶剂热法，通过调整反应的时间、温度和压力就能得到不同形貌结构的纳米材料。纳米材料具有粒径小和比表面积大等优点，能够增加电极材料与电解液的接触面积，缩短锂离子的扩散距离，提高锂离子迁移速率[35]。2010 年，Hong 课题组[13] 采用溶剂热法制备了钛酸盐纳米线，以此作为前驱体制备了 $Li_2ZnTi_3O_8$ 纳米棒，在 $0.1A \cdot g^{-1}$ 的电流密度下循环 30 圈保留了 $220mAh \cdot g^{-1}$ 的比容量，接近理论值。以静电纺丝和热处理等工艺制备平均直径为 200nm 的 $Li_2ZnTi_3O_8$ 纳米纤维作为负极时，在第二圈能够保留 $227.6mAh \cdot g^{-1}$ 的放电比容量，同时表现出良好的循环和倍率性能[32]。当然，因为纳米材料的颗粒粒径小，在高温煅烧下容易团聚，不利于锂离子的扩散。所以，纳米材料具备良好的分散性是保证电化学性能优异的一个前提条件。

2.3.2　化合物包覆改性

表面包覆是一种常见的改性手段，2016 年，Tang 课题组[36] 用氧化镧对 $Li_2ZnTi_3O_8$ 进行包覆，La_2O_3 可以抑制活性材料表面金属离子的溶解，减弱副反应，提升了材料的循环性能，其在 $2A \cdot g^{-1}$ 的电流密度下循环 100 圈后放电比容量保持在 $147.7mAh \cdot g^{-1}$。随后此课题组[37] 通过溶胶-凝胶法用 Li_2MoO_4 对 $Li_2ZnTi_3O_8$ 进行包覆改性。Li_2MoO_4 作为保护层，在一定程度上能抑制活性材料与电解液间的副反应；另外，Li_2MoO_4 是一种良好的锂离子导体可以提高锂离子的扩散速率。Yang 等[38] 则用低熔点的 Na_2MoO_4 对 $Li_2ZnTi_3O_8$ 进行表面包覆改性，Na_2MoO_4 在高温烧结下熔化并扩散到 $Li_2ZnTi_3O_8$ 晶格中实现掺杂，熔融的 Na_2MoO_4 对 $Li_2ZnTi_3O_8$ 有很好的润湿性，可以实现对 $Li_2ZnTi_3O_8$ 的均匀包覆，而且 Na_2MoO_4 具有良好的电子导电性，提高了 $Li_2ZnTi_3O_8$ 的倍率和长循环性能。当电流密度为 $200mA \cdot g^{-1}$、$400mA \cdot g^{-1}$、$800mA \cdot g^{-1}$ 和 $1600mA \cdot g^{-1}$ 时可逆比容量分别为 $225.1mAh \cdot g^{-1}$、$207.2mAh \cdot g^{-1}$、$187.1mAh \cdot g^{-1}$ 和 $161.3mAh \cdot g^{-1}$；在 $500mA \cdot g^{-1}$ 时循环 400 圈后可逆比容量仍有 $229.0mAh \cdot g^{-1}$。

2.3.3　表面碳包覆修饰

对于 $Li_2ZnTi_3O_8$ 来说，目前研究最广泛的包覆物是碳材料。碳材料具有良好的导电性并且能有效抑制 $Li_2ZnTi_3O_8$ 颗粒生长和团聚。Wei 等[39] 通过溶胶-凝胶法合成 $Li_2ZnTi_3O_8/C$ 纳米复合材料，实现在纳米颗粒上包覆碳，纳米大小的粒径可以有效缩短锂离子的扩散距离，颗粒表面的薄碳层可以显著改善粒子之间的导电性，两种效果的叠加进一步优化了 $Li_2ZnTi_3O_8$ 的电化学性能。$Li_2ZnTi_3O_8/C$ 纳米复合材料在 $0.2A \cdot g^{-1}$ 的电流密度下循环 200 圈后比容量仍能保持为 $284mAh \cdot g^{-1}$。尽管碳材料能够有效改善 $Li_2ZnTi_3O_8$ 的电化学性能，但是不同种类的碳源对 $Li_2ZnTi_3O_8$ 改性的效果明显不同。Tang 等[40] 比较了分别以蔗糖、草酸和柠檬酸为碳源对 $Li_2ZnTi_3O_8$ 进行包覆后的电化学性能，结果表明蔗糖产生的碳包覆能够使 $Li_2ZnTi_3O_8$ 具有最优的电化学性能，可见碳源的选取对材料的改性效果影响很大。此后又相继报道了许多其它材料如酚醛树脂[41]、葡萄糖[42] 和聚偏氟乙烯（PVDF）[43] 等被用作碳源对 $Li_2ZnTi_3O_8$ 进行包覆。但是单一的碳包覆改性并不能满足对 $Li_2ZnTi_3O_8$ 负极的性能要求。Chen 等[35] 用乙酰氨基葡萄糖作为碳源制备了 N 掺杂碳包覆的 $Li_2ZnTi_3O_8$。N 元素进入碳层会产生更多的缺陷，降低了某些表面离子的化学活性，所以，与碳包覆 $Li_2ZnTi_3O_8$ 相比，N 掺杂碳修饰 $Li_2ZnTi_3O_8$ 可进一步提高其电导率和界面稳定性。在 5C 倍率下，最优含碳量（7%）的 N 掺杂碳包覆 $Li_2ZnTi_3O_8$ 首次放电比容量为 $264.2mAh \cdot g^{-1}$，循环 500 圈后比容量为 $248.6mAh \cdot g^{-1}$，容量保持率为 94.1%。随后，尿素[44]、壳聚糖和壳寡糖[45] 等也分别被作为碳源制备 N 掺杂碳包覆 $Li_2ZnTi_3O_8$ 负极，相比纯相 $Li_2ZnTi_3O_8$ 电化学性能都显著提升。

2.3.4　金属离子掺杂

适量的异种元素对 $Li_2ZnTi_3O_8$ 掺杂，不仅能够提高材料的本征电导率，而且可以稳定材料结构，进而显著提升材料的比容量，改善材料的倍率和循环性能。Chen 等[46] 通过固相法制备出 Na 掺杂的 $Li_2ZnTi_3O_8$ 材料，在 2C 的充放电测试中，纯相 $Li_2ZnTi_3O_8$ 和 Na 掺杂 $Li_2ZnTi_3O_8$ 经过 80 个循环后分别获得了 $103.2mAh \cdot g^{-1}$ 和 $162.3mAh \cdot g^{-1}$ 的比容量；在 $0.1A \cdot g^{-1}$ 的小电流密度下，Na 掺杂 $Li_2ZnTi_3O_8$ 释放了 $616.3mAh \cdot g^{-1}$ 的比容量，但是在循环 50 圈后容量衰减为 $267.2mAh \cdot g^{-1}$。因此，尽管金属离子的引入能明显提升材料的放电比容量，但是循环性能改善不明显，所以掺杂元素的选择很重要。Chen 等[47] 选用 Ce 元素对 $Li_2ZnTi_3O_8$ 进行掺杂，Ce^{4+} 掺杂可以提高 $Li_2ZnTi_3O_8$ 内部的锂离子扩散速率，同时生成的 CeO_2 包覆在 $Li_2ZnTi_3O_8$ 表面有利于提高材料的表面电子导电性。改性后的 $Li_2ZnTi_3O_8$ 在 20C 的倍率下能够放出 $178.4mAh \cdot g^{-1}$ 的比容量，在 10C 的倍率下循环 500 圈后相比第二圈的比容量容量保持率达到 75%。随后，Chen 等[35] 又尝试用一步碳热还原法诱导 Ti^{3+} 的生成，从而形成 Ti^{3+} 自掺杂的 $Li_2ZnTi_3O_8$ 材料。因为 Ti^{3+} 相比 Ti^{4+} 的原子半径更大、价态更低，容易使

$Li_2ZnTi_3O_8$ 的晶格产生缺陷或者扭曲，有利于锂离子的扩散，并且 Ti^{3+} 的形成有利于电子的传输，掺杂样品在 $1.5A \cdot g^{-1}$ 的电流密度下循环 1000 圈后放电比容量为 $122.9mAh \cdot g^{-1}$，相比纯相提高了 $44.4mAh \cdot g^{-1}$。Yang 等[48] 通过添加 $Zr(NO_3)_4 \cdot 5H_2O$ 和过量的 $LiNO_3$ 与 $Li_2ZnTi_3O_8$ 进行表面反应，生成的 Li_2ZrO_3 分散在 $Li_2ZnTi_3O_8$ 表面及粒子之间，起到了运输锂离子的桥梁作用，Zr^{4+} 掺杂到 $Li_2ZnTi_3O_8$ 中提高了其电子电导率，两者的协同效应极大地改善了 $Li_2ZnTi_3O_8$ 的电化学性能。在 $0.5A \cdot g^{-1}$ 循环 600 次后，Zr 掺杂的 $Li_2ZnTi_3O_8$ 拥有 $199.2mAh \cdot g^{-1}$ 的比容量，容量保持率达到了 99.1%。

第 3 章

钛酸锌锂制备方法探究

3.1 低温熔融盐法制备钛酸锌锂

制备 $Li_2ZnTi_3O_8$ 常见的方法有高温固相法、溶胶-凝胶法、溶液燃烧法、溶胶-凝胶结合静电纺丝法、共沉淀法等。高温固相法易于产业化，这一过程需要长时间球磨或者研磨，煅烧温度高，煅烧时间长，这将导致最终制备的产品颗粒尺寸大、颗粒团聚严重。另外，这一过程很难将原料混合均匀，最终产物中易出现杂质相。总之，这些都将恶化产品的电化学性能。

研究已经证明熔融盐法是获得纯相正极或者负极材料的一种简单的方法[49,50]。与传统高温固相法相比，熔融盐具有高的离子扩散速率和强的熔解能力，所以熔融盐法反应速率快，制备的材料颗粒形貌可控。低温熔融盐具有熔点低的特点，可以作为熔剂或（和）反应物质，在较低的温度下低温熔融盐就可以与固体颗粒混合均匀。液态的离子比固态的离子扩散得快，因此熔融盐可以很容易附着在固体颗粒表面进而渗透到颗粒内部，加速离子的交换与反应[49]。

在本节中，尝试以 $0.38LiOH \cdot H_2O\text{-}0.62LiNO_3$ 低温共熔融盐（熔点 175.6℃）作为产物和反应介质合成钛酸锌锂负极材料，分析煅烧温度和时间及原料对钛酸锌锂负极材料的结构和物理及电化学性能的影响。

图 3.1（a）为钛酸锌锂负极前驱体的 TG-DTG 曲线，升温速率为 10℃ · min^{-1}，测试气氛为空气，温度范围为室温到 900℃。从曲线上可以看到有三个明显的失重，对应于 DTG 曲线上有三个相应的峰。室温到 100℃ 的失重源于前驱体吸附的水的蒸发。接下来 190～320℃ 的失重源于醋酸锌的分解；480～560℃ 急剧的失重与 LiOH 和 $LiNO_3$ 的分解有关。当温度超过 560℃，TG 曲线上出现一个平台，说明失重为零，560℃ 以后出现了相对稳定的材料。低温共熔融盐 $0.38LiOH \cdot H_2O\text{-}0.62LiNO_3$ 的熔点为 175.6℃，在此温度并未出现明显的失重，

这表明在此温度下低温共熔融盐开始熔化，渗透前驱体表面及内部[49]。基于以上分析，在本部分工作中我们设计了三段加热过程。具体合成过程如图 3.1（b）所示，250℃加热阶段醋酸锌分解产生 ZnO，固态锂盐在此温度下变成液态与 ZnO 和 TiO$_2$ 进行混合。在接下来 600℃的加热过程中锂盐产生的 Li$_2$O 吸附在 TiO$_2$ 和 ZnO 颗粒的表面，进而渗透到颗粒内部，这可以大大缩短离子扩散路径加速反应速率。

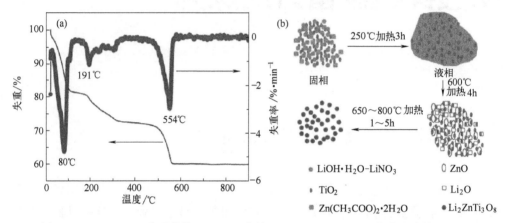

图 3.1　Li$_2$ZnTi$_3$O$_8$ 前驱体的 TG-DTG 曲线（a）和 Li$_2$ZnTi$_3$O$_8$ 的合成路线图（b）

3.1.1　煅烧温度优化

煅烧温度为 650～800℃制备的 Li$_2$ZnTi$_3$O$_8$ 材料的 XRD 如图 3.2 所示。所有样品的 XRD 图谱都能很好地与空间群为 P4$_3$32 的 Li$_2$ZnTi$_3$O$_8$（JCPDS♯86-1512）的 XRD 图谱相吻合，这表明采用基于 0.38LiOH·H$_2$O-0.62LiNO$_3$ 的低温共熔融盐法可以在相对较低的温度 650℃形成单一相。从图中可以看出随着煅烧温度的升高衍射峰强度增加，这表明材料的结晶度增加。众所周知，良好的结晶性有利于

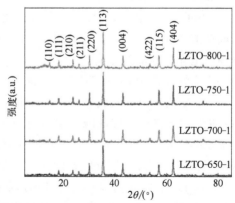

图 3.2　煅烧温度为 650～800℃制备的 Li$_2$ZnTi$_3$O$_8$ 材料的 XRD 图

改善材料的电化学性能。

采用 SEM 技术对 650～800℃制备的 $Li_2ZnTi_3O_8$ 材料的形貌进行观察，测试结果如图 3.3 所示。煅烧温度为 650℃和 700℃制备的 $Li_2ZnTi_3O_8$ 材料的颗粒具有良好的均匀性，没有出现明显的团聚现象。煅烧温度超过 700℃制备的 $Li_2ZnTi_3O_8$ 材料出现团聚现象，并且材料颗粒变大。众所周知，小的颗粒和良好的分散性有利于增加活性材料和电解液之间的接触面积，这样可以增加锂离子脱嵌的活性位[20,40,51]。

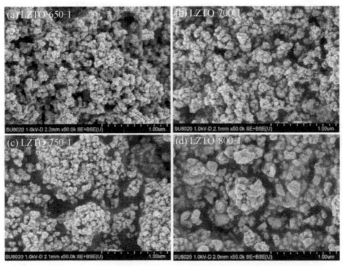

图 3.3　650～800℃煅烧制备的 $Li_2ZnTi_3O_8$ 材料的 SEM 图
(a) 650℃（LZTO-650-1）；(b) 700℃（LZTO-700-1）；
(c) 750℃（LZTO-750-1）；(d) 800℃（LZTO-800-1）

为了进一步研究 LZTO-650-1、LZTO-700-1、LZTO-750-1 和 LZTO-800-1 的比表面积和孔径分布情况，对材料进行了氮气吸脱附等温曲线测试，结果如图 3.4 所示。比表面积、总孔容和平均孔径如表 3.1 所示。从中可以看出，随着煅烧温度的升高材料比表面积依次降低。其中样品 LZTO-650-1 和 LZTO-700-1 的比表面积接近；LZTO-700-1 具有最大的孔容和孔径。大的比表面积可以增加活性材料颗粒和电解液之间的接触面积，从而为锂离子的脱嵌提供更多的活性位置，这将有利于材料的可逆比容量的提升。这与 SEM 的结果相一致。另外，大的孔径有利于电解液浸润活性材料颗粒，从而加速锂离子扩散。

表 3.1　LZTO-650-1、LZTO-700-1、LZTO-750-1 和 LZTO-800-1 的比表面积、总孔容和平均孔径

样品	比表面积/m²·g⁻¹	总孔容/mL·g⁻¹	平均孔径/nm
LZTO-650-1	18.3390	0.1132	20.01
LZTO-700-1	18.0029	0.1138	20.68
LZTO-750-1	11.5093	0.0745	20.58
LZTO-800-1	7.3473	0.0462	20.38

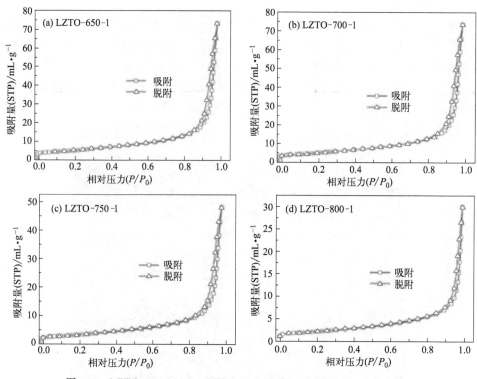

图 3.4　LZTO-650-1（a）、LZTO-700-1（b）、LZTO-750-1（c）和
LZTO-800-1（d）的 N_2 吸附-脱附等温曲线

650～800℃煅烧制备的 $Li_2ZnTi_3O_8$ 材料在 0.1A·g^{-1} 电流密度下的首次充放电曲线（电压范围 0.05～3V，vs. Li/Li^+）如图 3.5（a）所示。从图中可以看出，对于每个样品来说，充电曲线上在 1.38V 附近有个充电平台，放电曲线上 0.66V 左右有个相应的放电平台，这是 $Li_2ZnTi_3O_8$ 材料的特征电化学反应[19,20,40,50]。LZTO-650-1、LZTO-700-1、LZTO-750-1 和 LZTO-800-1 的初始放电比容量分别为 191.4mAh·g^{-1}、212.9mAh·g^{-1}、221.3mAh·g^{-1} 和 192.3mAh·g^{-1}，相应的充电比容量分别为 167.4mAh·g^{-1}、186.4mAh·g^{-1}、193.5mAh·g^{-1} 和 178.9mAh·g^{-1}。LZTO-650-1 样品低的比容量可能与其相对差的结晶度有关。LZTO-700-1 样品大的比容量可能与其良好的结晶度和形貌有关。LZTO-750-1 样品良好的结晶度有利于材料放出大的比容量。颗粒尺寸大以及团聚严重降低了 LZTO-800-1 样品的比容量。充放电结果与 XRD 和 SEM 结果相一致。另外，LZTO-650-1、LZTO-700-1、LZTO-750-1 和 LZTO-800-1 四个样品的不可逆比容量分别为 24mAh·g^{-1}、26.5mAh·g^{-1}、27.8mAh·g^{-1} 和 13.4mAh·g^{-1}。大的不可逆比容量应该源于固体电解质（SEI）膜的形成，这层保护膜可以减弱活性物质和电解液之间的副反应进而有利于材料后期的循环性能[40]。

650～800℃煅烧制备的 $Li_2ZnTi_3O_8$ 材料在不同电流密度下的循环性能如图 3.5 （b）～（d）所示。在 $0.1A \cdot g^{-1}$ 电流密度下 LZTO-650-1、LZTO-700-1、LZTO-750-1 和 LZTO-800-1 四个样品的首次放电比容量分别为 $191.4mAh \cdot g^{-1}$、$212.9mAh \cdot g^{-1}$、$221.3mAh \cdot g^{-1}$ 和 $192.3mAh \cdot g^{-1}$，循环 50 圈后的放电比容量分别为 $197.1mAh \cdot g^{-1}$、$226.4mAh \cdot g^{-1}$、$224.7mAh \cdot g^{-1}$ 和 $204.4mAh \cdot g^{-1}$。在低的电流密度 $0.1A \cdot g^{-1}$ 下，四个材料都表现出良好的循环性能，这可能与在低的电流密度下电极极化小有关。当电流密度增加到 $0.2A \cdot g^{-1}$，四个样品的首次放电比容量分别为 $179.1mAh \cdot g^{-1}$、$191.8mAh \cdot g^{-1}$、$201.9mAh \cdot g^{-1}$ 和 $191.4mAh \cdot g^{-1}$，循环 100 次后的放电比容量分别为 $163.0mAh \cdot g^{-1}$、$199.1mAh \cdot g^{-1}$、$192.8mAh \cdot g^{-1}$ 和 $190.7mAh \cdot g^{-1}$。在此电流密度下 LZTO-700-1 样品表现出最好的循环性能。在 $1A \cdot g^{-1}$ 的电流密度下，LZTO-650-1、LZTO-700-1、LZTO-750-1 和 LZTO-800-1 四个样品的首次放电比容量分别为 $165.8mAh \cdot g^{-1}$、$172.2mAh \cdot g^{-1}$、$169.9mAh \cdot g^{-1}$ 和 $150.3mAh \cdot g^{-1}$，循环 100 次后放电比容量分别为 $121.1mAh \cdot g^{-1}$、$146.0mAh \cdot g^{-1}$、$142.9mAh \cdot g^{-1}$ 和 $134.2mAh \cdot g^{-1}$。在高的电流密度 $1A \cdot g^{-1}$ 下，LZTO-700-1 具有最大的放电

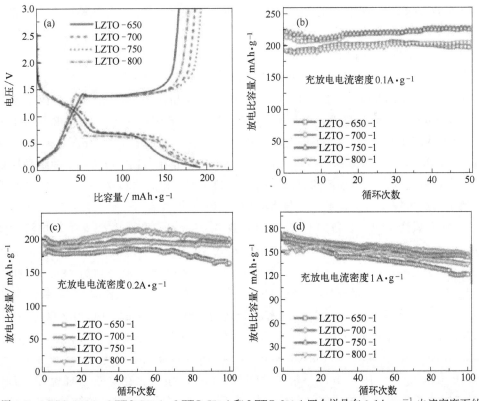

图 3.5 LZTO-650-1、LZTO-700-1、LZTO-750-1 和 LZTO-800-1 四个样品在 $0.1A \cdot g^{-1}$ 电流密度下的首次充放电曲线（a）；$0.1A \cdot g^{-1}$（b）、$0.2A \cdot g^{-1}$（c）和 $1A \cdot g^{-1}$（d）电流密度下的循环曲线

比容量。LZTO-700-1 的放电比容量和循环性能都超过了以前报道的[19,20]。但是与小电流密度 0.1A·g^{-1} 和 0.2A·g^{-1} 下相比大电流密度 1A·g^{-1} 下材料的循环性能变差，这一现象在以前的工作中也报道过[19,20]。这是因为 Li$_2$ZnTi$_3$O$_8$ 材料低的电子电导率导致其倍率性能变差[19,20,40,50]。

3.1.2　煅烧时间优化

基于以上的分析，基于 0.38LiOH·H$_2$O-0.62LiNO$_3$ 低温共熔融盐法制备 Li$_2$ZnTi$_3$O$_8$ 材料的最优煅烧温度为 700℃。700℃ 煅烧 1～5h 制备的 Li$_2$ZnTi$_3$O$_8$ 的 XRD 图如图 3.6（a）所示。所有样品的 XRD 图谱都能很好地与空间群为 P4$_3$32 的 Li$_2$ZnTi$_3$O$_8$（JCPDS♯86-1512）的 XRD 图谱相吻合。另外，并没有从 XRD 图谱中检测出其它相。XRD 结果与 Tang 等[19,20,40,50]、Hong 等[13,39,52,53] 和 Wang 等[32] 报道的一致。这表明采用基于 0.38LiOH·H$_2$O-0.62LiNO$_3$ 低温共熔融盐法可以在较短的时间 1h 内制备出纯相 Li$_2$ZnTi$_3$O$_8$ 材料。从图谱中可以看出随着煅烧时间的延长衍射峰强度增加，这表明材料的结晶度增加。众所周知，结晶度能影响材料的电化学性能。

700℃ 煅烧 1～5h 制备的 Li$_2$ZnTi$_3$O$_8$ 在 0.5A·g^{-1} 的电流密度下的首次充放电曲线如图 3.6（b）所示。从图中可以看出，对于每个样品而言，在充电曲线上 1.44V 左右出现了一个充电平台，相应的在放电曲线上 0.54V 左右出现了一个放电平台，这是 Li$_2$ZnTi$_3$O$_8$ 材料的特征电化学反应，与文献报道的一致[19,20,40,50]。LZTO-700-1、LZTO-700-3 和 LZTO-700-5 三个样品在 0.5A·g^{-1} 的电流密度下的首次放电比容量分别为 183.5mAh·g^{-1}、204.5mAh·g^{-1} 和 192.6mAh·g^{-1}，相应的充电比容量分别为 165.4mAh·g^{-1}、192.4mAh·g^{-1} 和 174.0mAh·g^{-1}。与 LZTO-700-3 和 LZTO-700-5 相比，LZTO-700-1 的结晶性稍差，这可能是其比容量较低的原因。而 LZTO-700-3 和 LZTO-700-5 较好的结晶性有利于其放出较大的比容量。这与 XRD 结果相一致。

700℃ 煅烧 1～5h 制备的 Li$_2$ZnTi$_3$O$_8$ 在 0.5A·g^{-1} 和 0.8A·g^{-1} 的电流密度下的循环性能如图 3.6（c）、（d）所示。在 0.5A·g^{-1} 的电流密度下 LZTO-700-1、LZTO-700-3 和 LZTO-700-5 三个样品的首次放电比容量分别为 183.5mAh·g^{-1}、204.5mAh·g^{-1} 和 192.6mAh·g^{-1}，循环 100 次后容量保持率分别为 95.8%、98.4% 和 96.2%。当电流密度分别增加到 0.8A·g^{-1} 时，LZTO-700-1、LZTO-700-3 和 LZTO-700-5 三个样品的首次放电比容量分别为 175.7mAh·g^{-1}、203.4mAh·g^{-1} 和 190.0mAh·g^{-1}，循环 100 次后放电比容量分别为 166.6mAh·g^{-1}、199.4mAh·g^{-1} 和 176.0mAh·g^{-1}。在这三个样品中，LZTO-700-3 表现出最大的比容量和最好的循环性能，这可能与材料的结晶性好有关。

为了进一步理解 LZTO-700-1、LZTO-700-3 和 LZTO-700-5 的电化学行为，

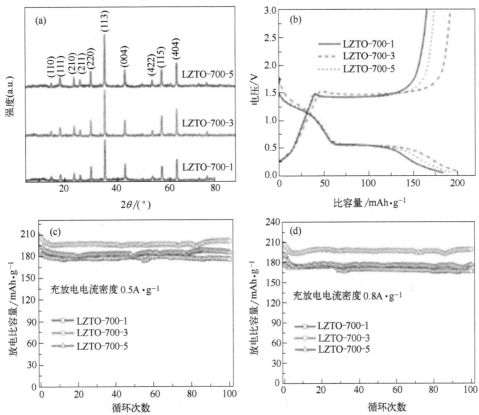

图 3.6 700℃煅烧 1～5h 制备的 $Li_2ZnTi_3O_8$ 的 XRD 图 （a），在 $0.5A \cdot g^{-1}$ （b）电流密度下的首次充放电曲线及在 $0.5A \cdot g^{-1}$ （c）和 $0.8A \cdot g^{-1}$ （d）电流密度下的循环曲线

测试了材料的循环伏安曲线，扫速为 $0.5mV \cdot s^{-1}$，电势范围为 $0.05～3.0V$，结果如图 3.7 所示。从图中可以看出，对于每个样品而言在 $1.0～2.0V$ 内有一对氧化还原峰，基于 Ti^{4+}/Ti^{3+} 氧化还原电对。另外，对于每个样品而言，从第二圈开始还原峰移向高电势，这可能与相转变有关（从尖晶石相转变成岩盐相）[13]。此外，对于每个样品而言在 $0.5V$ 以下都出现了一个还原峰，这可能源于 Ti^{4+} 的多次还原，这和 Borghols 等和 Ge 等报道的一致[54,55]。如图 3.7 （d）所示，样品 LZTO-700-3 具有最大的峰面积和最高的峰电流，表明 LZTO-700-3 样品具有最大的比容量和最快的动力学，这和充放电结果一致。

从上述的研究可知 LZTO-700-1、LZTO-700-3 和 LZTO-700-5 表现出不同的电化学行为。电化学交流阻抗是电池内阻的主要部分之一。为了进一步研究 LZTO-700-1、LZTO-700-3 和 LZTO-700-5 的不同电化学行为，测试了三个样品的电化学交流阻抗（EIS），结果如图 3.8 （a）所示，测试是在 $2.5V$ 电势下进行的。三个样品的 EIS 图相似：高频区有一个小的截距，高频到中频区有一个半圆，低频区是一条斜线。其中，高频区的截距可以认为是电解液和电极、电极和隔膜间的接

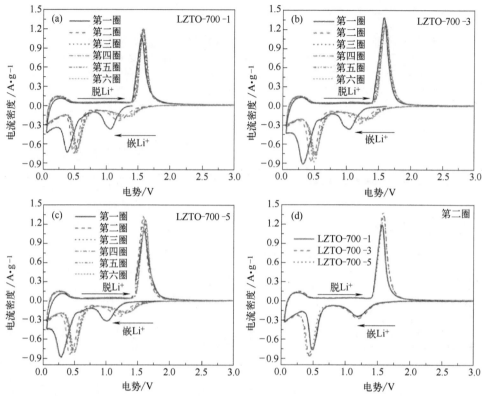

图 3.7 LZTO-700-1 (a)、LZTO-700-3 (b) 和 LZTO-700-5 (c) 在 $0.5\text{mV} \cdot \text{s}^{-1}$
扫速下从第一圈到第六圈的循环伏安图；LZTO-700-1、LZTO-700-3 和 LZTO-700-5
三个样品的第二圈的循环伏安对比图 (d)

触电阻；半圆代表的是电解液和电极界面的电荷转移阻抗；斜线表示的是锂离子在材料中扩散引起的阻抗，又叫 Warburg 阻抗。用以拟合的等效电路图如图 3.8 的插图，拟合出来的参数如表 3.2 所示。众所周知，电极材料的电荷转移阻抗小，则它的电化学性能一般会好。三个样品中，LZTO-700-3 样品具有最小的电荷转移阻抗，为 42.45Ω，这有利于其电化学性能，与充放电结果一致。

表 3.2　从等效电路图得到的阻抗参数

样品	R_e/Ω	R_{ct}/Ω
LZTO-700-1	8.82	63.91
LZTO-700-3	4.14	42.45
LZTO-700-5	3.14	56.99

电极材料要实现商业化必须具备良好的倍率性能[56]。图 3.8 (b) 为 LZTO-700-3 样品在 $2\text{A} \cdot \text{g}^{-1}$ 和 $3\text{A} \cdot \text{g}^{-1}$ 的电流密度下的循环性能图。由于 LZTO-700-3 在大电流下极化，循环几次后 $2\text{A} \cdot \text{g}^{-1}$ 和 $3\text{A} \cdot \text{g}^{-1}$ 下电极最大放电比容量分别达

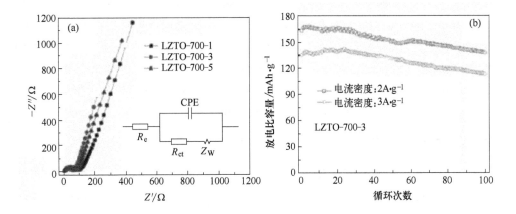

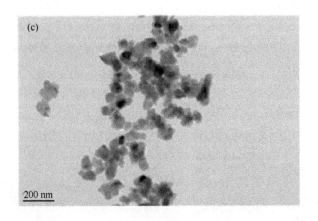

图 3.8 LZTO-700-1、LZTO-700-3 和 LZTO-700-5 的电化学交流阻抗图
（插图为等效电路图）（a），LZTO-700-3 在 2A・g^{-1} 和 3A・g^{-1} 的电流密度下的
循环性能图（b）和 LZTO-700-3 样品的 TEM 图（c）

到 167.8mAh・g^{-1} 和 142.4mAh・g^{-1}。循环 100 次后的放电比容量分别保留了 137.8mAh・g^{-1} 和 113.3mAh・g^{-1}。LZTO-700-3 样品的放电比容量和循环性能超过了以前的数据[19,20,40]。然而，LZTO-700-3 电极在大电流下的循环性能明显变差，这一现象在以前的工作中也出现过[19,20]。这是因为 $Li_2ZnTi_3O_8$ 材料低的电子电导率导致其倍率性能变差[19,20,40,50]。

众所周知，小的颗粒可以缩短锂离子的扩散路径，进而有利于材料的倍率性能。为了解释 LZTO-700-3 电极的倍率性能，对其进行了 TEM 观察，结果如图 3.8（c）所示。从图中可以看出材料颗粒为纳米级，颗粒尺寸分布均匀，约为 100nm。小的颗粒可以缩短锂离子扩散路径，进而提高材料的倍率性能。

采用基于 0.38LiOH・H_2O-0.62LiNO$_3$ 的低共熔盐法制备了 $Li_2ZnTi_3O_8$ 负

极材料。研究结果显示采用此制备方法在低温 650℃ 煅烧 1h 即可制备出纯相 $Li_2ZnTi_3O_8$。其中，在 700℃ 煅烧 3h 制备的 $Li_2ZnTi_3O_8$ 可以放出最大的比容量。在 2A·g^{-1} 和 3A·g^{-1} 下 $Li_2ZnTi_3O_8$ 电极最大放电比容量分别达到 167.8mAh·g^{-1} 和 142.4mAh·g^{-1}。循环 100 次后的放电比容量分别保留了 137.8mAh·g^{-1} 和 113.3mAh·g^{-1}。$Li_2ZnTi_3O_8$ 电极大的比容量可能源于其良好的结晶性、小的颗粒尺寸和低的电荷转移阻抗。

3.1.3 原材料优化

以平均粒径分别为 100nm 和 10nm 的金红石型 TiO_2 为钛源，基于 0.38LiOH·H_2O-0.62LiNO₃ 的低共熔盐法制备了 $Li_2ZnTi_3O_8$ 负极材料，材料分别标记为 R-100-LZTO 和 R-10-LZTO。

图 3.9 为原料 R-TiO_2-100、R-TiO_2-10 和 ZnO 的 TEM 图。图 3.9（a）显示 R-TiO_2-100 的粒径约为 100nm，图 3.9（b）显示 R-TiO_2-10 的粒径约为 10nm，图 3.9（c）显示 ZnO 的粒径集中在 50nm。原材料颗粒小在合成材料的过程中可以缩短离子的扩散路径，从而易合成纯相 $Li_2ZnTi_3O_8$。

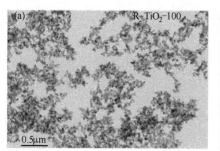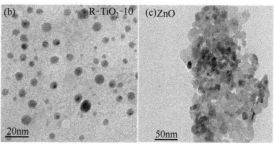

图 3.9 R-TiO_2-100 (a)、R-TiO_2-10 (b) 和 ZnO (c) 的 TEM 图

图 3.10（a）、（b）为采用不同尺寸的钛源基于 0.38LiOH·H_2O-0.62LiNO₃ 的低共熔盐法制备 $Li_2ZnTi_3O_8$ 负极的前驱体的 TG-DTA 曲线，测试氛围为空气，升温速率为 10℃·min^{-1}。使用 R-TiO_2-100 和 R-TiO_2-10 为钛源的前驱体分别标记为前驱体 A 和 B。对每一个前驱体来说，室温到 900℃ 的曲线上出现了三个明显的失重，相应的 DTA 曲线上出现了三个峰。室温到 110℃ 的失重与前驱体吸附水的蒸发有关，对于前驱体 A 和 B 来说失重值分别为 18.62% 和 13.46%。与前驱体 B 相比，前驱体 A 在此温度范围内的失重值较大，这是因为前驱体 A 具有较大的比表面积和孔径，可以吸附更多的水分。图 3.10（c）为前驱体 A 和 B 的 N_2 吸附-脱附等温曲线。两种前驱体的比表面积、总孔容和平均孔径如表 3.3 所示。320～370℃ 的失重可能源于 LiOH·H_2O 失去结晶水。500～590℃ 急剧失重与 LiOH 和

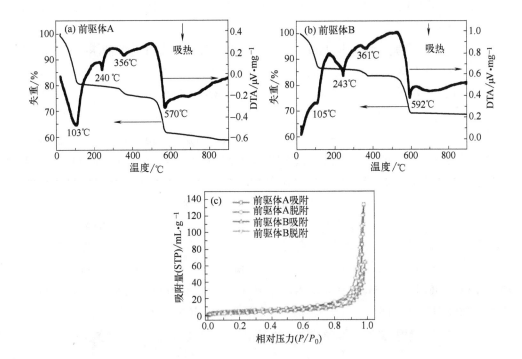

图 3.10　0.38LiOH·H$_2$O-0.62LiNO$_3$、R-TiO$_2$-100 和 ZnO 形成的前驱体 A（a）和

0.38LiOH·H$_2$O-0.62LiNO$_3$、R-TiO$_2$-10 和 ZnO 形成的前驱体 B（b）的

TG-DTA 曲线；前驱体 A 和 B 的 N$_2$ 吸附-脱附等温曲线（c）

LiNO$_3$ 的分解生成 Li$_2$O 有关。240℃的峰源于低温共熔盐的熔化以及渗入前驱体颗粒表面及内部。对于前驱体 A 和 B 来说，温度分别超过 570℃和 592℃之后不再失重，表明 TiO$_2$、ZnO 和 Li$_2$O 开始形成稳定的相。所以，R-TiO$_2$-100、ZnO 和 Li$_2$O 的反应活性高于 R-TiO$_2$-100、ZnO 和 Li$_2$O。基于以上分析，煅烧采用三段式。

表 3.3　0.38LiOH·H$_2$O-0.62LiNO$_3$、R-TiO$_2$-100 和 ZnO 形成的前驱体 A 和

0.38LiOH·H$_2$O-0.62LiNO$_3$、R-TiO$_2$-10 和 ZnO 形成的前驱体 B 的比表面积、孔容和平均孔径

样品	比表面积/m^2·g^{-1}	总孔容/mL·g^{-1}	平均孔径/nm
前驱体 A	19.8	0.21	28.8
前驱体 B	12.1	0.10	22.3

为了进一步研究钛源的颗粒尺寸对 Li$_2$ZnTi$_3$O$_8$ 相形成温度的影响，采用 SEM 技术对前驱体 A 和 B 进行了观察，结果如图 3.11（a）、（b）所示。从图中可以看出以 R-TiO$_2$-100 作为钛源的前驱体没有出现明显的团聚；但是，以 R-TiO$_2$-10 为钛源的前驱体团聚严重，这可能是因为 R-TiO$_2$-10 和 ZnO 的颗粒太小很难分散开。众所周知，颗粒小且分散好的前驱体能够提高高温加热过程的反应速率。所以，原料分散良好的前驱体 A 有利于 Li$_2$ZnTi$_3$O$_8$ 的形成，而团聚严重的前驱体 B 不利于

Li$_2$ZnTi$_3$O$_8$ 的形成。这和 TG-DTA 结果相一致。所以，合适的原料颗粒尺寸有利于 Li$_2$ZnTi$_3$O$_8$ 的形成。

图 3.11 （c）为分别以 R-TiO$_2$-100 和 R-TiO$_2$-10 为钛源制备的 R-100-LZTO 和 R-10-LZTO 的 XRD 图。对于这两个样品，所有的衍射峰都能很好地与空间群为 P4$_3$32 的 Li$_2$ZnTi$_3$O$_8$ （JCPDS♯86-1512）的 XRD 图谱相吻合。另外，并没有从 XRD 图谱中检测到其它相。XRD 结果与 Tang 等[19,20,40,50]、Hong 等[13,39,52,53] 和 Wang 等[32] 报道的一致。与 R-10-LZTO 相比，R-100-LZTO 的衍射峰更尖锐，衍射峰强度更高，这表明其结晶性更好。众所周知，良好的结晶度有利于材料的电化学性能。两个样品的晶胞参数如表 3.4 所示，与以前报道的相似[19,20,51]。另外，R-100-LZTO 的晶胞参数比 R-10-LZTO 的小，表明 TiO$_2$ 的颗粒尺寸对最终制备的样品的晶胞参数产生了影响。R-10-LZTO 样品的晶胞参数较大可能与其结晶不完善出现氧缺陷有关[57,58]。从 TG-DTA 结果中可以看出以 0.38LiOH·H$_2$O-0.62LiNO$_3$、R-TiO$_2$-100 和 ZnO 为原料形成的 Li$_2$ZnTi$_3$O$_8$ 的温度比以 0.38LiOH·H$_2$O-0.62LiNO$_3$、R-TiO$_2$-10 和 ZnO 为原料的低。所以在相同的煅烧温度和时间下，R-100-LZTO 的结晶度比 R-10-LZTO 的高。

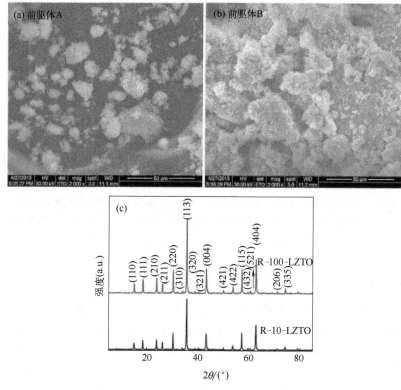

图 3.11　前驱体 A （a）和前驱体 B （b）的 SEM 图，
R-100-LZTO 和 R-10-LZTO 的 XRD 图 （c）

表 3.4 R-100-LZTO 和 R-10-LZTO 的晶胞参数

样品	$a/\mathring{A}$	$V/\mathring{A}^3$
R-100-LZTO	8.375(2)	587.4(7)
R-10-LZTO	8.383(9)	589.3(1)

SEM 技术可以用来观察材料的形貌，图 3.12（a）、（b）为 R-100-LZTO 和 R-10-LZTO 负极材料的 SEM 图。从中可以看出 R-100-LZTO 的颗粒分布均匀，没有明显的团聚现象；R-10-LZTO 颗粒由纳米级别的一次颗粒组成。很显然，R-100-LZTO 的颗粒尺寸比 R-10-LZTO 的小。另外，R-100-LZTO 为多孔材料。为了进一步观察 R-100-LZTO 和 R-10-LZTO 的纳米微观结构，采用 TEM 技术对其进行观察，结果如图 3.12（c）、（d）所示。对于 R-100-LZTO 而言，颗粒尺寸为纳米级，约为 100nm。然而，R-10-LZTO 颗粒尺寸不均匀团聚眼严重，尺寸分布在 0.5~1μm 范围内。众所周知，小的颗粒尺寸和多孔结构有利于增加活性材料和电解液之间的接触面积，进而提高锂离子的脱嵌效率[20,40,51]。

图 3.12 R-100-LZTO（a）和 R-10-LZTO（b）的 SEM 图；
R-100-LZTO（c）和 R-10-LZTO（d）的 TEM 图

为了进一步研究 R-100-LZTO 和 R-10-LZTO，通过测试其 N_2 吸附-脱附曲线得到了比表面积和孔径分布（图 3.13）。比表面积、总孔容和平均孔径如表 3.5 所示。与 R-10-LZTO 相比，R-100-LZTO 具有较大的比表面积、总孔容和孔径。大的比表面积可以增大活性物质和电解液之间的接触面积，为锂离子的扩散提供更多的活性位置，这将提高材料的可逆比容量。另外，大的孔径有利于电解液进入活性物质，进而有利于锂离子的扩散。这与 SEM 和 TEM 的结果一致。

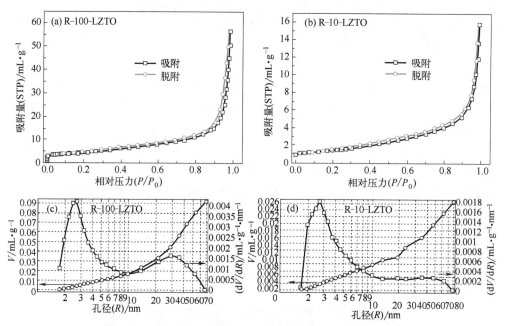

图 3.13 R-100-LZTO（a）和 R-10-LZTO（b）的 N₂ 吸附-脱附等温曲线；
R-100-LZTO（c）和 R-10-LZTO（d）的孔径分布图

表 3.5 R-100-LZTO 和 R-10-LZTO 的比表面积、总孔容和平均孔径

样品	比表面积/$m^2 \cdot g^{-1}$	总孔容/$mL \cdot g^{-1}$	平均孔径/nm
R-100-LZTO	16.0	0.09	18.3
R-10-LZTO	4.9	0.02	14.4

R-100-LZTO 和 R-10-LZTO 在 $1A \cdot g^{-1}$ 电流密度下的首次充放电曲线如图 3.14（a）所示。对于每个样品而言，在 1.49V 左右出现了一个充电平台，在 0.52V 出现了一个相应的放电平台，这是 $Li_2ZnTi_3O_8$ 的特征电化学反应[19,20,40]。R-100-LZTO 和 R-10-LZTO 的首次放电比容量分别为 $175.8mAh \cdot g^{-1}$ 和 $162.2mAh \cdot g^{-1}$。R-100-LZTO 和 R-10-LZTO 在 $1A \cdot g^{-1}$ 电流密度下的循环性能如图 3.14（b）所示。循环到第 200 圈，R-100-LZTO 和 R-10-LZTO 的放电比容量分别为 $163.6mAh \cdot g^{-1}$ 和 $125.2mAh \cdot g^{-1}$。与 R-10-LZTO 相比，R-100-LZTO 放出较大的比容量且表现出较好的循环性能。另外，与先前的报道相比[19,20,40,51]，R-100-LZTO 仍表现出较好的循环性能。这可能与其良好的结晶度和颗粒分散性有关，这与物理表征的结果一致。图 3.14（b）的插图为 R-100-LZTO 和 R-10-LZTO 两个样品在 $1A \cdot g^{-1}$ 电流密度下循环过程中的库仑效率。对于 R-100-LZTO 和 R-10-LZTO，其首次库仑效率分别为 88.3% 和 83.3%。高的不可逆容量源于均匀且致密的固体电解质（SEI）膜的形成[19,20,40,51]，SEI 膜可以减弱活性物质和电解液之间的副反应，进而有利于材料的循环性能。循环几次之后，两

个样品的库仑效率都接近 100%。在整个循环过程中 R-100-LZTO 的库仑效率比 R-10-LZTO 的高，这表明 R-100-LZTO 具有良好的可逆性。

为了更好地理解 R-100-LZTO 和 R-10-LZTO 的电化学性能，对两个样品进行了循环伏安测试，扫描速率为 $0.5mV \cdot s^{-1}$，电势范围为 $0.05 \sim 3.0V$，结果如图 3.14（c）、（d）所示。从图中可以看出，对于每个样品而言在 $1.0 \sim 2.0V$ 内有一对氧化还原峰，基于 Ti^{4+}/Ti^{3+} 氧化还原电对。此外，对于每个样品而言在 0.5V 以下都出现了一个还原峰，这可能源于 Ti^{4+} 的多次还原，这和 Borghols 等和 Ge 等报道的一致[54,55]。另外，对于每个样品而言，从第二圈开始还原过程的曲线与第一圈的不一样，这可能与相转变（从尖晶石相转变成岩盐相）或者电极的活化极化有关[13,52]。与 R-10-LZTO 相比，R-100-LZTO 具有较大的峰面积和较高的峰电流，表明 R-100-LZTO 样品具有较大的比容量和较快的动力学，这和充放电结果一致。R-100-LZTO 和 R-10-LZTO 的氧化还原峰的电势及相应的电势差如表 3.6 所示。其中，φ_{pa} 为氧化峰的电势，φ_{pc} 为还原峰的电势，φ_p 为相应的还原峰和氧化峰的电势差。R-100-LZTO 样品表现出较小的电势差 0.38V，表明锂离子在 R-100-LZTO 中脱嵌极化小、高度可逆。

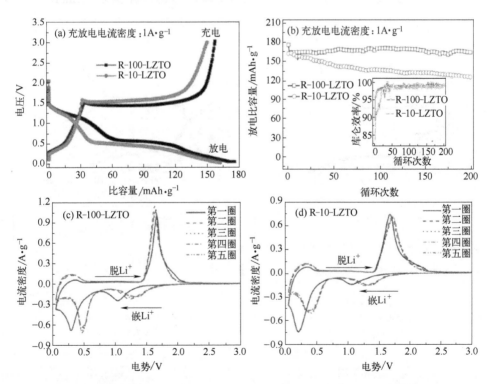

图 3.14　R-100-LZTO 和 R-10-LZTO 在 $1A \cdot g^{-1}$ 电流密度下的首次充放电曲线（a）和循环性能（b）；R-100-LZTO（c）和 R-10-LZTO（d）的循环伏安曲线

（扫描速率：$0.05mV \cdot s^{-1}$，电势范围为 $0.05 \sim 3.0V$）

表 3.6　R-100-LZTO 和 R-10-LZTO 第二圈 CV 的氧化峰和还原峰的电势及相应的电势差

样品	φ_{pa}/V	φ_{pc}/V	$(\varphi_p = \varphi_{pa} - \varphi_{pc})$/V
R-100-LZTO	1.63	1.25	0.38
R-10-LZTO	1.71	1.28	0.43

众所周知，倍率性能是评价电极材料的一个重要参数。R-100-LZTO 和 R-10-LZTO 在大电流密度 $2.5A \cdot g^{-1}$、$5A \cdot g^{-1}$ 和 $6A \cdot g^{-1}$ 下的电化学性能如图 3.15 所示。图 3.15 (a)、(b) 为 R-100-LZTO 和 R-10-LZTO 在 $2.5A \cdot g^{-1}$、$5A \cdot g^{-1}$ 和 $6A \cdot g^{-1}$ 下具有最大放电比容量次数的充放电曲线。可以看出，对于每个样品而言，随着电流密度的增加充放电平台变短，这和电极的极化有关。另外，在大电流密度 $2.5A \cdot g^{-1}$、$5A \cdot g^{-1}$ 和 $6A \cdot g^{-1}$ 下 R-100-LZTO 的放电比容量都大于 R-10-LZTO 样品的。

图 3.15 (c)、(d) 为 R-100-LZTO 和 R-10-LZTO 在 $2.5A \cdot g^{-1}$、$5A \cdot g^{-1}$ 和 $6A \cdot g^{-1}$ 下的循环性能图。由于在大电流下电极出现极化，循环几次之后 R-100-LZTO 和 R-10-LZTO 电极的放电比容量达到最大值。对于 R-100-LZTO，在 $2.5A \cdot g^{-1}$、$5A \cdot g^{-1}$ 和 $6A \cdot g^{-1}$ 下的最大放电比容量分别达到 $163mAh \cdot g^{-1}$、

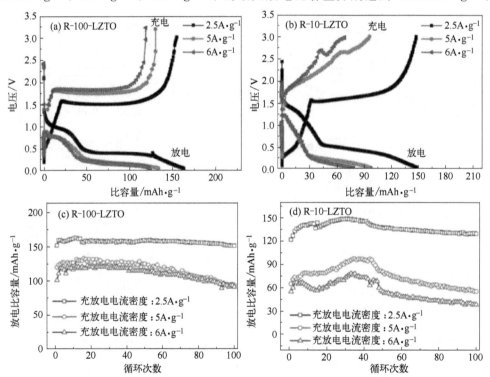

图 3.15　R-100-LZTO（a）和 R-10-LZTO（b）在大电流密度 $2.5A \cdot g^{-1}$、$5A \cdot g^{-1}$
和 $6A \cdot g^{-1}$ 下的充放电曲线；R-100-LZTO（c）和 R-10-LZTO（d）在大
电流密度 $2.5A \cdot g^{-1}$、$5A \cdot g^{-1}$ 和 $6A \cdot g^{-1}$ 下的循环曲线

133.3mAh・g^{-1} 和 122.5mAh・g^{-1}。循环 100 次后放电比容量分别为 151.4mAh・g^{-1}、94mAh・g^{-1} 和 91.4mAh・g^{-1}。对于 R-10-LZTO 电极，在 2.5A・g^{-1}、5A・g^{-1} 和 6A・g^{-1} 下的最大放电比容量分别达到 148.9mAh・g^{-1}、97.2mAh・g^{-1} 和 78.3mAh・g^{-1}。循环 100 次后放电比容量分别为 129.4mAh・g^{-1}、55.6mAh・g^{-1} 和 38.3mAh・g^{-1}。在大电流下 R-100-LZTO 的循环性能比 R-10-LZTO 的好。据我们所知，这是第一次报道 $Li_2ZnTi_3O_8$ 在 6A・g^{-1} 电流密度下的电化学性能。R-100-LZTO 好的倍率性能源于其良好的结晶度和颗粒分散性、小的颗粒尺寸、大的比表面积和孔容及孔径。

为了研究 R-100-LZTO 和 R-10-LZTO 的容量恢复性，对其进行了阶梯测试，结果如图 3.16 (a) 所示。在 0.1A・g^{-1} 的电流密度下，R-100-LZTO 和 R-10-LZTO 的首次放电比容量分别为 226.9mAh・g^{-1} 和 220.0mAh・g^{-1}。甚至在高的电流密度 1.6A・g^{-1} 下，R-100-LZTO 和 R-10-LZTO 的放电比容量仍分别能达到 161.8mAh・g^{-1} 和 147.1mAh・g^{-1}。当电流密度又降到 0.1A・g^{-1} 时，R-100-LZTO 和 R-10-LZTO 的放电比容量分别恢复到 226.4mAh・g^{-1} 和 212.2mAh・g^{-1}。可以看出两个样品都具有良好的容量恢复性。另外，当电流密

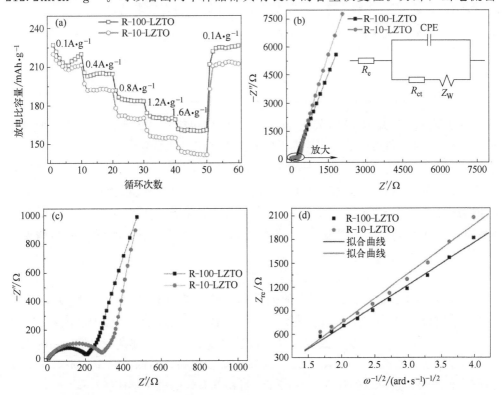

图 3.16　R-100-LZTO 和 R-10-LZTO 的阶梯性能 (a)，EIS 曲线及中高频区的放大图 (b)、(c)，Z_{re} 和 $\omega^{-1/2}$ 的关系图 (d)

度又降到 0.1A·g^{-1} 时两个样品都可以获得较大的放电比容量。良好的循环性能及大的放电比容量可以归于以下原因：①在小的电流密度 0.1A·g^{-1} 下有利于形成致密均匀的 SEI 膜，这可以减弱活性物质和电解液之间的副反应，从而有利于材料的循环性能；②电极在小的电流密度 0.1A·g^{-1} 下循环 10 次后可以得到活化，在接下来的大电流密度下循环材料可以获得大的比容量。与 R-10-LZTO 相比，R-100-LZTO 样品在整个循环过程中都具有较大的放电比容量。

综上所述，可以看出 R-100-LZTO 和 R-10-LZTO 具有不同的电化学性能，为了进一步理解两者的电化学行为对其进行了 EIS 测试，结果如图 3.16 （b）～（d）所示，测试在 2.5V 电势下进行。图 3.16 （c）为图 3.16 （b）中高频区的放大图。两个样品的 EIS 图相似：高频区有一个小的截距，高频到中频区有一个半圆，低频区是一条斜线。其中，高频区的截距可以认为是电解液和电极、电极和隔膜间的接触电阻；半圆代表的是电解液和电极界面的电荷转移阻抗；斜线表示的是锂离子在材料中扩散引起的阻抗，又叫 Warburg 阻抗。用以拟合的等效电路图如图 3.16 （b）的插图，拟合出来的参数如表 3.7 所示。众所周知，电极材料的电荷转移阻抗小，则它的电化学性能一般会好。与 R-10-LZTO 相比，R-100-LZTO 具有较低的电荷转移阻抗 （57.32Ω），这有利于其电化学性能，与充放电结果一致。

表 3.7　基于等效电路图得出的 R-100-LZTO 和 R-10-LZTO 交流阻抗参数

样品	R_e/Ω	R_{ct}/Ω
R-100-LZTO	5.577	120.7
R-10-LZTO	4.351	159.1

为了进一步研究 R-100-LZTO 和 R-10-LZTO 电极的动力学行为，基于低频区的 Warburg 阻抗利用以下公式计算了两者的锂离子扩散系数[46]

$$D_{Li^+} = R^2 T^2 / (2A^2 n^4 F^4 C^2 \sigma^2) \tag{3.1}$$

其中，R 为气体常数 （8.314J·mol^{-1}·K^{-1}），T 为室温 （298.5K），A 为电极的面积 （1.13cm^2），n 为半反应中转移的电子个数，F 为法拉第常数 （96485C·mol^{-1}），C 为锂离子在化合物中的浓度，σ 为 Warburg 系数，可根据下列式子得到

$$Z_{re} = R_e + R_{ct} + \sigma \omega^{-1/2} \tag{3.2}$$

图 3.16 （d）为 Z_{re} 和 $\omega^{-1/2}$ 的关系图，基于式 （3.1）和式 （3.2）求得的 R-100-LZTO 和 R-10-LZTO 的锂离子扩散系数分别为 1.7×10^{-13} cm^2·s^{-1} 和 1.2×10^{-13} cm^2·s^{-1}。这些数值比以前报道的要高[46]。需要注意的是 R-100-LZTO 的锂离子扩散系数比 R-10-LZTO 的高。众所周知，高的锂离子扩散系数表明锂离子扩散快，这可以保证 R-100-LZTO 材料具有好的电化学性能。

总之，在采用低温熔融盐法合成 Li$_2$ZnTi$_3$O$_8$ 的过程中钛源对最终产品的物理和电化学性能产生重大影响。在本节中，采用具有不同颗粒尺寸的 TiO$_2$ 为钛源，

分析了钛源对 $Li_2ZnTi_3O_8$ 性能的影响。结果显示，TiO_2 的颗粒尺寸对 $Li_2ZnTi_3O_8$ 的物理和电化学性能产生了重大影响。当 TiO_2 的颗粒尺寸太小（10nm）很难将其与其它原料混合均匀，这样最终合成的 $Li_2ZnTi_3O_8$ 的结晶度差、颗粒尺寸大、比表面积和孔容及孔径小，这些都不利于其电化学性能。当 TiO_2 的颗粒尺寸合适（100nm），用其作为原料合成的 $Li_2ZnTi_3O_8$ 具有优异的电化学性能，这可能与材料具有良好的结晶性、小的颗粒尺寸、大的比表面积和孔容及孔径、低的电荷转移阻抗和高的锂离子扩散系数有关。

3.2　一步固相法制备钛酸锌锂

在 3.1 节中我们采用三步加热法基于低温熔融盐制备了锂离子电池负极材料 $Li_2ZnTi_3O_8$，详细介绍了煅烧温度和时间以及原料对材料物理和电化学性能的影响。但是上述方法工艺时间长，本节将以碳酸锂（Li_2CO_3）、纳米氧化锌（ZnO）和纳米二氧化钛（TiO_2）为原料，采用一步固相法制备 $Li_2ZnTi_3O_8$，重点介绍煅烧温度和时间及集流体对材料物化性能的影响。

3.2.1　煅烧温度优化

对一步固相法制备 $Li_2ZnTi_3O_8$ 的前驱体进行热重（TG）和微商热重（DTG）测试，采用的升温速率为 $10℃ \cdot min^{-1}$，测试温度范围为 $25 \sim 800℃$，结果如图 3.17（a）所示。前驱体在升温过程中质量连续损失，在 $25 \sim 200℃$ 有 0.8% 的质量损失，这可能是前驱体中吸收的水分蒸发所致；$300 \sim 500℃$ 约损失 12.3% 质量，该损失对应碳酸锂的连续热解，与 DTG 曲线观察到的在 469℃ 的峰对应。在连续失重后，从 550℃ 起无明显质量变化，说明完成了前驱体分解和新相形成过程，因此一步固相法的煅烧温度应为 550℃ 以上。

图 3.17（b）为 $600 \sim 800℃$ 下煅烧 3h 得到的 $Li_2ZnTi_3O_8$ 样品的 XRD 谱图。600℃、700℃ 和 800℃ 煅烧得到的样品分别标记为 LZTO-600-3、LZTO-700-3 和 LZTO-800-3。与标准卡片（JCPDS♯86-1512）对照可知，所有温度下合成的样品衍射峰均与标准卡片一致，无杂质存在，说明当煅烧温度达到 600℃ 以上时可以成功合成纯的尖晶石型 $Li_2ZnTi_3O_8$。由 XRD 谱图观察到，衍射峰强度随温度的升高而升高，尖锐程度也随之增大，这表明 $Li_2ZnTi_3O_8$ 的结晶度有增加的趋势。众所周知，结晶度过低不利于材料的结构稳定性，结晶度过高可能会导致 Li^+ 扩散困难[59]，因此较合适的结晶度有利于电化学性能的发挥。晶胞参数如表 3.8 所示，可以发现晶胞参数随温度的升高而增大，说明煅烧温度会导致晶胞参数变化。

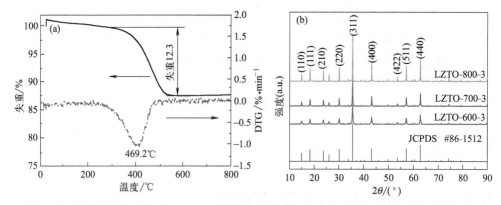

图 3.17　前驱体的热重曲线（a）和不同煅烧温度下合成的 $Li_2ZnTi_3O_8$ 的 XRD 图谱（b）

表 3.8　不同温度下合成的 $Li_2ZnTi_3O_8$ 的晶胞参数

样品	$a/Å$	$V/Å^3$	空间群
LZTO-600-3	8.369(7)	586.31	$P4_332$
LZTO-700-3	8.371(3)	586.64	$P4_332$
LZTO-800-3	8.372(7)	586.94	$P4_332$

　　图 3.18（a）～（c）为 LZTO-600-3、LZTO-700-3 和 LZTO-800-3 样品的 SEM 图，可以看出 LZTO-600-3 样品具有最小的粒径且分布不均；LZTO-700-3 样品颗粒分布均匀，粒径相比前者有所增加；当温度升高到 800℃时，样品粒径最大且团聚现象严重，这是由于煅烧温度较高导致的。除结晶度外，材料的颗粒尺寸也是影响电化学性能的一个重要因素。小粒径可以缩短 Li^+ 在材料中迁移的距离；粒径过大和团聚不利于 Li^+ 的扩散，这会影响材料的倍率性能和循环性能。图 3.18（d）

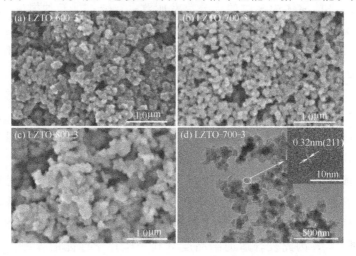

图 3.18　不同温度合成的 $Li_2ZnTi_3O_8$ 样品的 SEM 图：LZTO-600-3 （a）、
LZTO-700-3 （b）和 LZTO-800-3 （c）；LZTO-700-3 的 TEM 图 （d）

是 LZTO-700-3 样品的 TEM 图，图中可以清晰地看到晶格条纹，证明该温度下结晶度较好，其晶格间距为 0.32nm，对应 $Li_2ZnTi_3O_8$ 的（211）晶面。

在电流密度为 0.2A·g^{-1} 时，LZTO-600-3、LZTO-700-3 和 LZTO-800-3 样品首次充放电曲线如图 3.19（a）所示。据图可知，不同煅烧温度合成的样品的充放电曲线形状相似，Ti^{3+} 在 1.4V 被持续氧化成 Ti^{4+} 的过程中电压不发生变化，充电曲线出现平台；与之相对的放电曲线分别在 1.2V 和 0.7V 出现平台，低电压下的放电平台可能与 Ti^{4+} 多次还原有关。LZTO-600-3、LZTO-700-3 和 LZTO-800-3 样品在该电流密度下首次放电比容量分别为 296.0mAh·g^{-1}、279.6mAh·g^{-1} 和 244.5mAh·g^{-1}，库仑效率分别为 64.9%、65.6% 和 73.2%。可以看出随着煅烧温度的升高，首次放电比容量逐渐降低。结合 SEM 结果分析，可能是因为样品的比表面积随颗粒的增大而降低，导致首次充放电过程中有较多的活性位点未能充分利用，因此粒径最小的 LZTO-600-3 具有最高的放电比容量，其次是 LZTO-700-3 和 LZTO-800-3。另外，随着合成温度的升高，样品的首次库仑效率逐渐增大，这可能与材料颗粒逐渐增大材料表面积逐渐降低进而引起的副反应减弱有关。首次充放电的不可逆容量损失可归因于材料表面形成了致密的固体电解质界面层（SEI膜），该膜是离子良导体和电子绝缘体，作为钝化层覆盖在材料表面，有利于减少副反应并提高电池的循环稳定性。

在 1.0A·g^{-1} 电流密度下 LZTO-600-3、LZTO-700-3 和 LZTO-800-3 样品的循环性能和库仑效率曲线如图 3.19（b）所示，首次放电比容量分别为 229.4mAh·g^{-1}、226.4mAh·g^{-1} 和 193.1mAh·g^{-1}。LZTO-800-3 样品首次放电比容量低，可能是由于其颗粒团聚现象严重，首次放电时电解液没有充分浸润；从第二个循环开始与 LZTO-700-3 样品的放电比容量相差不大，可能是因为其比表面积较小，因此循环初期不可逆容量也较小。随着循环次数的增加，比容量都呈现出逐渐上升后降低的趋势。比容量上升是因为电极活化作用使部分未利用的位点被活化；循环后期比容量下降可以归因于电极材料的极化程度随循环次数的增加而增大。500 次后放电比容量分别为 61.8mAh·g^{-1}、120.1mAh·g^{-1} 和 71.5mAh·g^{-1}。与第二次放电比容量相比，容量保持率分别为 31.9%、64.1% 和 39.8%，说明 LZTO-700-3 样品在 1.0A·g^{-1} 电流密度下具有最优的循环稳定性。

通过循环性能测试发现，LZTO-600-3 样品在 1.0A·g^{-1} 电流密度下循环稳定性最差，这可能是因为：①该样品的结晶度最低、材料晶格缺陷较多，因此在充放电过程中随着 Li^+ 嵌入和脱出，LZTO-600-3 样品晶体结构坍塌，比容量衰减明显；②小粒径的材料与电解液接触面积大，在提高比容量的同时也会与电解液发生更多的副反应，容量衰减更快。LZTO-800-3 样品虽然结晶度最高，但在 1.0A·g^{-1} 电流密度下容量保持率小于 LZTO-700-3，这可能是因为：①大粒径材料 Li^+ 迁移路径长造成离子迁移困难，循环后期部分 Li^+ 在脱嵌过程中沉积在颗粒团聚处，消耗了较多 Li^+；②在充放电过程中产生较大极化，进而导致比容量衰减更快。

　　为了进一步分析不同煅烧温度对 $Li_2ZnTi_3O_8$ 材料电化学性能的影响，对不同温度合成的三个样品进行了阶梯测试（倍率性能测试），结果如图 3.19（c）所示。随电流密度的增加，LZTO-600-3、LZTO-700-3 和 LZTO-800-3 样品的比容量出现一定程度的减小，这与极化程度增加有关。从 $1.0A \cdot g^{-1}$ 开始，LZTO-600-3 样品在各电流密度下的比容量最低，这可能是由于 600℃ 合成的样品结晶度太低，在较大的电流密度下充放电时材料的结构容易被破坏。LZTO-700-3 和 LZTO-800-3 样品在各倍率条件下的比容量相差不多，这得益于煅烧温度在 700℃ 以上的样品较好的结晶度。LZTO-700-3 在大倍率时的比容量略高于 LZTO-800-3，可能是 800℃ 下合成的样品团聚导致快速充放电时 Li^+ 扩散受阻。当电流密度重新回到 $0.5A \cdot g^{-1}$ 时，LZTO-600-3、LZTO-700-3 和 LZTO-800-3 的比容量分别为 $192.1mAh \cdot g^{-1}$、$208.0mAh \cdot g^{-1}$ 和 $199.3mAh \cdot g^{-1}$。700℃ 和 800℃ 合成的两个样品的比容量略高于最开始 $0.5A \cdot g^{-1}$ 时的比容量。而 LZTO-600-3 的比容量在倍率测试中出现明显的衰减，这与循环性能测试结果相符。由此可以得出 LZTO-700-3 样品在 $0.5 \sim 3.0A \cdot g^{-1}$ 测试范围内具有最好的倍率性能。

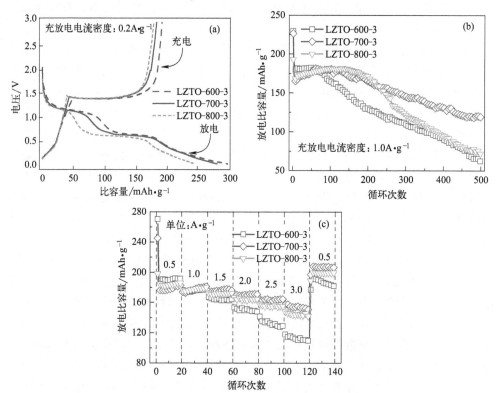

图 3.19　不同温度合成的 $Li_2ZnTi_3O_8$ 样品在 $0.2A \cdot g^{-1}$ 电流密度下初始充放电曲线（a），$1.0A \cdot g^{-1}$ 电流密度下循环性能曲线（b）和 $0.5 \sim 3.0A \cdot g^{-1}$ 电流密度下倍率性能曲线（c）

为探究煅烧温度对材料电化学行为的影响，在 0.02～3.0V 范围内对 LZTO-600-3、LZTO-700-3 和 LZTO-800-3 样品进行 CV 测试，扫速 0.5mV·s⁻¹，结果如图 3.20 所示。三个样品的 CV 曲线均有一个氧化峰和两个还原峰，分别对应 Ti^{3+}/Ti^{4+} 氧化还原电对（1.0～1.7V）和 Ti^{4+} 多次还原（0.5V），说明样品的电化学行为不因煅烧温度的改变而发生明显变化。由图 3.20（a）可知，LZTO-600-3、LZTO-700-3 和 LZTO-800-3 样品的氧化还原峰电势分别为 0.988/1.611V、1.091/1.585V 和 1.109/1.610V，电势差值分别为 0.623V、0.491V 和 0.513V，700℃合成的样品极化程度最小。极化程度小意味着电极材料的可逆性好，LZTO-700-3 应具有最好的电化学性能，其次是 LZTO-800-3 和 LZTO-600-3，这与之前的充放电测试数据结果一致。

图 3.20（b）～（d）分别是每个样品 1～3 次的 CV 曲线对比。所有样品首次扫描时 1.0V 左右的还原峰在第二周期均移动到 1.3V 左右，这可能与 $Li_2ZnTi_3O_8$ 材料尖晶石结构与岩盐结构相互转化有关。首次扫描时生成 SEI 膜后，第二次和第三次扫描的曲线更好地重叠，说明材料电化学反应具有较好的可逆性。不难看出，LZTO-600-3 样品在后续的两次扫描中曲线重合度低于 LZTO-700-3 和 LZTO-800-3 样品，这可能与 LZTO-600-3 样品结晶度较差有关。

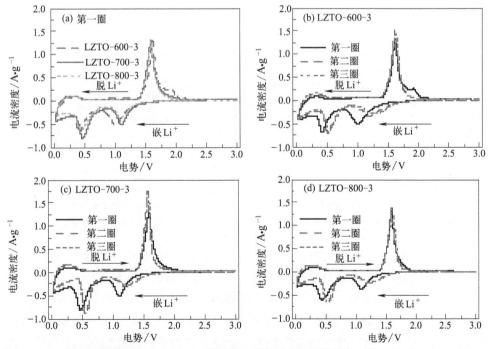

图 3.20 不同温度合成的 $Li_2ZnTi_3O_8$ 样品首次扫描的 CV 曲线比较（a），LZTO-600-3（b）、LZTO-700-3（c）和 LZTO-800-3（d）样品 1～3 次 CV 曲线，扫描速度 0.5mV·s⁻¹，电势范围 0.02～3.0V（vs. Li/Li⁺）

LZTO-600-3、LZTO-700-3 和 LZTO-800-3 样品循环前的 EIS 测试结果如图 3.21 所示。所有样品的 EIS 曲线均由一个小截距、中频区的半圆和低频区的直线组成，中频区放大部分和采用的等效电路如图 3.21（a）中插图所示。等效电路图中的四个部分：R_e、R_{ct}、CPE 和 Z_W 分别为电解液与材料的接触电阻、电荷转移电阻、双层电容和与离子扩散有关的 Warburg 扩散阻抗。经 Zview 拟合计算，LZTO-600-3、LZTO-700-3 和 LZTO-800-3 样品的电荷转移电阻分别为 77.1Ω、82.0Ω 和 87.0Ω。图 3.21（b）显示了三个样品 Z_{re} 和 $\omega^{-1/2}$ 之间的关系。不同温度合成的样品的 Li$^+$ 扩散系数可由低频区的数据计算。经计算，LZTO-600-3、LZTO-700-3 和 LZTO-800-3 样品的 Li$^+$ 扩散系数分别为 $8.4\times10^{-17}\,cm^2\cdot s^{-1}$、$4.5\times10^{-17}\,cm^2\cdot s^{-1}$ 和 $4.3\times10^{-17}\,cm^2\cdot s^{-1}$。可以看出扩散系数随煅烧温度的升高而降低，这一趋势可归因于材料粒径随煅烧温度的升高而增加，大粒径意味着 Li$^+$ 从电解液中移动到晶格内嵌锂位点的距离增加，从而使扩散阻力变大，这与 SEM 结果相互印证。LZTO-600-3 样品阶梯测试前的电荷转移电阻最小，离子扩散系数最高，这与倍率性能测试之初 LZTO-600-3 表现出比其它两个样品更高的放电比容量相印证；700℃ 和 800℃ 合成的样品扩散系数和电荷转移电阻比较接近，这与两者在倍率性能测试中 $0.5A\cdot g^{-1}$ 和 $1.0A\cdot g^{-1}$ 时表现出相似的倍率性能的结果相互印证。

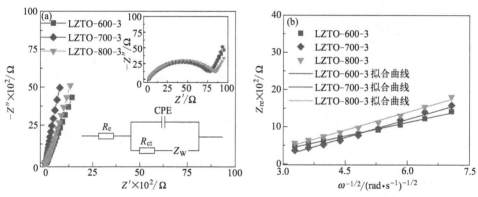

图 3.21　不同温度合成的样品的交流阻抗谱图（a），Z_{re} 和 $\omega^{-1/2}$ 之间的关系（b）

由于三个煅烧温度合成的样品在循环和倍率测试后期放电比容量趋势改变较为明显，为了更好地探究出现该情况的原因，对阶梯测试后的电池进行了交流阻抗测试，结果如图 3.22 所示。每个样品倍率性能测试后的 EIS 图谱均由代表接触电阻（R_e）的小截距、中频区代表 SEI 膜电阻（R_{SEI}）的小半圆、中频区代表电荷转移电阻（R_{ct}）的大半圆以及低频区代表 Warburg 扩散阻抗的斜线组成。总电阻 $R_t = R_e + R_{SEI} + R_{ct}$，由图可以看出，LZTO-700-3 具有最小的总电阻，经拟合计算 LZTO-600-3、LZTO-700-3 和 LZTO-800-3 样品的电荷转移电阻分别为 100.6Ω、56.6Ω 和 61.6Ω，Li$^+$ 扩散系数分别为 $3.6\times10^{-14}\,cm^2\cdot s^{-1}$、$1.4\times10^{-13}\,cm^2\cdot$

s^{-1} 和 $2.9 \times 10^{-14} \, cm^2 \cdot s^{-1}$，倍率性能测试后所有样品的 Li^+ 扩散系数都有所提高，可以归因于循环过程中的活化，这与阶梯测试中电流密度回到 $0.5 A \cdot g^{-1}$ 时所有样品的放电比容量都比初始值高的结果一致。

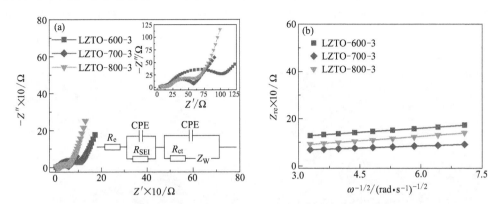

图 3.22　不同温度合成的样品倍率性能测试后交流阻抗谱图（a），
Z_{re} 和 $\omega^{-1/2}$ 之间的关系（b）

另外，尽管 LZTO-600-3 样品循环后 Li^+ 扩散系数提高了，但却低于 LZTO-700-3 样品，这可能是因为：①该样品的结晶度较差，在循环过程中材料结构部分坍塌；②该样品晶胞参数较小，实际循环过程中 Li^+ 在晶格内部可能迁移较为困难。并且该样品的电荷转移电阻远大于其它样品，这可能导致电荷转移速度和离子扩散速率严重不匹配，这与 LZTO-600-3 样品在阶梯测试中回到 $0.5 A \cdot g^{-1}$ 时放电比容量最低的结果相印证。可以看出阶梯测试后 LZTO-700-3 样品的电荷转移电阻是最小的，同时还具有最高的锂离子扩散系数，这与其在较大电流密度下表现出较好的倍率性能的结果一致。

综上所述，在较低的温度（600℃）下可以得到颗粒小的电极材料，但低的结晶度严重影响了材料的循环稳定性和倍率性能；高温（800℃）获得更高结晶度的同时也伴随着材料颗粒大和团聚现象，不利于材料的电化学性能；700℃合成的样品具有较好的结晶度和适当的粒径，避免了温度过低或过高带来的不利影响，相比其它样品表现出更优的电化学性能，因此确定 700℃ 为最佳煅烧温度。

3.2.2　煅烧时间优化

700℃煅烧 1h、3h 和 5h 合成样品的 SEM 和 TEM 测试结果如图 3.23（a）～（c）所示，三个样品的颗粒大小较为接近，煅烧时间对 $Li_2ZnTi_3O_8$ 形貌没有明显影响，但仔细观察依然可以发现 LZTO-700-5 样品粒径比其它两个样品大，并且轻微团聚。

700℃煅烧 1～5h 合成的 $Li_2ZnTi_3O_8$ 样品的 XRD 图谱与标准卡片对照结果如图 3.23（d）所示，三个样品均具有 $P4_332$ 空间群且在扫描范围内没杂质峰出现，说明本实验采用的一步固相法在较短的时间内也能获得纯的 $Li_2ZnTi_3O_8$ 材料。据图可知，随着煅烧时间的延长，材料的结晶度更好，完善的结晶有利于材料电化学性能的发挥。晶胞参数如表 3.9 所列，可以发现随煅烧时间的增加，晶胞参数也逐渐增大。1h 合成的样品由于煅烧时间较短，结晶不完全，最终导致晶胞参数和晶胞体积较小。

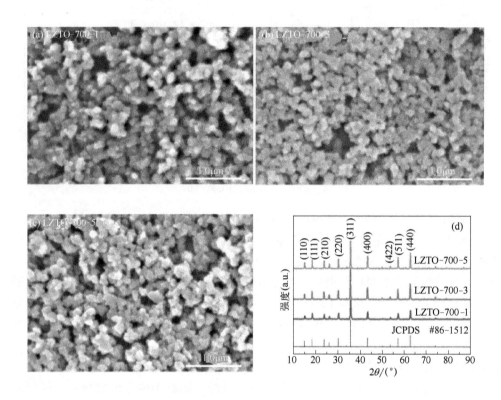

图 3.23　700℃煅烧 1～5h 合成的 $Li_2ZnTi_3O_8$ 样品的 SEM 图
(a)～(c) 和 XRD 图谱 (d)

表 3.9　700℃煅烧 1～5h 合成的 $Li_2ZnTi_3O_8$ 样品的晶胞参数

样品	$a/\text{Å}$	$V/\text{Å}^3$	空间群
LZTO-700-1	8.357(2)	583.69	$P4_332$
LZTO-700-3	8.371(3)	586.64	$P4_332$
LZTO-700-5	8.371(9)	586.77	$P4_332$

在电流密度为 $0.2\text{A} \cdot \text{g}^{-1}$ 时，LZTO-700-1、LZTO-700-3 和 LZTO-700-5 样品首次充放电曲线如图 3.24 (a) 所示，据图可知，不同煅烧时间合成的样品的充放电曲线形状相似，Ti^{3+} 在 1.4V 被持续氧化成 Ti^{4+} 的过程电压不发生变化，充电曲线出现平台；与之相对的放电曲线分别在 1.2V 和 0.7V 出现平台，低电压下的放电平台可能与 Ti^{4+} 多次还原有关。LZTO-700-1、LZTO-700-3 和 LZTO-700-

5 样品在该电流密度下首次放电比容量分别为 279.5mAh·g^{-1}、279.6mAh·g^{-1} 和 291.9mAh·g^{-1}，库仑效率分别为 65.5%、65.6% 和 67.9%。三个样品的首次放电比容量逐渐升高可能与其结晶度逐渐完善有关；三个样品的首次库仑效率逐渐提高，可能与材料颗粒尺寸变大、比表面积减小有关。首次充放电的不可逆容量损失可归因于材料表面形成了致密的 SEI 膜。

图 3.24（b）为 LZTO-700-1、LZTO-700-3 和 LZTO-700-5 样品在 1.0A·g^{-1} 电流密度下的循环性能曲线。三个样品的首次放电比容量分别为 203.9mAh·g^{-1}、226.4mAh·g^{-1} 和 194.6mAh·g^{-1}。与 0.2A·g^{-1} 电流密度下首次放电比容量相比，LZTO-700-5 样品的首次放电比容量明显降低，这可能是因为在大电流密度下该样品轻微的团聚阻碍 Li$^+$ 的扩散，因此首次放电比容量最低。前 100 次循环时5h 合成的样品放电比容量较高可能因为：①该样品结晶度较高，结构更稳定，因此循环初期不可逆容量也较小；②首次放电时因团聚现象未脱出的 Li$^+$ 在后续的100 多次循环中被释放出来，因此比容量略高于其它样品。另外，在材料粒径和结晶度相似的情况下，LZTO-700-1 样品较小的晶胞参数导致 Li$^+$ 扩散通道较窄，

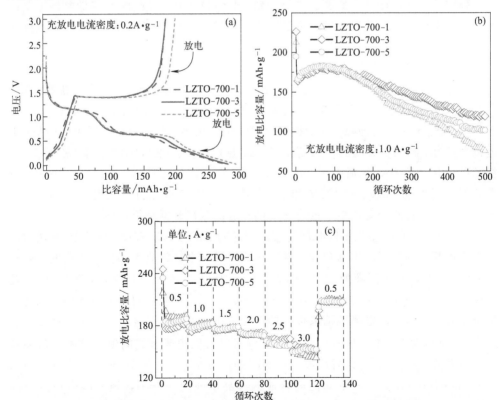

图 3.24　700℃煅烧 1～5h 合成的 Li$_2$ZnTi$_3$O$_8$ 样品的在 0.2A·g^{-1} 电流密度下的首次充放电曲线（a），1.0A·g^{-1} 电流密度下的循环曲线（b）和不同电流密度下的阶梯循环（c）

Li$^+$在晶格中迁移困难，最终导致首次放电比容量低于其它样品。循环 500 次后，LZTO-700-1、LZTO-700-3 和 LZTO-700-5 样品放电比容量分别为 75.4mAh·g^{-1}、120.1mAh·g^{-1} 和 99.8mAh·g^{-1}。与第二次放电比容量相比，容量保持率分别为 42.3%、64.1% 和 56.6%。LZTO-700-5 样品结晶度较好，但由于循环过程中可能产生了较大极化，因此循环后期的放电比容量和容量保持率略低于 LZTO-700-3。

通过循环性能测试可以发现，在 1.0A·g^{-1} 时 LZTO-700-1 放电比容量和容量保持率最差，这与该材料晶胞参数小和结晶度差有关，LZTO-700-5 样品的容量保持率低则可能与较大的粒径有关。3h 煅烧的样品结晶度和颗粒尺寸更为合适，因此具有最优的循环稳定性。

LZTO-700-1、LZTO-700-3 和 LZTO-700-5 样品的倍率性能测试如图 3.24 (c) 所示。可以发现三个样品的倍率性能非常接近，说明煅烧时间可能对材料倍率性能影响较小，但相比于 3h 合成的样品，另外两个样品在 2.5A·g^{-1} 和 3.0A·g^{-1} 电流密度下放电曲线波动较大，由此推断 1h 和 5h 合成的样品在大电流密度下循环稳定性差，与循环性能测试结果一致。LZTO-700-3 样品的比容量整体上略高于其它两个样品，由此可以得出 LZTO-700-3 样品在 0.5~3.0A·g^{-1} 测试范围内具有最好的倍率性能。

三个样品首次扫描的 CV 曲线如图 3.25 (a) 所示，各个样品 1~3 次扫描的 CV 曲线对比如图 3.25 (b)~(d) 所示。从首次扫描曲线可以看出，所有样品都在 1.0~1.7V 之间出现一对氧化还原峰，这对峰对应的是 Ti^{3+}/Ti^{4+} 的氧化还原电对；另外，在 0.5V 处还有一个还原峰，对应嵌锂过程中 Ti^{4+} 的多次还原反应，说明材料本身的电化学行为不因煅烧时间的增加而改变。LZTO-700-1、LZTO-700-3 和 LZTO-700-5 样品的氧化还原电对分别为 1.058/1.594V、1.091/1.585V 和 1.109/1.610V，电势差值分别为 0.536V、0.491V 和 0.532V，LZTO-700-3 的极化程度最小，说明该样品应具有较好的可逆性，这与之前的充放电测试数据结果一致。

图 3.26 (a) 是煅烧不同时间合成的样品的 EIS 图，所有样品的 EIS 曲线均由一个小截距、中频区的半圆和低频区的直线组成。中频区放大部分和采用的等效电路如图 3.26 (a) 中插图所示。LZTP-700-1、LZTO-700-3 和 LZTO-700-5 的电荷转移电阻分别为 90.36Ω、82.03Ω 和 85.96Ω，证明 3h 煅烧的样品具有小的电化学反应阻力，这与充放电测试结果很好的一致；图 3.26 (b) 显示了三个样品 Z_{re} 和 $\omega^{-1/2}$ 之间的关系，Li$^+$ 扩散系数的大小也可以由低频区直线的斜率判断，斜率越大扩散系数越小[42]，可以看出离子在 LZTO-700-3 样品中扩散更快，LZTO-700-1 和 LZTO-700-5 次之。与不同温度合成的样品不同的一点是，短时间合成的样品（LZTO-700-1）Li$^+$ 扩散系数小于 3h 合成的样品，这可能是因为在材料粒径相似的情况下，较小的晶胞参数可能不利于 Li$^+$ 在材料内部的扩散和脱嵌，进而导致材料整体的锂离子扩散系数较小。

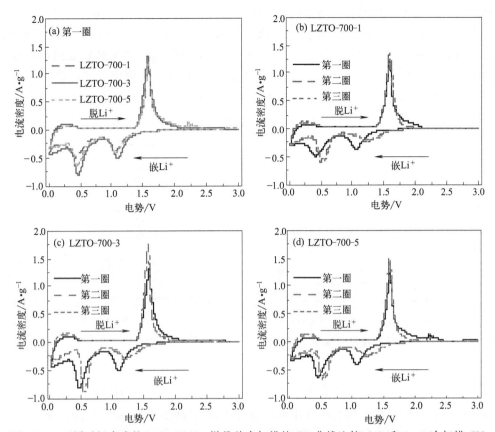

图 3.25　不同时间合成的 $Li_2ZnTi_3O_8$ 样品首次扫描的 CV 曲线比较（a）和 1～3 次扫描 CV

曲线（b）～（d），扫描速度 $0.5mV \cdot s^{-1}$，电势范围 $0.02～3.0V$（vs. Li/Li^+）

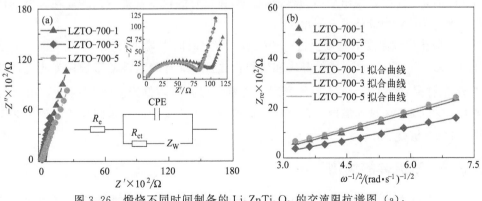

图 3.26　煅烧不同时间制备的 $Li_2ZnTi_3O_8$ 的交流阻抗谱图（a），

Z_{re} 和 $\omega^{-1/2}$ 之间的关系（b）

　　由于三个时间烧结的样品倍率性能比较接近，为了更好地探究出现该情况的原因，对倍率测试后的电池进行了交流阻抗测试，结果如图 3.27 所示。可以看出循环后 LZTO-700-3 样品的电荷转移电阻依然是最小的，经过计算 LZTO-700-1、LZTO-700-3 和 LZTO700-5 样品的锂离子扩散系数分别为 $1.3 \times 10^{-13}\,\mathrm{cm^2 \cdot s^{-1}}$、$1.4 \times 10^{-13}\,\mathrm{cm^2 \cdot s^{-1}}$ 和 $1.3 \times 10^{-13}\,\mathrm{cm^2 \cdot s^{-1}}$，可以看出倍率测试后 LZTO-700-3 依然具有最高的离子扩散系数，这与该样品表现出较好的倍率性能的结果一致。LZTO-700-1 虽然离子扩散系数高但电荷转移电阻较大，导致实际充放电过程中离子迁移速率和电荷转移速率不匹配，这也与其表现出倍率性能较差的结果相印证。

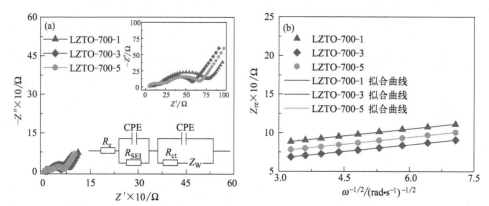

图 3.27　不同时间合成的样品倍率性能测试后交流阻抗谱图（a），Z_{re}

和 $\omega^{-1/2}$ 之间的关系（b）

本部分采用一步固相法合成了 $\mathrm{Li_2ZnTi_3O_8}$ 负极材料，分别探索了不同煅烧温度和时间对材料结构、形貌和电化学性能的影响。研究结果证实，煅烧温度主要影响材料的结晶度和形貌，进而影响材料的电化学性能，尤其是倍率性能。值得注意的是，各个因素对性能的影响并没有呈现单因变化规律，而是各因素互相作用。LZTO-700-3 样品表现出最高的容量保持率和较好的倍率性能，兼顾能耗较低的优点，确定 700℃ 为最佳煅烧温度。

在最佳煅烧温度的基础上进一步探索了煅烧时间因素的影响。结果表明，合成时间会影响 $\mathrm{Li_2ZnTi_3O_8}$ 的结晶度和形貌，并且对循环稳定性的影响较为明显，1h 和 5h 的样品在 $1.0\mathrm{A \cdot g^{-1}}$ 电流密度下的容量保持率均低于 60%。因此，3h 为合成 $\mathrm{Li_2ZnTi_3O_8}$ 的最佳温度。最终确定本部分工作所采用的一步固相法最优工艺条件是 700℃ 煅烧 3h。

3.2.3　集流体的优化

$\mathrm{Li_2ZnTi_3O_8}$ 低的电子电导率导致其倍率性能不理想，进而影响了其商业化应用。现在对 $\mathrm{Li_2ZnTi_3O_8}$ 的研究主要集中在制备方法及包覆和掺杂改性上[33,46,60-62]。最近，有报道称通过使用水溶性的黏结剂 $\mathrm{Li_2ZnTi_3O_8}$ 的电化学性能可以得到提升[63]。众所周知，锂离子电池是一个系统，所以电池的电化学性能不仅受电极的影响，而且受其它组件和因素的影响，比如整个电极的结构、集流体、黏结剂、隔膜，等等[64-67]。

集流体是锂离子电池必不可少的重要组成部分之一。它和电极材料（包括活性物质、黏结剂和导电添加剂）接触，它在连接起电极材料和外电路中起着重要作用。所以，集流体的表面特性对于提升锂离子电池的电化学性能至关重要，这是因为表面优化的集流体可以有效降低集流体和电极界面的电阻[68-71]。因此，通过修饰铜集流体将是提高 $Li_2ZnTi_3O_8$ 电化学性能的一种有效方法。

在本小节中采用石墨烯和 Au 纳米颗粒共同修饰 Cu 集流体，并以此为 $Li_2ZnTi_3O_8$ 的集流体。这种方法有效提升了 $Li_2ZnTi_3O_8$ 的电化学性能。在 $4A \cdot g^{-1}$ 的电流密度下，$Li_2ZnTi_3O_8$ 电极循环 100 次后的放电比容量为 $172.2mAh \cdot g^{-1}$。甚至在高的电流密度 $6A \cdot g^{-1}$ 下，可以释放出 $148.4mAh \cdot g^{-1}$ 的比容量。

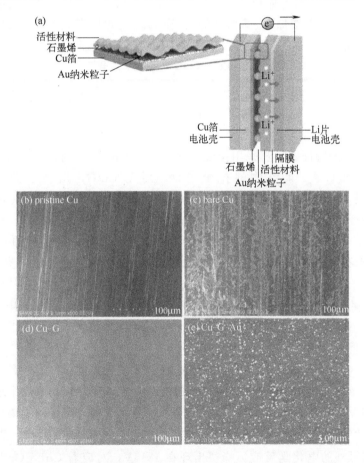

图 3.28　采用石墨烯和 Au 共同修饰的 Cu 作为集流体的电池的示意图（a）；Cu 集流体的 SEM 图：未用醋酸处理（pristine Cu）（b）、用醋酸处理（bare Cu）（c）、用石墨烯修饰（Cu-G）（d）和用石墨烯和 Au 纳米粒子共同修饰（Cu-G-Au）（e）

图 3.28（a）是用石墨烯 G 和 Au 纳米颗粒修饰的 Cu 集流体组装的电池的示意图。Cu 集流体先用醋酸处理，接着用气相沉积的方式在其上沉积石墨烯，然后采用真空镀在其上生长 Au 纳米粒子，最后热处理得到石墨烯和 Au 纳米粒子修饰的 Cu 集流体。石墨烯、Au 和 Cu 都可以为 $Li_2ZnTi_3O_8$ 电极的活性位传输电子。经过修饰的 Cu 集流体具有粗糙的表面，这可以增强 $Li_2ZnTi_3O_8$ 活性物质层和集流体之间的黏附力，从而构建良好的电子导电网络，进而减小电池内阻。

未用醋酸处理的 Cu 集流体（记作 pristine Cu）表面光滑 [图 3.28（b）]。当 Cu 集流体用醋酸处理之后（记作 bare Cu）其表面变粗糙 [图 3.28（c）]。当石墨烯生长在粗糙的 Cu 集流体上（记作 Cu-G）后其表面重新变光滑 [图 3.28（d）]，这表明 Cu 集流体表面长满了石墨烯。图 3.28（e）表明 Au 纳米颗粒可以均匀地分布在石墨烯表面。石墨烯和 Au 纳米粒子的存在可以极大降低 Cu 集流体的电阻（表 3.10），同时可以增加 Cu 集流体的比表面积，这可以有效增强集流体和活性材料 $Li_2ZnTi_3O_8$ 的接触，从而有利于电极材料的电化学性能。

表 3.10　Cu 和 Cu-G-Au 集流体的电阻

样品	$R/m\Omega$
bare Cu	51.3
Cu-G-Au	28.5

Cu 集流体的特征进一步采用拉曼、CV 和充放电技术进行研究。图 3.29（a）为 Cu-G 和 Cu-G-Au 集流体的拉曼光谱。对于 Cu-G，出现了两个特征峰：$1585cm^{-1}$ 处为石墨烯的 G 峰，此峰是石墨烯中 sp^2 杂化的 C-C 峰，是原子层光学振动引起的峰；位于 $2700cm^{-1}$ 处的 2D 峰是双共振拉曼散射峰[72-75]。窄的单一对称的 2D 峰，小的 G/2D 比和可以忽略的 D 峰表明石墨烯是单层的并且质量很高[73]。对于石墨烯和 Au 纳米粒子共修饰的 Cu 集流体的拉曼光谱，除了 G 和 2D 峰之外，由于无序出现了小的 D 峰（$1353cm^{-1}$）和 G' 峰（$2450cm^{-1}$）[75]，这表明 Au 纳米颗粒形成过程石墨烯结构遭到了一定程度的损坏。另外，用 Au 纳米颗粒修饰的石墨烯的拉曼强度高于纯石墨烯的，这说明金属纳米粒子可以增强靠近石墨烯层的能量强度。

pristine Cu、bare Cu、Cu-G 和 Cu-G-Au 的 CV 曲线如图 3.29（b）、（c）所示。对于 pristine Cu 和 bare Cu，嵌锂过程中在 0~3.0V 之间出现 3 个还原峰，分别位于 1.65V（弱）、1.15V（强）和 0.75V（中）。嵌入一定量的锂离子（0.4Li/CuO）的峰位出现在 1.65V，对应 $Cu^{II}_{1-x}Cu^{I}_xO_{1-x/2}$ 固溶体的形成。接下来的嵌锂过程伴随另外的电化学反应，峰位出现在 1.15V，对应着 $Cu^{II}_{1-x}Cu^{I}_xO_{1-x/2}$ 转变为 Cu_2O。这样，Cu^{2+} 变成 Cu^+ 需要两步电化学反应具有不同的电势[76]。位于 0.75V 的还原峰与结构重建和接下来 Cu_2O 变成 Cu^0 颗粒和无定形 Li_2O 有关[77]，

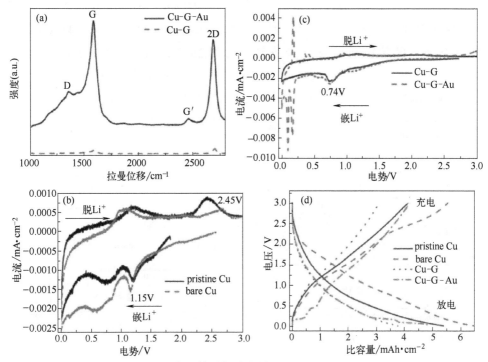

图 3.29　Cu-G 和 Cu-G-Au 集流体的拉曼光谱（a）；pristine Cu、bare Cu、Cu-G 和
Cu-G-Au 的 CV 曲线（b）、（c）和充放电曲线（d）

也包含部分固体电解质 SEI 膜的形成[78]。在首次的脱锂过程中，在 2.45V 出现了一个宽的氧化峰，主要对应于 Cu_2O 的形成。另外，从 0.7V 到 2.0V 有一个宽的峰，这归因于 SEI 膜的部分分解。对于 Cu-G 和 Cu-G-Au，每个 CV 曲线可以分成两部分，从 0.5V 到 2.0V 对应于 SEI 膜的形成和部分分解；从 0 到 0.5V 对应于锂离子的脱嵌。特别是，Au 纳米粒子的出现增强了锂离子脱嵌的峰强度。

从以上的 CV 测试结果可知，在 pristine Cu 和 bare Cu 中存在 Cu 的氧化相，在 Cu-G 和 Cu-G-Au 中只存在 Cu。众所周知，CuO/Cu_2O 和石墨烯也是锂离子电池电极材料。pristine Cu、bare Cu、Cu-G 和 Cu-G-Au 脱嵌锂的比容量分别为 5.38mAh·cm^{-2}、6.46mAh·cm^{-2}、3.76mAh·cm^{-2} 和 4.92mAh·cm^{-2} [图 3.29（d）]。与 pristine Cu 相比，bare Cu 具有较大的比容量，这说明在其中具有更多的 Cu 的氧化物。另外，Cu-G 和 Cu-G-Au 的比容量比 pristine Cu 和 bare Cu 的小，表明 Cu-G 和 Cu-G-Au 中没有 Cu 的氧化相，这与 CV 结果一致。Cu-G 和 Cu-G-Au 的比容量来源于石墨烯。

为了研究 Cu 集流体对 $Li_2ZnTi_3O_8$ 电化学性能的影响，分别采用 pristine Cu、bare Cu、Cu-G 和 Cu-G-Au 作为集流体制备电极，电极分别标记为 pristine Cu-LZ-TO、bare Cu-LZTO、Cu-G-LZTO 和 Cu-G-Au-LZTO。图 3.30（a）为四个电极

在 $2A \cdot g^{-1}$ 电流密度下的首次充放电曲线。可以看到充电曲线上 1.49 V 出现了充电平台，放电曲线上 0.45V 出现了放电平台，这是 $Li_2ZnTi_3O_8$ 典型的电化学反应。四个电极的首次放电比容量分别为 196.3mAh $\cdot$ g^{-1}、212.2mAh $\cdot$ g^{-1}、222.0mAh $\cdot$ g^{-1} 和 242.1mAh $\cdot$ g^{-1}，相应的充电比容量分别为 131.6mAh $\cdot$ g^{-1}、144.7mAh $\cdot$ g^{-1}、163.2mAh $\cdot$ g^{-1} 和 185.4mAh $\cdot$ g^{-1}，库仑效率分别为

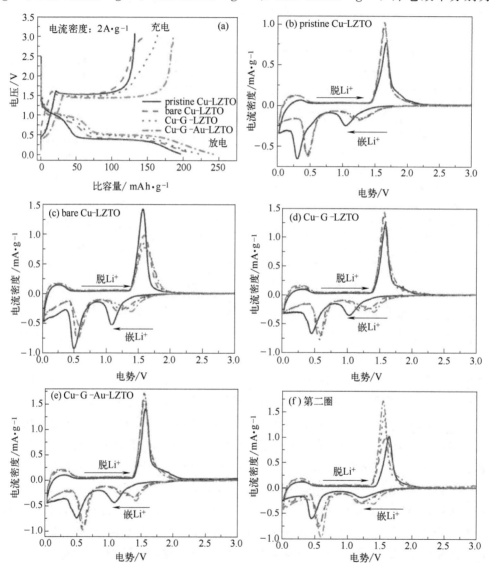

图 3.30　pristine Cu-LZTO、bare Cu-LZTO、Cu-G-LZTO 和 Cu-G-Au-LZTO 电极在 $2A \cdot g^{-1}$ 电流密度下的首次充放电曲线（a）；pristine Cu-LZTO 电极（b）、bare Cu-LZTO 电极（c）、Cu-G-LZTO 电极（d）和 Cu-G-Au-LZTO 电极（e）1～4 次的 CV 图；pristine Cu-LZTO、bare Cu-LZTO、Cu-G-LZTO 和 Cu-G-Au-LZTO 电极第二圈 CV 比较图（f）

67.0%、68.2%、73.5%和76.6%。可以看到 $Li_2ZnTi_3O_8$ 的可逆比容量和库仑效率通过采用石墨烯或者石墨烯和 Au 纳米粒子修饰 Cu 集流体得到了显著提升，这可能与构筑 Cu 集流体的三维导电网络进而提高活性材料的利用率有关。此外，采用修饰的 Cu 作为集流体可以降低充放电的平台电压差，表明电化学极化降低。

为了进一步研究采用修饰过的 Cu 作为集流体制备的 $Li_2ZnTi_3O_8$ 电极的电化学性能，对四个电极进行了 CV 测试，结果如图 3.30（b）～（f）所示。在 1.0～2.0V 之间有一对氧化还原峰，对应于 Ti^{4+}/Ti^{3+} 氧化还原电对。0.5V 的还原峰源于 Ti^{4+} 的多次还原。另外，接下来循环中的还原过程与首次还原过程不一样，这可能与电极的活化和/或极化有关。如图 3.30（f）所示，Cu-G-Au-LZTO 电极具有最大的峰面积和最高的峰电流，说明此电极具有最大的比容量和最快的脱嵌锂动力学性能，这和充放电结果一致。四个电极中，Cu-G-Au-LZTO 具有最小的电势差，表明此电极具有最小的极化，锂离子脱嵌高度可逆。

pristine Cu-LZTO、bare Cu-LZTO、Cu-G-LZTO 和 Cu-G-Au-LZTO 电极在 $1A \cdot g^{-1}$、$2A \cdot g^{-1}$ 和 $3A \cdot g^{-1}$ 电流密度下的循环性能如图 3.31 所示。在 $1A \cdot g^{-1}$ 电流密度下上述四个电极第二圈的放电比容量分别为 $156.4 mAh \cdot g^{-1}$、

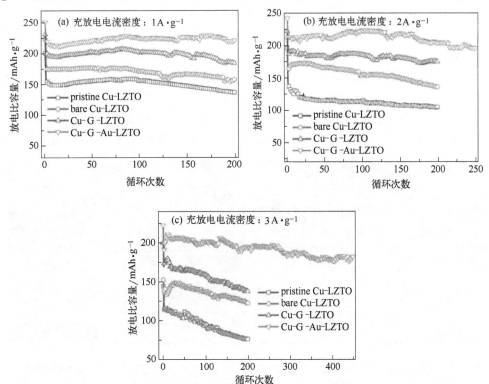

图 3.31 pristine Cu-LZTO、bare Cu-LZTO、Cu-G-LZTO 和 Cu-G-Au-LZTO 电极在
$1A \cdot g^{-1}$（a）、$2A \cdot g^{-1}$（b）和 $3A \cdot g^{-1}$（c）电流密度下的循环性能

$182.0\text{mAh}\cdot\text{g}^{-1}$、$204.8\text{mAh}\cdot\text{g}^{-1}$ 和 $223.7\text{mAh}\cdot\text{g}^{-1}$，循环 200 次后的容量保持率分别为 86.9％、87.0％、89.6％和 98.7％（相对于第二圈放电比容量而言）。在 $1\text{A}\cdot\text{g}^{-1}$ 电流密度下上述四个电极第二圈的放电比容量分别为 $139.9\text{mAh}\cdot\text{g}^{-1}$、$160.0\text{mAh}\cdot\text{g}^{-1}$、$187.5\text{mAh}\cdot\text{g}^{-1}$ 和 $219.4\text{mAh}\cdot\text{g}^{-1}$，循环 200 次后的容量保持率分别为 75.0％、85.1％、93.1％和 93.4％（相对于第二圈放电比容量而言）。特别对于 Cu-G-Au-LZTO，循环 250 次放电比容量仍高达 $196.1\text{mAh}\cdot\text{g}^{-1}$。很明显，采用石墨烯修饰的 Cu 或者石墨烯和 Au 纳米粒子修饰的 Cu 作为集流体可以显著提升 $\text{Li}_2\text{ZnTi}_3\text{O}_8$ 的电化学性能。当电流密度增加到 $3\text{A}\cdot\text{g}^{-1}$，pristine Cu-LZTO、bare Cu-LZTO 和 Cu-G-LZTO 电极的放电比容量降低。对于 Cu-G-Au-LZTO 电极而言，循环 450 次放电比容量仍高达 $180.9\text{mAh}\cdot\text{g}^{-1}$，容量保持率高达 97.3％（相对于第二圈放电比容量而言）。

为了进一步阐明 pristine Cu-LZTO、bare Cu-LZTO、Cu-G-LZTO 和 Cu-G-Au-LZTO 电极在 $3\text{A}\cdot\text{g}^{-1}$ 电流密度下的不同电化学行为，将循环 200 次后的电池拆解，图 3.32 为拆解后的极片的 SEM 图。经过多次锂离子脱嵌后，pristine Cu-LZTO 和 bare Cu-LZTO 电极表面损坏严重，具有不同宽度和深度的裂缝［图 3.32 （a）、（b）］。Cu-G-LZTO 电极表面也有裂纹［图 3.32 （c）］。裂纹将阻碍电子的跃迁和锂离子的扩散，进而使电极容量衰减。Cu-G-Au-LZTO 电极表面多孔［图 3.32 （d）］，这将有利于电解液浸润活性材料为锂离子扩散提供更多的通道。另外，Cu-G-Au-LZTO 电极表面完整，这可以使活性材料颗粒之间保持良好的电接触。图 3.32 （e）～（h）为 pristine Cu-LZTO、bare Cu-LZTO、Cu-G-LZTO 和 Cu-G-Au-LZTO 电极循环 200 次后的截面 SEM。与使用石墨烯或者石墨烯和 Au 纳米粒子修饰的 Cu 集流体相比，活性物质层从 pristine Cu-LZTO 和 bare Cu-LZTO 电

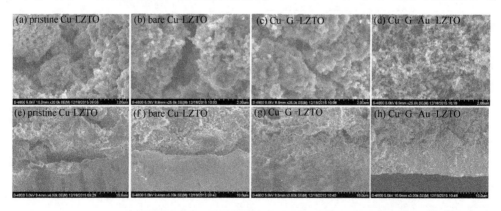

图 3.32　在 $3\text{A}\cdot\text{g}^{-1}$ 电流密度下循环 200 次后 pristine Cu-LZTO 电极（a）、bare Cu-LZTO 电极（b）、Cu-G-LZTO 电极（c）和 Cu-G-Au-LZTO 电极（d）的表面 SEM 图；在 $3\text{A}\cdot\text{g}^{-1}$ 电流密度下循环 200 次后 pristine Cu-LZTO 电极（e）、bare Cu-LZTO 电极（f）、Cu-G-LZTO 电极（g）和 Cu-G-Au-LZTO 电极（h）的截面 SEM 图

极剥落严重，这表明被修饰的集流体和活性物质层之间具有良好的黏附性，这可以保证活性物质层和集流体之间具有良好的电接触。

为了进一步解释 pristine Cu-LZTO、bare Cu-LZTO、Cu-G-LZTO 和 Cu-G-Au-LZTO 电极的不同的电化学性质测试了电池的内阻。内阻的大小可以用电压降或者 ΔIR 来表示，ΔIR 可以用充电转换到放电或者放电转换到充电获得〔图 3.33（a）〕。pristine Cu-LZTO、bare Cu-LZTO、Cu-G-LZTO 和 Cu-G-Au-LZTO 电极在 $0.5A \cdot g^{-1}$ 电流密度下循环 80 次后的 ΔIR 分别为 0.80V、0.75V、0.61V 和 0.58V。很明显 Cu-G-Au-LZTO 电极的 ΔIR 最小，这可能源于活性材料和集流体之间大的接触面积，可以为电子从活性材料传输到集流体提供更多的通道，从而可以降低电阻。另外，活性材料层和 Cu-G-Au 集流体之间增强的黏附力也可以降低界面电阻。

众所周知，倍率性能是评价电极材料的一个很重要的指标。图 3.33（b）是 Cu-G-Au-LZTO 电极在大电流密度 $4A \cdot g^{-1}$ 和 $6A \cdot g^{-1}$ 的循环性能。由于 Cu-G-Au-LZTO 电极在大电流密度下的活化，循环几圈之后在 $4A \cdot g^{-1}$ 和 $6A \cdot g^{-1}$ 的最大放电比容量分别达到 $177.8mAh \cdot g^{-1}$ 和 $148.4mAh \cdot g^{-1}$。循环 100 次后的放电比容量分别达到 $172.2mAh \cdot g^{-1}$ 和 $130.0mAh \cdot g^{-1}$。如此优越的倍率性能超过了很多以前报道的。

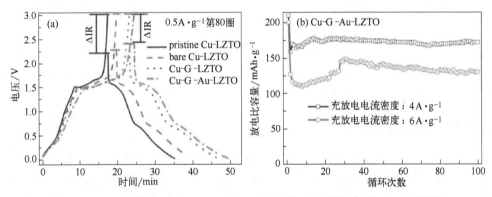

图 3.33　pristine Cu-LZTO、bare Cu-LZTO、Cu-G-LZTO 和 Cu-G-Au-LZTO 电极的 ΔIR（a），Cu-G-Au-LZTO 电极在大电流密度 $4A \cdot g^{-1}$ 和 $6A \cdot g^{-1}$ 的循环性能（b）

总之，本部分工作采用石墨烯和 Au 纳米粒子修饰的 Cu 作为集流体制备了 $Li_2ZnTi_3O_8$ 电极。采用独特的 Cu 结构作为集流体，$Li_2ZnTi_3O_8$ 电极表现出优异的储锂性能，在 $4A \cdot g^{-1}$ 的电流密度下循环 100 次可以获得 $172.2mAh \cdot g^{-1}$。甚至在 $6A \cdot g^{-1}$ 下可以释放出 $148.4mAh \cdot g^{-1}$。构建的独特的 $Li_2ZnTi_3O_8$ 电极优异的电化学性能可以归因于良好的电子传输网络的构筑、低的电阻及活性材料层和集流体之间良好的黏附力。我们的研究结果显示构筑的 $Li_2ZnTi_3O_8$ 电极很有应用前景，这对发展大规模储能系统至关重要。另外，用石墨烯和 Au 纳米粒子修饰的 Cu 集流体可以被应用到高功率锂离子电池上。

3.3　溶胶-凝胶法制备钛酸锌锂

2016 年，Liu 等[30] 同时采用熔融盐法、溶胶-凝胶法和固相法三种方法制备出 $Li_2ZnTi_3O_8$ 负极材料，并发现溶胶-凝胶法制备的材料晶型更完善、粒径更均匀且堆积孔更多，具有更优异的电化学性能。因此相对 $Li_2ZnTi_3O_8$ 负极材料来说，溶胶-凝胶法是一种较好的制备方法。

溶胶-凝胶法，即将反应原料溶解在溶剂中，通过长时间的搅拌使其均匀混合并形成透明溶胶；然后采用水浴或者旋蒸等蒸发方式除掉流动性的溶剂使其生成凝胶，凝胶再经过烘干和煅烧等手段制备出纳米级别的材料。溶胶-凝胶法主要包括传统胶体型和络合物型。其中络合物型就是使用 EDTA、氨基乙酸和草酸等络合剂使其与原料中金属离子形成络合物，然后再经过后续一系列操作制备出最终产物。这种方法相对传统胶体型更易获得分散均匀且电化学性能优异的电极材料，是溶胶-凝胶法目前最常用的反应类型。从反应过程可知，原料种类、络合剂种类、络合剂的投料、蒸发方式、煅烧温度和煅烧时间等条件都会对反应造成影响，从而影响材料性能。本部分工作选用钛酸四丁酯、二水合醋酸锂和二水合乙酸锌作为反应原料，柠檬酸作为络合剂，水浴加热作为蒸发方式，分别阐述煅烧温度（650℃、700℃和750℃）、煅烧时间（1h、3h 和 5h）和金属离子与柠檬酸的摩尔比（2：1.25、2：1.50 和 2：1.75）三个反应条件对溶胶-凝胶法合成钛酸锌锂负极材料的影响，以确定最优的合成路线。

3.3.1　煅烧温度优化

为了测试煅烧温度对材料电化学性能的影响，将不同煅烧温度下制备的 $Li_2ZnTi_3O_8$ 负极材料进行了充放电测试。如图 3.34（a）所示：在 $0.1A \cdot g^{-1}$ 时，LZTO-650-3、LZTO-700-3 和 LZTO-750-3 三个样品的首次放电比容量分别为 $249.4mAh \cdot g^{-1}$、$267.2mAh \cdot g^{-1}$ 和 $234.0mAh \cdot g^{-1}$，循环 50 圈后放电比容量分别为 $219.7mAh \cdot g^{-1}$、$233.4mAh \cdot g^{-1}$ 和 $204.6mAh \cdot g^{-1}$。通过数据可知，LZTO-700-3 样品始终具有最高的放电比容量，即 700℃制备的材料具有更优异的电化学性能。为进一步确定上述结论，将三个样品重新在 $0.8A \cdot g^{-1}$ 的电流密度下进行长循环测试，测试结果如图 3.34（b）所示。从图中可以看出，三条放电曲线的变化规律与图 3.34（a）中保持一致，即 LZTO-700-3 样品具有更高的放电比容量和更好的循环稳定性，且恒流充放电 250 次后放电比容量可达到 $152.9mAh \cdot g^{-1}$。

图 3.34（c）显示了 LZTO-700-3 负极材料在 $0.5A \cdot g^{-1}$ 的电流密度下进行测试所得的循环性能曲线。由图可知，该电极材料的首次充电和放电比容量分别为

$90.3 \text{mAh} \cdot \text{g}^{-1}$ 和 $172.6 \text{mAh} \cdot \text{g}^{-1}$，首次库仑效率仅为 52.3%。这是因为在首次充放电时电极表面与电解液发生了副反应，消耗了部分活性锂形成了 SEI 膜，导致可逆容量较低。但是随着电池的不断循环，不可逆容量逐渐减少，库仑效率逐渐增高至接近 100%，这是由于电极表面均匀 SEI 膜的形成，有效避免了副反应的发生，从而具有较高的可逆容量。

为了更有力地说明煅烧温度为 $700℃$ 时制备的 $Li_2ZnTi_3O_8$ 负极材料具有更优异的电化学性能，将 LZTO-650-3、LZTO-700-3 和 LZTO-750-3 三个样品在 $0.02 \sim 3.0V$ 的电压范围内进行了循环伏安测试。由图 3.34（d）可知，三个样品的 CV 曲线形状相似，这说明不同的煅烧温度下制备的材料发生的电化学反应是相同的；在 $0.5V$ 左右都存在一个还原峰，基于 Borghols 等和 Ge 等的报道[54,55]，这是由于 Ti^{4+} 的多次还原所致；同时所有曲线在 $1.1 \sim 1.7V$ 电压范围内都存在一对代表 Ti^{4+}/Ti^{3+} 电对的氧化还原峰，且仔细观察发现 LZTO-700-3 两峰位置更加靠近，相应的氧化还原峰电势差更小，即代表着该材料具有更小的极化程度，电化学性能更加优异，这与充放电测试结果保持一致。

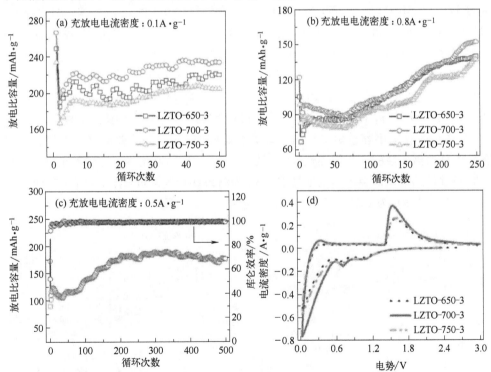

图 3.34 不同煅烧温度合成的 $Li_2ZnTi_3O_8$ 样品在 $0.1A \cdot g^{-1}$（a）和 $0.8A \cdot g^{-1}$（b）
的电流密度下的循环性能曲线，LZTO-700-3 样品在 $0.5A \cdot g^{-1}$ 的
循环性能及库仑效率图（c），不同温度合成样品的首圈循环伏安
曲线（d），扫描速度 $0.5 \text{mV} \cdot \text{s}^{-1}$，电势范围 $0.02 \sim 3.0V$

3.3.2　煅烧时间优化

为探究煅烧时间对钛酸锌锂负极材料电化学性能的影响，对 LZTO-700-1、LZTO-700-3 和 LZTO-700-5 三个样品在 $0.1A \cdot g^{-1}$ 的电流密度下进行了电化学测试。由图 3.35 （a） 可知，三个样品的首次放电比容量分别为 $248.7mAh \cdot g^{-1}$、$267.2mAh \cdot g^{-1}$ 和 $229.4mAh \cdot g^{-1}$；循环 100 圈后放电比容量分别为 $190.0mAh \cdot g^{-1}$、$211.7mAh \cdot g^{-1}$ 和 $166.4mAh \cdot g^{-1}$，且相比第二次循环（放电比容量分别为 $185.6mAh \cdot g^{-1}$、$190.2mAh \cdot g^{-1}$ 和 $167.4mAh \cdot g^{-1}$）容量保持率分别为 102.4%、111.3% 和 99.4%。通过数据可知，LZTO-700-3 负极材料具有最高的放电比容量和容量保持率，具有最优异的循环稳定性能。即采用 3h 的煅烧时间更有利于提高钛酸锌锂的电化学性能。

图 3.35 （b） 展示了 LZTO-700-1、LZTO-700-3 和 LZTO-700-5 三个样品在电流密度为 $0.1A \cdot g^{-1}$、$0.2A \cdot g^{-1}$、$0.5A \cdot g^{-1}$、$0.8A \cdot g^{-1}$、$1.0A \cdot g^{-1}$ 和 $0.1A \cdot g^{-1}$ 时，各循环 20 圈的倍率性能曲线。LZTO-700-1 材料的放电比容量依次为 $176.1mAh \cdot g^{-1}$、$172.2mAh \cdot g^{-1}$、$146.7mAh \cdot g^{-1}$、$145.2mAh \cdot g^{-1}$、$141.5mAh \cdot g^{-1}$ 和 $206.9mAh \cdot g^{-1}$；LZTO-700-3 样品的放电比容量分别为 $194.9mAh \cdot g^{-1}$、$183.7mAh \cdot g^{-1}$、$156.3mAh \cdot g^{-1}$、$146.9mAh \cdot g^{-1}$、$142.3mAh \cdot g^{-1}$ 和 $213.6mAh \cdot g^{-1}$；LZTO-700-5 负极材料的放电比容量分别为 $174.8mAh \cdot g^{-1}$、$163.1mAh \cdot g^{-1}$、$134.1mAh \cdot g^{-1}$、$127.2mAh \cdot g^{-1}$、$120.1mAh \cdot g^{-1}$ 和 $198.0mAh \cdot g^{-1}$。根据数据可知，不同电流密度下 LZTO-700-3 样品的放电比容量始终最高，即煅烧时间为 3h 制备的钛酸锌锂电极材料具有最优异的倍率性能，与循环性能测试结果保持一致。因此，此种结果足以说明煅烧时间过长或过短都会影响电池性能，3h 为制备钛酸锌锂负极材料的最佳时间。

图 3.36 （a） 为 LZTO-700-1、LZTO-700-3 和 LZTO-700-5 三个样品循环前的

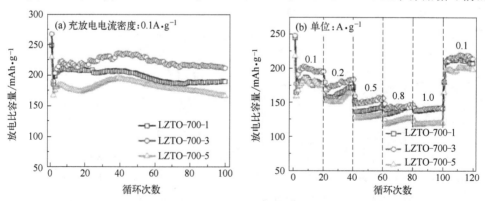

图 3.35　不同煅烧时间合成的 $Li_2ZnTi_3O_8$ 样品在 $0.1A \cdot g^{-1}$ 时的
循环性能曲线 （a） 和 $0.1 \sim 1.0A \cdot g^{-1}$ 电流密度下的倍率性能曲线 （b）

交流阻抗谱图及等效电路图。在等效电路图中，R_s 代表的是电解液和电极、电极和隔膜以及电极和电池的其它组件间的接触电阻；R_{ct} 表示电荷转移电阻；Z_W 则为 Warburg 阻抗，即锂离子在材料中迁移所引起的阻抗。从图中可以看出，LZTO-700-3 样品的半圆直径最小，即具有最小的电荷转移电阻，从而更有利于材料电化学性能的发挥，与上述倍率性能及循环性能测试结果保持一致。

图 3.36（b）展示了 LZTO-700-3 样品在 $0.02 \sim 3.0V$ 电势范围内，以 $0.5mV \cdot s^{-1}$ 的扫描速度扫描 6 圈的循环伏安曲线。对于 $1.0 \sim 1.8V$ 电势范围内出现的氧化还原峰，这归因于 Ti^{4+}/Ti^{3+} 之间发生的氧化还原反应。而且可以发现，第一圈的 CV 曲线与随后 5 圈的 CV 曲线重叠性较差，这可能与首圈的副反应有关。

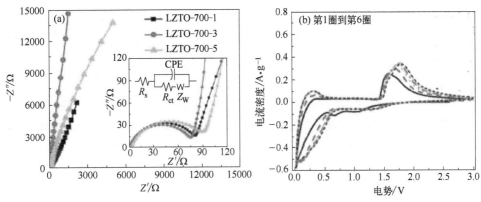

图 3.36　不同煅烧时间合成的 $Li_2ZnTi_3O_8$ 样品循环前的交流阻抗图谱（a），LZTO-700-3 样品 1～6 次的循环伏安曲线（b），扫描速度 $0.5mV \cdot s^{-1}$，电势范围 $0.02 \sim 3.0V$

3.3.3　总金属离子与柠檬酸的摩尔比优化

为进一步提高钛酸锌锂负极材料的电化学性能，按照总金属离子与柠檬酸的摩尔比为 2∶1.25、2∶1.50 和 2∶1.75 进行投料合成了 LZTO-2-1.25、LZTO-2-1.50 和 LZTO-2-1.75 三个样品并进行测试。图 3.37（a）为三个样品在 $0.1A \cdot g^{-1}$ 时的测试结果：首次循环时放电比容量分别为 $235.7mAh \cdot g^{-1}$、$249.4mAh \cdot g^{-1}$ 和 $206.1mAh \cdot g^{-1}$；循环 100 圈后依次变为 $207.8mAh \cdot g^{-1}$、$233.6mAh \cdot g^{-1}$ 和 $196.8mAh \cdot g^{-1}$，相比第二次循环（放电比容量分别为 $203.9mAh \cdot g^{-1}$、$214.7mAh \cdot g^{-1}$ 和 $183.7mAh \cdot g^{-1}$）容量保持率分别为 101.9%、108.8% 和 93.3%。可见 LZTO-2-1.50 样品不仅具有最高的放电比容量，还具有最高的容量保持率。即相比 LZTO-2-1.25 和 LZTO-2-1.75 两个样品，LZTO-2-1.50 样品的电化学性能更加优异。

为了进一步测试三个样品的循环稳定性能，将 LZTO-2-1.25、LZTO-2-1.50 和 LZTO-2-1.75 在 $0.5A \cdot g^{-1}$ 的电流密度下进行了长循环测试，测试结果如图 3.37（b）所示：恒流充放电 300 次后，三个样品的放电比容量分别为 $167.1mAh \cdot g^{-1}$、

$203.6\text{mAh} \cdot \text{g}^{-1}$ 和 $136.4\text{mAh} \cdot \text{g}^{-1}$，相应的容量保持率分别为 95.6%、101.8% 和 93.3%（第二次循环的放电比容量分别为 $174.7\text{mAh} \cdot \text{g}^{-1}$、$200.0\text{mAh} \cdot \text{g}^{-1}$ 和 $146.2\text{mAh} \cdot \text{g}^{-1}$），即 LZTO-2-1.50 负极材料具有最优异的循环稳定性能，与图 3.37（a）的测试结果保持一致。综上所述，在不同的电流密度下，LZTO-2-1.50 负极材料始终保持着最高的放电比容量和最好的循环稳定性。这可能是因为适量的柠檬酸投料，使材料颗粒分散得更加均匀，同时为锂离子的脱嵌提供了更多的活性位点。

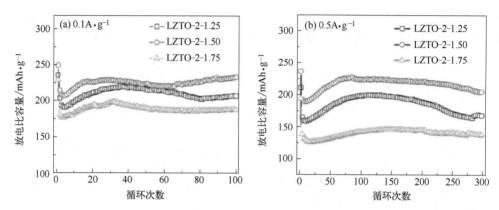

图 3.37　不同总金属离子与柠檬酸的摩尔比合成的 $\text{Li}_2\text{ZnTi}_3\text{O}_8$ 样品在

$0.1\text{A} \cdot \text{g}^{-1}$（a）和 $0.5\text{A} \cdot \text{g}^{-1}$（b）电流密度下的循环性能曲线

图 3.38（a）为 LZTO-2-1.25、LZTO-2-1.50 和 LZTO-2-1.75 三个电极材料在循环前进行的交流阻抗测试，及相应的等效电路图。由前文可知，图中半圆直径最小的 LZTO-2-1.50 电极材料对应的电荷转移电阻最小，即该电极材料具有更优异的动力学性能，更有利于材料电化学性能的发挥。

图 3.38（b）为 LZTO-2-1.25、LZTO-2-1.50 和 LZTO-2-1.75 三个样品的首

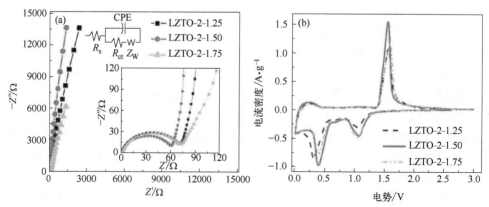

图 3.38　不同总金属离子与柠檬酸的摩尔比合成的 $\text{Li}_2\text{ZnTi}_3\text{O}_8$ 样品的交流

阻抗图谱（a）和首圈循环伏安曲线（b），扫描速度 $0.5\text{mV} \cdot \text{s}^{-1}$，电势范围 $0.02 \sim 3.0\text{V}$

次 CV 曲线。由图可知三条曲线形状相似，在 1.0～1.7V 电压范围内均有一对氧化还原峰，这说明由不同的总金属离子与柠檬酸的摩尔比制备的钛酸锌锂负极材料经历了同样的电化学反应过程；进一步仔细观察，发现在 0.5V 附近都存在一个还原峰，这是由于钛酸锌锂结构中所有的八面体（16c）位点都被占据，所以锂离子只能占据低于 0.6V 的四面体位点引起的，即上文所提到的 Ti^{4+} 的多次还原过程。LZTO-2-1.25、LZTO-2-1.50 和 LZTO-2-1.75 的氧化还原峰电势差分别为 0.50V、0.48V 和 0.55V，其中 LZTO-2-1.50 样品的氧化还原峰电势差最小，即具有最小的极化程度。而且发现该材料氧化还原峰表现出更强的峰电流和更大的峰面积，即意味着具有更高的充放电容量以及更快的动力学过程。

3.3.4 最佳条件下制备的钛酸锌锂的物理性能

为进一步探究 LZTO-2-1.50 材料具有更优异的电化学性能的原因，将其与 LZTO-700-3 材料在不同的放大倍数下进行了 SEM 表征，表征结果如图 3.39（a）～（d）所示。首先在低倍数下观察，发现 LZTO-2-1.50 中 $Li_2ZnTi_3O_8$ 颗粒相比 LZTO-700-3 中的团聚程度更低且分散更均匀，更有利于锂离子的嵌入脱出。且进一步观察图 3.39（c）、（d）两张大倍数下的图片，发现 LZTO-2-1.50 中颗粒相互堆积形成了更多的堆积孔，从而使材料能够更加充分地与电解液进行接触，为锂离子提供了更多的传输通道。

粒径大小也是影响材料电化学性能的重要因素，因此分别对 SEM 图中两个样品的粒径大小利用 Nano measure 软件进行测量并绘制成图 3.39（e）所示的粒径分布图。从图中不难发现，LZTO-700-3 样品的粒径大部分集中在 $0.8\mu m$（800nm）左右，且粒径分布相对不均匀；LZTO-2-1.50 样品的粒径主要分布在 $0.5\mu m$（500nm）左右，粒径尺寸更小，从而具有更大的比表面积。综上所述，相比 LZTO-700-3 样品，LZTO-2-1.50 样品的表面形貌更有利于材料的电化学性能的提高，所以表现出更优异的倍率性能及循环稳定性能。

图 3.39（f）为各个制备工艺最佳样品的 X 射线衍射图以及与钛酸锌锂标准谱图的对比。由图可知，三条谱线分别在 2θ 为 15.0°、18.4°、23.8°、26.1°、30.3°、35.6°、43.3°、57.2° 和 62.8° 处存在九个明显的衍射峰，分别对应立方尖晶石结构 $Li_2ZnTi_3O_8$ 的（110）、（111）、（210）、（211）、（220）、（311）（440）、（511）和（440）九个晶面，且均未出现杂质峰，说明溶胶-凝胶法各个工艺制备的目标产物纯度较高。此外，发现 LZTO-2-1.50 样品的衍射峰较为尖锐，这表明材料的结晶较为完善，更有利于钛酸锌锂电化学性能的提高。这说明柠檬酸的加入只是改善了材料的结晶度，并不会改变钛酸锌锂的立方尖晶石结构。

本部分工作采用钛酸四丁酯、二水合醋酸锂和二水合乙酸锌作为反应原料，通过溶胶-凝胶法制备了 $Li_2ZnTi_3O_8$ 负极材料，并对煅烧时间、煅烧温度和总金属离子与柠檬酸的摩尔比这三个影响因素进行了探索，具体结论如下：

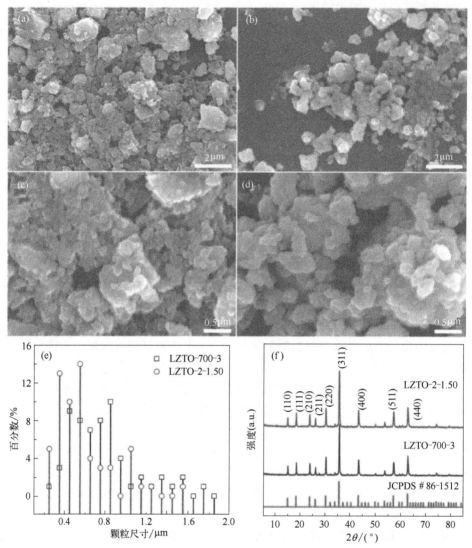

图 3.39 LZTO-700-3（a）、（c）和 LZTO-2-1.50（b）、（d）样品在不同放大倍数下的 SEM 图；LZTO-700-3 和 LZTO-2-1.50 样品的粒径分布图（e）和 X 射线衍射图（f）

① 未加入络合剂时，煅烧温度为 700℃和煅烧时间为 3h 制备的 $Li_2ZnTi_3O_8$ 负极材料具有较优异的循环性能：$0.1A \cdot g^{-1}$ 时，充放电 100 次后放电比容量为 $214.7mAh \cdot g^{-1}$；$0.8A \cdot g^{-1}$ 时，循环 300 圈后放电比容量为 $164.2mAh \cdot g^{-1}$。

② 当以 $n_{金} : n_{柠} = 2 : 1.50$ 计算加入柠檬酸，并在 700℃的高温下煅烧 3h 制备的钛酸锌锂负极材料，其放电比容量得到了明显提高：在 $0.1A \cdot g^{-1}$ 的电流密度下，恒流充放电 100 次放电比容量可维持在 $233.6mAh \cdot g^{-1}$，相比未加入络合剂制备的样品提高了 $18.9mAh \cdot g^{-1}$，且倍率性能优异。

③ 将溶胶-凝胶法制备的两个最佳样品进行 X 射线衍射和扫描电子显微镜表征，结果表明两个样品均为立方尖晶石结构的 $Li_2ZnTi_3O_8$，且无其它杂质产生，目标产物纯度较高；加入络合剂后材料的分散性明显改善，且颗粒尺寸较小，主要分布在 500nm 左右，更有利于材料电化学性能的提高。

3.4 微波法制备钛酸锌锂

传统的制备工艺常常采用高温煅烧技术对前驱体进行烧结，但是这种方法具有反应时间较长、煅烧温度较高和消耗能量较大等缺点，极易使最终的目标产物出现杂质相和材料颗粒较大等现象，从而恶化材料的电化学性能。而微波法作为一种新型的制备方法，由于具有能耗低、产物质量高、加热时间短且受热均匀等优点逐渐应用到了锂离子电池电极材料的制备中[79-81]。

微波法就是将制备的前驱体压制成紧致光滑的圆片，然后将其放置在吸热剂中，进行微波加热制备出最终的目标产物。本部分工作主要探究了微波功率、微波时间以及总金属离子与草酸的摩尔比三个反应条件对钛酸锌锂负极材料性能的影响。

3.4.1 微波功率优化

为阐述不同微波功率对钛酸锌锂负极材料电化学性能的影响，对三个样品进行了恒流充放电测试。如图 3.40 （a） 所示，LZTO-300-6、LZTO-500-6 和 LZTO-700-6 在 $0.1A \cdot g^{-1}$ 的电流密度下，首次放电比容量分别为 $195.0mAh \cdot g^{-1}$、$283.5mAh \cdot g^{-1}$ 和 $218.0mAh \cdot g^{-1}$；循环 100 次后放电比容量变为 $166.5mAh \cdot g^{-1}$、$211.0mAh \cdot g^{-1}$ 和 $166.9mAh \cdot g^{-1}$。通过数据发现，采用 500W 的微波功率制备的钛酸锌锂负极材料始终保持最高的放电比容量。可见，微波功率过高或者过低都会对材料性能产生影响，500W 为最佳的微波功率。

图 3.40 （b） 为 LZTO-300-6、LZTO-500-6 和 LZTO-700-6 三个样品在充放电循环前测试的交流阻抗谱图，并且采用 Zview 软件对材料的 EIS 谱图进行拟合。曲线中的半圆对应着电路图中 R_{ct}，代表的是电极和电解液界面的电荷转移电阻，是电极材料在工作过程中产生阻抗的主要来源。从交流阻抗谱图可以看出，LZTO-500-6 样品的电荷转移电阻最小，即微波功率为 500W 制备的钛酸锌锂负极材料具有最优异的电化学性能，这与循环性能测试结果保持一致。

为了进一步探究 LZTO-500-6 负极材料在电池工作过程中所发生的电化学反应，对材料进行了循环伏安测试，测试结果如图 3.40 （c） 所示。由图可知，材料的 CV 曲线在 $1.0 \sim 2.0V$ 的电势范围内均出现了一对氧化还原峰，这对应着 Ti^{4+}/Ti^{3+} 氧化还原对；并且发现从第二次循环开始，相应的还原峰逐渐向高电势发生

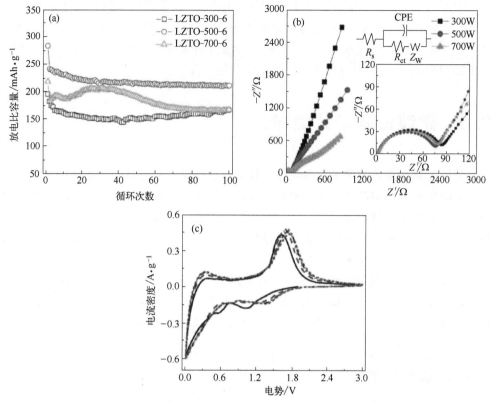

图 3.40　不同微波功率合成的 $Li_2ZnTi_3O_8$ 样品在 $0.1A \cdot g^{-1}$ 电流密度下的
循环性能曲线 (a) 和循环前的交流阻抗谱图 (b)，LZTO-500-6 样品 1～6 次的
循环伏安曲线 (c)，扫描速度 $0.5mV \cdot s^{-1}$，电势范围 $0.02～3.0V$

偏移，这是因为钛酸锌锂负极材料发生了从尖晶石型到岩盐型的转变。

3.4.2　微波时间优化

综上所述，可以发现，微波功率为 500W 制备的负极材料具有较为优异的电化学性能。因此采用 500W 作为既定的加热功率，继续探索不同的微波时间（5min、6min 和 7min）对钛酸锌锂负极材料电化学性能的影响。图 3.41 (a) 为三个样品在 $0.1A \cdot g^{-1}$ 电流密度下进行的充放电测试：当循环 100 次后，LZTO-500-5、LZTO-500-6 和 LZTO-500-7 的放电比容量分别为 $209.8mAh \cdot g^{-1}$、$211.0mAh \cdot g^{-1}$ 和 $185.3mAh \cdot g^{-1}$。可见，LZTO-500-6 电极材料具有最高的放电比容量，6min 的微波时间更有利于钛酸锌锂负极材料的电化学性能发挥。

为了进一步阐明不同微波时间制备的钛酸锌锂负极材料的循环稳定性，将 LZTO-500-5、LZTO-500-6 和 LZTO-500-7 三个样品在 $0.5A \cdot g^{-1}$ 的恒定电流下进行循环性能测试。如图 3.41 (b) 所示，当循环了 200 圈后，三个样品的放电比容

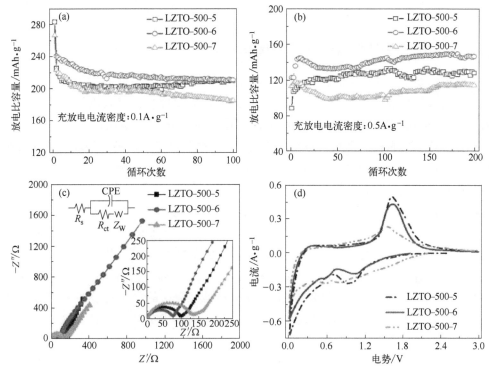

图 3.41　不同微波时间合成的 $Li_2ZnTi_3O_8$ 样品在 $0.1A·g^{-1}$（a）和 $0.5A·g^{-1}$（b）
电流密度下的循环性能曲线，循环前的交流阻抗图谱（c）以及首圈循环伏安曲线（d），
扫描速度 $0.5mV·s^{-1}$，电势范围 $0.02\sim3.0V$

量分别为 $129.3mAh·g^{-1}$、$145.9mAh·g^{-1}$ 和 $114.9mAh·g^{-1}$，且相对于第二
次循环（放电比容量分别为 $105.6mAh·g^{-1}$、$116.7mAh·g^{-1}$ 和 $116.9mAh·$
g^{-1}）容量保持率分别为 122.4%、125.0% 和 98.3%。对比数据发现，LZTO-
500-6 电极材料在 200 次的长循环中具有最高的放电比容量和容量保持率，循环稳
定性能优异。

　　对 LZTO-500-5、LZTO-500-6 和 LZTO-500-7 三个电极材料进行了交流阻抗
测试。由图 3.41（c）可知，LZTO-500-6 负极材料具有最小的电荷转移电阻。电
荷转移电阻越小说明动力学性能越优异。

　　图 3.41（d）为 LZTO-500-5、LZTO-500-6 和 LZTO-500-7 三个样品在电势
范围为 $0.02\sim3.0V$，扫描速度为 $0.5mV·s^{-1}$ 时测得的首圈循环伏安曲线。从图
中可以看出，三条曲线均存在代表 Ti^{4+}/Ti^{3+} 电对的氧化还原峰；三个样品相应的
氧化峰电势和还原峰电势的差值（$\Delta\varphi$）分别为 $0.66V$、$0.58V$ 和 $0.73V$，可见
LZTO-500-6 负极材料的氧化还原峰电势差最小。电势差可以反映负极材料发生电
化学反应的可逆程度，电势差越小代表锂离子的嵌入脱出过程越可逆。即 LZTO-

500-6 负极材料具有最优异的电化学性能，这与循环性能和交流阻抗测试结果保持一致。

3.4.3 金属离子与络合剂比例优化

在微波功率为 500W，微波时间为 6min 的基础上，又分别探究了总金属离子与草酸的摩尔比为 1：1、1.5：1 和 2：1 时对钛酸锌锂负极材料电化学性能的影响。将三个样品在 $0.1A \cdot g^{-1}$ 的小电流密度下进行充放电测试，如图 3.42（a）所示。可见不同的总金属离子与草酸摩尔比制备的负极材料，随着循环次数的增加放电比容量都出现些许下降趋势。LZTO-1-1、LZTO-1.5-1 和 LZTO-2-1 三个样品在首次循环时，放电比容量分别为 $414.7mAh \cdot g^{-1}$、$448.3mAh \cdot g^{-1}$ 和 $447.4mAh \cdot g^{-1}$；当循环 100 圈后放电比容量分别下降到 $213.4mAh \cdot g^{-1}$、$244.0mAh \cdot g^{-1}$ 和 $225.9mAh \cdot g^{-1}$，且相对应的容量保持率依次为 69.8%、78.1% 和 72.7%（分别与第二次循环时的放电比容量 $305.6mAh \cdot g^{-1}$、$312.3mAh \cdot g^{-1}$ 和 $310.8mAh \cdot g^{-1}$ 相比）。由此可见，相对 LZTO-1-1 和 LZTO-2-1 两个电极材料，LZTO-1.5-1 电极材料具有最高的放电比容量和容量保持率，即当总金属离子与柠檬酸的摩尔比为 1.5：1 时制备的钛酸锌锂负极材料具有最优异的电化学性能。

图 3.42（b）是 LZTO-1.5-1 负极材料在 $0.5A \cdot g^{-1}$ 的电流密度下进行的充放电测试。由图可知，除了首次循环时充电曲线与放电曲线偏差较大，随后的循环中两条曲线接近重合，库仑效率约为 100%。在循环 1、100、200 和 300 次后 LZTO-1.5-1 样品的充放电比容量分别为 252.3/336.1mAh $\cdot$ g^{-1}、189.8/190.6mAh $\cdot$ g^{-1}、172.2/172.7mAh $\cdot$ g^{-1} 和 158.9/159.1mAh $\cdot$ g^{-1}，且相对应的库仑效率分别为 75.1%、99.6%、99.7% 和 99.9%。其中首次库仑效率较低，这是因为首次循环时会在负极表面形成 SEI 膜，消耗了部分活性锂，导致可逆脱嵌量较低。而在随

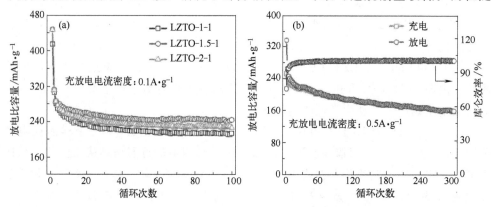

图 3.42 不同总金属离子与草酸的摩尔比合成的 $Li_2ZnTi_3O_8$ 样品在 $0.1A \cdot g^{-1}$ 电流密度下的循环性能曲线（a），LZTO-1.5-1 在 $0.5A \cdot g^{-1}$ 时的循环性能及库仑效率（b）

后的循环中库仑效率逐渐升高并接近100%，说明锂离子脱嵌的可逆程度逐渐到达100%，这是由于稳定SEI膜的形成，有效避免了副反应的发生，导致不可逆锂损耗逐渐变少。

图3.43（a）为LZTO-1-1、LZTO-1.5-1和LZTO-2-1三个负极材料在循环前测得的EIS曲线及相应的等效电路图。不同的电极材料组成的电池R_s是极其类似的，因此一种电极材料在工作中所引起的阻抗大小主要是由电荷转移电阻（R_{ct}）决定的。根据前文的报道，LZTO-1.5-1负极材料的电荷转移电阻最小，LZTO-1-1负极材料的电荷转移电阻最大，LZTO-2-1负极材料的电荷转移电阻居中，即LZTO-1.5-1负极材料具有最优异的动力学性能。综上所述，当目标产物中的金属离子与草酸以1∶1和2∶1的摩尔比进行络合时，都不能发挥出材料最优的电化学性能，1.5∶1为制备钛酸锌锂负极材料最适宜的摩尔比。

图3.43（b）为LZTO-1.5-1样品在$0.5\text{mV}\cdot\text{s}^{-1}$的扫描速度，$0.02\sim3.0\text{V}$的电势范围内，$1\sim6$圈的循环伏安曲线。从图中可以看出，6条曲线在$0.9\sim1.8\text{V}$的电压范围内均存在一对氧化还原峰，且相应的还原峰电势随着圈数的增加逐渐移向高电势，这说明钛酸锌锂负极材料在电化学反应过程中发生了相变。

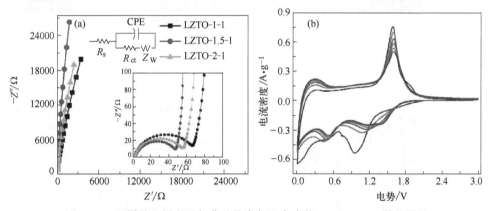

图3.43　不同总金属离子与草酸的摩尔比合成的$\text{Li}_2\text{ZnTi}_3\text{O}_8$样品循环前的交流阻抗谱图（a），LZTO-1.5-1样品1～6次的循环伏安曲线（b），扫描速度$0.5\text{mV}\cdot\text{s}^{-1}$，电势范围$0.02\sim3.0\text{V}$

3.4.4　最佳条件下制备的钛酸锌锂的物理性能

为了进一步探究加入络合剂后电化学性能得到显著提高的原因，将其与未加入络合剂的最佳样品进行SEM观察。图3.44（a）～（d）为LZTO-1.5-1和LZTO-500-6两个样品在不同放大倍数下的扫描电镜图片。从小倍数下的SEM图中可以看出采用微波法制备的钛酸锌锂负极材料均为不规则颗粒状形貌，且无明显的团聚现象。这可能是因为较短的微波时间以及均匀的加热方式抑制了活性颗粒的团聚。为更清晰地对比两个样品的颗粒生长情况，继续放大倍数进行了观察，它们的粒径

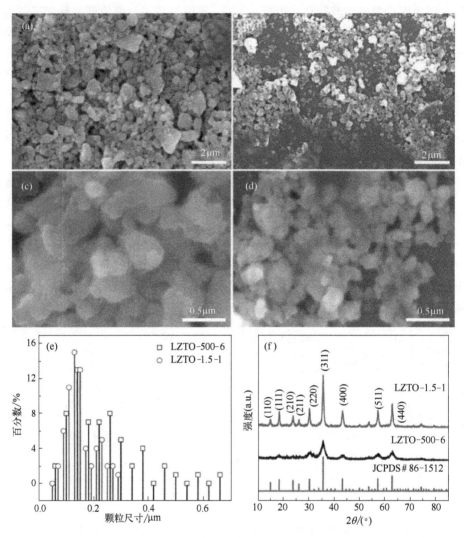

图 3.44　LZTO-500-6（a）、（c）和 LZTO-1.5-1（b）、（d）样品在不同放大倍数下的
SEM 图；LZTO-500-6 和 LZTO-1.5-1 样品的粒径分布图（e）和 X 射线衍射图（f）

分布如图 3.44（e）所示。由图可知，LZTO-500-6 样品颗粒分布范围较广，大约
在 0.05～0.7μm（50～700nm）之间；而 LZTO-1.5-1 样品粒径分布较为均匀，主
要集中在 0.05～0.3μm（50～300nm）之间，相较前者具有更大的比表面积，从而
使该样品具有更大的电解液浸润面积，更多的 Li$^+$ 脱嵌活性位，更优异的电化学
性能。

　　此外，将其与未加入络合剂的最佳样品进行 X 射线衍射分析，结果如图 3.44
（f）所示。由图可知，在未加络合剂之前，LZTO-500-6 负极材料结晶度较低，只
存在 5 个明显的衍射峰，分别对应（220）、（311）、（400）、（511）和（440）五个

晶面；而对应着（110）、（111）、（210）和（211）四个晶面的衍射峰并未显现，与标准图谱的相似性较差。这可能是因为较少的溶剂（10mL），不利于反应原料的均匀分散，从而影响了材料的结晶度。相反，加入适量络合剂并在同样微波条件下制备的样品，出现了9个与标准卡片完全重合的衍射峰，且衍射峰更窄更尖锐，结晶度更好。这可能是因为金属离子与络合剂形成了络合物，使原料分散得更加均匀，从而更有利于 $Li_2ZnTi_3O_8$ 的晶型生长。而结晶越完善，越有利于 $Li_2ZnTi_3O_8$ 发挥本身结构所带来的优势。表3.11列出了 LZTO-500-6 和 LZTO-1.5-1 两个样品的晶胞参数，加入络合剂后晶胞参数由原来的 8.391Å 变成了 8.397Å，晶胞体积也从 590.8Å^3 变成了 592.2Å^3。根据前文描述可知，晶胞参数越大，越有利于锂离子快速传输，因此进一步说明了加入络合剂更有利于电化学性能提高的原因。

表 3.11　LZTO-500-6 和 LZTO-1.5-1 样品的晶胞参数及空间群

样品	$a=b=c/Å$	$V/Å^3$	空间群
LZTO-500-6	8.391(1)	590.8(2)	$P4_332$
LZTO-1.5-1	8.397(9)	592.2(5)	$P4_332$

本节采用钛酸四丁酯、碳酸锂和二水合乙酸锌作为反应原料，草酸作为络合剂，分别介绍了微波时间、微波功率和总金属离子与草酸的摩尔比对微波法制备 $Li_2ZnTi_3O_8$ 负极材料的影响，具体结论如下：

① 未加入草酸，当微波功率为 500W，微波时间为 6min 时制备的钛酸锌锂负极材料具有较好的循环性能：$0.1A \cdot g^{-1}$ 时，循环 100 圈后放电比容量为 $211.0mAh \cdot g^{-1}$；$0.5A \cdot g^{-1}$ 时，循环 200 圈后放电比容量为 $145.9mAh \cdot g^{-1}$。

② 当以总金属离子与草酸的摩尔比为 1.5：1 计算加入草酸，并采用 500W、6min 的微波条件制备的 $Li_2ZnTi_3O_8$ 负极材料具有更高的放电比容量：在 $0.1A \cdot g^{-1}$ 小电流下充放电 100 圈后放电比容量为 $244.0mAh \cdot g^{-1}$，相比未加草酸制备的材料放电比容量提高了 $33.0mAh \cdot g^{-1}$。

③ 通过 X 射线衍射和扫描电镜对两种性能较佳的材料进行表征，结果显示，未加入草酸制备的材料，衍射峰较弱导致部分衍射峰无法被检测，材料结晶度较低，且颗粒的粒径尺寸分布不均匀，大约分布在 50～700nm 之间；而加入草酸制备的最佳材料，衍射峰较强与标准卡片中对应的衍射峰完全重合，结晶度较高，而且颗粒分散得较均匀，粒径尺寸也得到了明显降低，粒径尺寸主要分布在 50～300nm 之间。即草酸可作为一种良好的络合剂应用于锂离子电池负极材料钛酸锌锂的制备中，能够有效改善材料的物理性能及电化学性能。

第4章

包覆改性钛酸锌锂

4.1 碳包覆改性钛酸锌锂

钛酸锌锂低的电子电导率和不理想的倍率性能限制了其商业化应用。为了解决这些问题，研究者采用了各种各样的方法，比如碳包覆、降低颗粒尺寸和异种元素掺杂[13,19,20,39]。据报道，采用导电碳包覆不仅可以有效提高 $Li_2ZnTi_3O_8$ 的电子电导率，而且可以抑制颗粒在煅烧过程中异常长大。颗粒尺寸小可以缩短锂离子的扩散路径进而提高材料的倍率性能。

4.1.1 β-CD 为碳源包覆钛酸锌锂

β-环糊精（β-CD）属于超分子，由六个葡萄糖单元组成，呈环状结构，内腔亲水外部疏水。由于其特殊的结构，β-CD 作为理想的主体材料可以容纳各种客体分子[82]，同时广泛应用于各种异构体的对映体识别[83]。另外，在惰性气氛下高温煅烧可以提供具有高电子电导率的多孔炭[84-86]。这样，将 β-CD 作为碳源包覆 $Li_2ZnTi_3O_8$ 将极大提高其电化学性能。在本部分工作中，我们首次将 β-CD 作为碳源用以包覆 $Li_2ZnTi_3O_8$（$Li_2ZnTi_3O_8/C$），详细研究了碳包覆量对 $Li_2ZnTi_3O_8$ 结构、物理和电化学性能的影响。

采用热重法测试 $Li_2ZnTi_3O_8/C$ 复合材料中的碳含量，结果如图 4.1（a）所示。测试范围为室温到 600℃，氛围为空气，升温速率为 5℃·min^{-1}。室温到 200℃ 的质量损失（1.0%～3.0%）源于复合物中吸附水的蒸发。200～450℃ 急剧的质量损失源于碳的氧化。基于热重结果，LZTO/C-1、LZTO/C-2 和 LZTO/C-3 中的碳含量分别为 2.17%、6.85% 和 10.30%。值得注意的是，与 LZTO/C-1 和 LZTO/C-2 相比，LZTO/C-3 吸附水的含量较高。这可能是因为 LZTO/C-3 中碳含量较高，这样使其比表面积较大，吸附了较多的水。

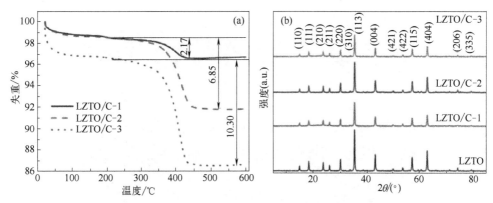

图 4.1　LZTO/C-1、LZTO/C-2 和 LZTO/C-3 的热重图（a），
$Li_2ZnTi_3O_8$ 和碳包覆的 $Li_2ZnTi_3O_8$ 的 XRD 图（b）

$Li_2ZnTi_3O_8$ 和碳包覆的 $Li_2ZnTi_3O_8$ 的 XRD 如图 4.1（b）所示。所有样品的 XRD 图谱都能很好地与空间群为 $P4_332$ 的 $Li_2ZnTi_3O_8$（JCPDS♯86-1512）的 XRD 图谱相吻合，这表明碳的存在并不会影响 $Li_2ZnTi_3O_8$ 的晶体结构。另外，并没有从 XRD 图谱中检测到其它相。XRD 结果与 Tang 等[19,20,40,51]、Hong 等[13,39,52,53] 和 Wang 等[32] 报道的一致。从热重结果可知 $Li_2ZnTi_3O_8/C$ 复合材料中含有碳，但是 XRD 图谱中并未检测到碳的相关衍射峰，这可能是因为炭是多孔的或者 $Li_2ZnTi_3O_8$ 颗粒上的碳包覆层很薄[40,60]。此外，碳包覆的 $Li_2ZnTi_3O_8$ 的 XRD 衍射峰强度低于纯相 $Li_2ZnTi_3O_8$，这可能是因为碳层的存在阻碍了 $Li_2ZnTi_3O_8$ 晶粒的生长，进而导致其结晶度较差[40,60]。在碳包覆的 $Li_2ZnTi_3O_8$ 复合材料中，LZTO/C-2 具有最尖锐的衍射峰和峰强度，也就是说此样品具有最好的结晶性，这将有利于其电化学性能。从 XRD 数据得到的四个样品的晶胞参数如表 4.1 所示，数据和以前报道的相似[19,20,51]。

表 4.1　$Li_2ZnTi_3O_8$、$Li_2ZnTi_3O_8/C$-1、$Li_2ZnTi_3O_8/C$-2 和 $Li_2ZnTi_3O_8/C$-3 的晶胞参数

样品	$a/\text{Å}$	$V/\text{Å}^3$
$Li_2ZnTi_3O_8$	8.363	584.9
$Li_2ZnTi_3O_8/C$-1	8.361(9)	584.6(7)
$Li_2ZnTi_3O_8/C$-2	8.362(7)	584.8(3)
$Li_2ZnTi_3O_8/C$-3	8.363(1)	584.9(2)

$Li_2ZnTi_3O_8$ 和碳包覆的 $Li_2ZnTi_3O_8$ 的 SEM 如图 4.2 所示。可以看出 $Li_2ZnTi_3O_8$ 的颗粒表面光滑，而碳包覆的 $Li_2ZnTi_3O_8$ 的颗粒表面粗糙。可以推测，碳包覆可以增加材料的比表面积。另外，与 $Li_2ZnTi_3O_8$ 相比，碳包覆的 $Li_2ZnTi_3O_8$ 疏松多孔，这种结构有利于电解液浸润活性物质，进而促进锂离子的脱嵌。

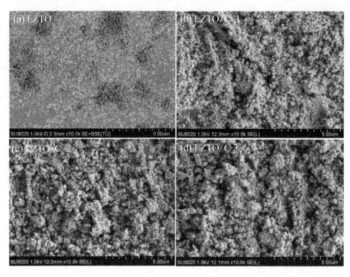

图 4.2　$Li_2ZnTi_3O_8$（a）、LZTO/C-1（b）、LZTO/C-2（c）
和 LZTO/C-3（d）的 SEM 图

为了进一步观察 $Li_2ZnTi_3O_8$ 和碳包覆的 $Li_2ZnTi_3O_8$ 的多孔结构，测试了材料的低温 N_2 吸附-脱附等温曲线，如图 4.3 所示。曲线形状为Ⅳ型，具有回滞环，

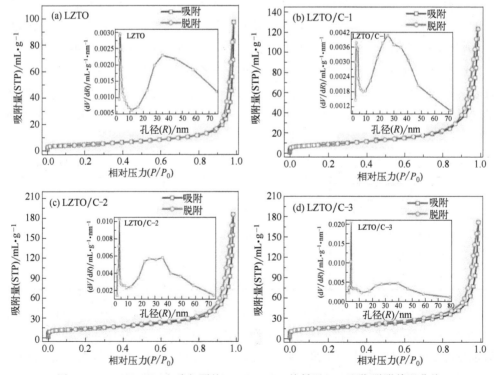

图 4.3　$Li_2ZnTi_3O_8$ 和碳包覆的 $Li_2ZnTi_3O_8$ 的低温 N_2 吸附-脱附等温曲线

表明材料为多孔结构。插图为孔径分布图，比表面积、总孔容和平均孔径列于表4.2。可以看出，碳的引入极大地提高了材料的比表面积和孔容。另外，比表面积随着碳含量的增加而增加。在碳包覆的 $Li_2ZnTi_3O_8$ 复合材料中，与 LZTO/C-1 和 LZTO/C-3 相比，LZTO/C-2 具有较大的孔径 23.7nm。大的比表面积可以增加活性物质和电解液之间的接触面积，进而为锂离子的脱嵌提供更多的活性位，这将有利于提高材料的可逆比容量。此外，大的孔径有利于电解液浸入活性物质，进而有利于锂离子的扩散。这和 SEM 结果一致。

表 4.2　$Li_2ZnTi_3O_8$、$Li_2ZnTi_3O_8$/C-1、$Li_2ZnTi_3O_8$/C-2 和 $Li_2ZnTi_3O_8$/C-3 的比表面积、总孔容和平均孔径

样品	比表面积/$m^2 \cdot g^{-1}$	总孔容/$mL \cdot g^{-1}$	平均孔径/nm
$Li_2ZnTi_3O_8$	16.5	0.15	29.2
$Li_2ZnTi_3O_8$/C-1	31.3	0.19	21.1
$Li_2ZnTi_3O_8$/C-2	46.6	0.29	23.7
$Li_2ZnTi_3O_8$/C-3	56.2	0.27	21.5

图 4.4 为 $Li_2ZnTi_3O_8$ 和碳包覆的 $Li_2ZnTi_3O_8$ 的 TEM 图。很显然，四个样品都为纳米级。与 $Li_2ZnTi_3O_8$ 相比，碳包覆的 $Li_2ZnTi_3O_8$ 具有更小的颗粒尺寸，表明碳层的存在可以抑制材料颗粒生长。从图中可以清晰地看到 $Li_2ZnTi_3O_8$/C 中的碳层。另外，碳的存在可以显著提升材料的电子电导率。为了证明推断，采用四探针法测试了材料的电子电导率，结果如表 4.3 所示。从中可以看出，与 $Li_2ZnTi_3O_8$ 相比，碳包覆的 $Li_2ZnTi_3O_8$ 具有较高的电子电导率。对于 $Li_2ZnTi_3O_8$/C 复合材料，电子电导率随着碳含量的增加而增加。高的电子电导率将有利于 $Li_2ZnTi_3O_8$/C 复合材料的电化学性能。

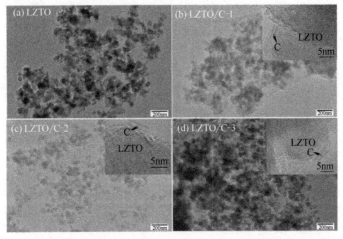

图 4.4　$Li_2ZnTi_3O_8$ (a)、$Li_2ZnTi_3O_8$/C-1 (b)、$Li_2ZnTi_3O_8$/C-2 (c) 和 $Li_2ZnTi_3O_8$/C-3 (d) 的 TEM 图

样品	$\sigma/S \cdot cm^{-1}$	样品	$\sigma/S \cdot cm^{-1}$
$Li_2ZnTi_3O_8$	7.04×10^{-6}	$Li_2ZnTi_3O_8/C$-2	1.0×10^{-3}
$Li_2ZnTi_3O_8/C$-1	8.8×10^{-6}	$Li_2ZnTi_3O_8/C$-3	2.5×10^{-3}

$Li_2ZnTi_3O_8$ 和碳包覆的 $Li_2ZnTi_3O_8$ 在 $0.1A \cdot g^{-1}$ 电流密度下的首次充放电曲线如图 4.5（a）所示。从中可以看出，在 1.39V 有一个充电平台，在 0.68V 有一个相应的放电平台，这是 $Li_2ZnTi_3O_8$ 的特征电化学反应。LZTO、LZTO/C-1、LZTO/C-2 和 LZTO/C-3 的首次放电比容量分别为 247.3mAh · g^{-1}、312.4mAh · g^{-1}、383.8mAh · g^{-1} 和 393.5mAh · g^{-1}，相应的首次充电比容量分别为 185.5mAh · g^{-1}、206.8mAh · g^{-1}、245.5mAh · g^{-1} 和 257.4mAh · g^{-1}。很显然，碳的引入极大地提高了 $Li_2ZnTi_3O_8/C$ 复合材料的放电比容量。在 $Li_2ZnTi_3O_8/C$ 复合材料中，LZTO/C-3 具有最大的放电比容量，这和其具有最大的比表面积和最高的碳含量有关。众所周知，大的比表面积可以提高活性物质和电解液之间的接触面积，进而提升材料的比容量，这和 BET 的结果一致。碳可以提供额外的容量进而提升

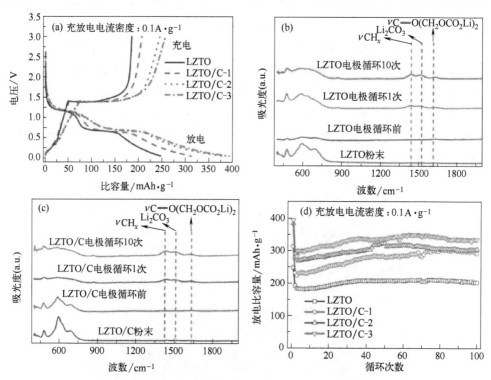

图 4.5　$Li_2ZnTi_3O_8$ 和碳包覆的 $Li_2ZnTi_3O_8$ 在 $0.1A \cdot g^{-1}$ 电流密度下的首次充放电曲线（a）和循环性能曲线（d）；$Li_2ZnTi_3O_8$ 和碳包覆的 $Li_2ZnTi_3O_8$ 的粉末及相应的电极循环前后的 FT-IR 谱（b）、（c）

$Li_2ZnTi_3O_8/C$ 的总容量。另外，每个材料的首次不可逆容量高，这归因于固体电解质膜的形成。这层保护膜可以减少活性物质和电解液之间的副反应，从而有利于材料的循环性能。

采用 FT-IR 技术分析电极表面的 SEI 膜成分。图 4.5（b）、（c）分别是 $Li_2ZnTi_3O_8$ 和碳包覆的 $Li_2ZnTi_3O_8$ 的粉末及相应的电极循环前后的 FT-IR 谱。可以检测到 $(CH_2OCO_2Li)_2$（$1624cm^{-1}$）和 Li_2CO_3（$1500cm^{-1}$）这些成分，表明电解液还原分解形成了 SEI 膜[87]。

$Li_2ZnTi_3O_8$ 和碳包覆的 $Li_2ZnTi_3O_8$ 在 $0.1A \cdot g^{-1}$ 电流密度下的循环性能如图 4.5（d）所示。在第二圈 LZTO、LZTO/C-1、LZTO/C-2 和 LZTO/C-3 的放电比容量分别为 $191.6mAh \cdot g^{-1}$、$230.7mAh \cdot g^{-1}$、$279.7mAh \cdot g^{-1}$ 和 $289.3mAh \cdot g^{-1}$，循环 100 圈后的放电比容量分别为 $201.8mAh \cdot g^{-1}$、$291.1mAh \cdot g^{-1}$、$304.1mAh \cdot g^{-1}$ 和 $333.3mAh \cdot g^{-1}$，与第二圈容量相比，循环 100 次后的比容量并未出现衰减。在小的电流密度 $0.1A \cdot g^{-1}$ 下，四个样品都表现出了良好的循环性能，这和电极在小的电流密度下电极极化小有关。

当电流密度分别增加到 $0.2A \cdot g^{-1}$、$0.5A \cdot g^{-1}$ 和 $1A \cdot g^{-1}$，$Li_2ZnTi_3O_8$ 和碳包覆的 $Li_2ZnTi_3O_8$ 的首次充放电曲线如图 4.6 所示。可以看出随着电流密度的

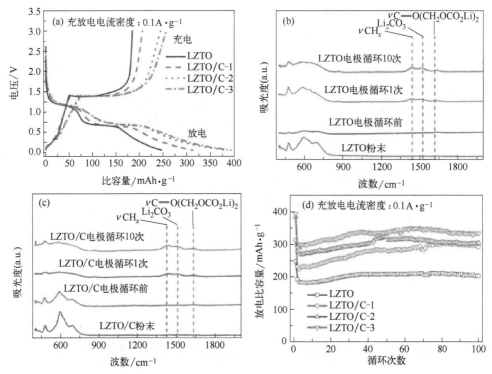

图 4.6 $Li_2ZnTi_3O_8$ 和碳包覆的 $Li_2ZnTi_3O_8$ 在 $0.2A \cdot g^{-1}$、$0.5A \cdot g^{-1}$ 和 $1A \cdot g^{-1}$ 下的首次充放电曲线

增加充放电平台变短，同时充电平台和相应的放电平台的电压差变大，这和电流密度增大电极极化增大有关。LZTO/C-3 在 $0.2A \cdot g^{-1}$、$0.5A \cdot g^{-1}$ 和 $1A \cdot g^{-1}$ 下的首次放电比容量分别为 $328.0mAh \cdot g^{-1}$、$318.7mAh \cdot g^{-1}$ 和 $279.2mAh \cdot g^{-1}$，这些数值高于 LZTO、LZTO/C-1 和 LZTO/C-2 电极的比容量，这是因为 LZTO/C-3 的比表面积最大、碳含量最高。

$Li_2ZnTi_3O_8$ 和碳包覆的 $Li_2ZnTi_3O_8$ 在 $0.2A \cdot g^{-1}$、$0.5A \cdot g^{-1}$ 和 $1A \cdot g^{-1}$ 下的循环性能如图 4.7 所示。在 $0.2A \cdot g^{-1}$ 下，LZTO、LZTO/C-1、LZTO/C-2 和 LZTO/C-3 在第二圈的放电比容量分别为 $184.0mAh \cdot g^{-1}$、$214.3mAh \cdot g^{-1}$、$241.2mAh \cdot g^{-1}$ 和 $247.0mAh \cdot g^{-1}$，循环 100 圈后放电比容量分别为 $185.6mAh \cdot g^{-1}$、$223.1mAh \cdot g^{-1}$、$252.0mAh \cdot g^{-1}$ 和 $252.6mAh \cdot g^{-1}$。与第二圈相比，四个样品循环 100 次后的比容量没出现衰减。当电流密度增加到 $0.5A \cdot g^{-1}$，上述四个样品循环 100 圈的容量保持率分别为 91.8%、94.3%、96.9% 和 88.3%（相对于第二圈而言）。在 $1A \cdot g^{-1}$ 下，上述四个样品循环 100 圈的容量保持率分别为 91.0%、92.4%、94.8% 和 79.8%（相对于第二圈而言）。在 $0.5A \cdot g^{-1}$ 和 $1A \cdot g^{-1}$ 电流密度下，LZTO/C-2 样品具有最好的循环性能，这可能与合适量的碳存在有关。LZTO/C-3 样品表现出最差的循环性能，这可能源于过量碳的存在引发了更

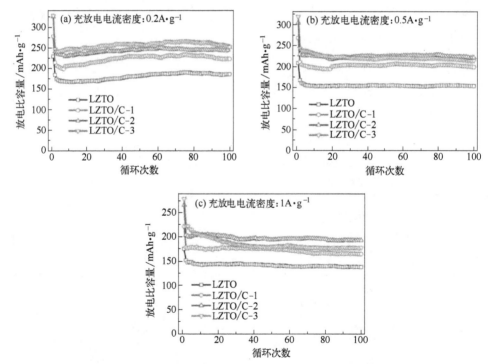

图 4.7 $Li_2ZnTi_3O_8$ 和碳包覆的 $Li_2ZnTi_3O_8$ 在 $0.2A \cdot g^{-1}$、

$0.5A \cdot g^{-1}$ 和 $1A \cdot g^{-1}$ 下的循环性能图

多的副反应。

为了进一步理解 $Li_2ZnTi_3O_8$ 和碳包覆的 $Li_2ZnTi_3O_8$ 的电化学行为，测试了四个样品的 CV 曲线，扫描速率为 $0.5mV \cdot s^{-1}$，扫描范围为 $0.02 \sim 3.0V$，结果如图 4.8 所示。在 $1.0 \sim 2.0V$ 之间有一对氧化还原峰，对应于 Ti^{4+}/Ti^{3+} 氧化还原电对。$0.5V$ 的还原峰源于 Ti^{4+} 的多次还原。另外，接下来循环的还原过程与首次还原过程不一样，这可能与电极的活化和/或极化有关。$Li_2ZnTi_3O_8$ 和碳包覆的 $Li_2ZnTi_3O_8$ 的首圈 CV 的阴阳极峰电势差列于表 4.4。在四个电极中 LZTO/C-2 具有最小的电势差（$\varphi_p = 0.48V$），表明该样品具有最小的极化，锂离子脱嵌高度可逆，这个与充放电结果一致。

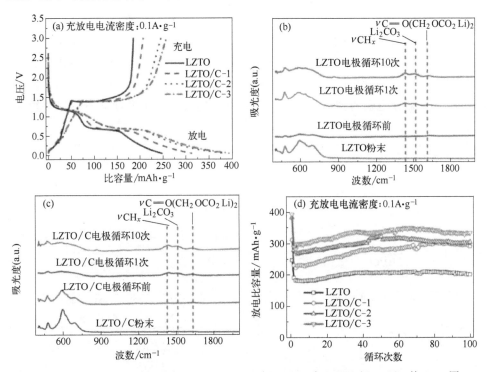

图 4.8　LZTO（a）、LZTO/C-1（b）、LZTO/C-2（c）和 LZTO/C-3（d）的 $1 \sim 5$ 圈的 CV 图，扫描速率为 $0.5mV \cdot s^{-1}$，扫描范围为 $0.02 \sim 3.0V$

表 4.4　$Li_2ZnTi_3O_8$、$Li_2ZnTi_3O_8/C\text{-}1$、$Li_2ZnTi_3O_8/C\text{-}2$ 和 $Li_2ZnTi_3O_8/C\text{-}3$
电极第一圈 CV 的峰电势

样品	φ_{pa}/V	φ_{pc}/V	$(\varphi_p = \varphi_{pa} - \varphi_{pc})/V$
$Li_2ZnTi_3O_8$	1.58	1.03	0.55
$Li_2ZnTi_3O_8/C\text{-}1$	1.56	1.05	0.51
$Li_2ZnTi_3O_8/C\text{-}2$	1.55	1.07	0.48
$Li_2ZnTi_3O_8/C\text{-}3$	1.56	1.06	0.50

为了研究 $Li_2ZnTi_3O_8$ 和碳包覆的 $Li_2ZnTi_3O_8$ 的容量恢复性，将电极在 $0.4\sim2.4A\cdot g^{-1}$ 的电流密度下各循环 10 次，再将电流密度降为 $0.4A\cdot g^{-1}$，结果如图 4.9 (a) 所示。在 $0.4A\cdot g^{-1}$ 下，LZTO、LZTO/C-1、LZTO/C-2 和 LZTO/C-3 各循环 10 次后的放电比容量分别为 $189.6mAh\cdot g^{-1}$、$232.4mAh\cdot g^{-1}$、$265.5mAh\cdot g^{-1}$ 和 $275.1mAh\cdot g^{-1}$。甚至在高的电流密度 $2.4A\cdot g^{-1}$ 下，四个电极各循环 10 圈后的放电比容量分别为 $141.2mAh\cdot g^{-1}$、$156.6mAh\cdot g^{-1}$、$193.9mAh\cdot g^{-1}$ 和 $176.1mAh\cdot g^{-1}$。当电流密度降为 $0.4A\cdot g^{-1}$，四个电极各循环 10 次后的放电比容量分别恢复到 $212.5mAh\cdot g^{-1}$、$236.6mAh\cdot g^{-1}$、$269.5mAh\cdot g^{-1}$ 和 $270.1mAh\cdot g^{-1}$。从中可以看出四个样品都具有良好的容量恢复性。另外，在从小电流密度变成大电流密度的时候四个样品都获得了大的比容量。良好的循环性能和大的比容量可以归结于以下原因：①先在小的电流密度 $0.4A\cdot g^{-1}$ 下循环 10 次可以形成均匀致密的 SEI 膜，这可以减少活性物质和电解液之间的副反应，进而有利于材料的循环性能；②在小的电流密度 $0.4A\cdot g^{-1}$ 下循环 10 次可以使电极得到活化，这样在接下来的大电流密度循环下可以获得大的比容量。

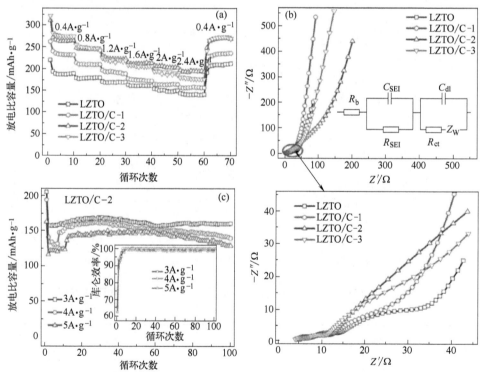

图 4.9 LZTO、LZTO/C-1、LZTO/C-2 和 LZTO/C-3 在不同电流密度下的循环性能（a），循环后的交流阻抗（b）；LZTO/C-2 电极在 $3A\cdot g^{-1}$、$4A\cdot g^{-1}$ 和 $5A\cdot g^{-1}$ 下的循环性能（c）

为了进一步证明 SEI 膜的存在，测试了在上述不同电流密度下循环完的电池的电化学交流阻抗，结果如图 4.9 (b) 所示。四个样品的交流阻抗图谱相似，都由高频区的截距、中频区的两个半圆和低频区的直线组成。此处的斜线斜率不同于 Warburg 阻抗的斜线斜率 45°，这可能源于电容的贡献，结果与以前报道的相似。用于拟合交流阻抗数据的等效电路图如图 4.9 (b) 的插图所示。其中，R_b 代表电解液和电池组件的接触电阻；C_{SEI} 和 R_{SEI} 对应于第一个半圆，分别代表 SEI 膜的电容和电阻；C_{dl} 和 R_{ct} 对应第二个半圆，分别代表双电层电容和电荷转移电阻；Z_W 代表 Warburg 阻抗。表 4.5 列出了基于等效电路图得到的 LZTO、LZTO/C-1、LZTO/C-2 和 LZTO/C-3 的参数。众所周知，小的电荷转移电阻有利于材料的电化学性能。与 $Li_2ZnTi_3O_8$ 相比，碳包覆的 $Li_2ZnTi_3O_8$ 具有较小的电荷转移阻抗。四个样品中，LZTO/C-2 具有最小的电荷转移电阻。

表 4.5 LZTO、LZTO/C-1、LZTO/C-2 和 LZTO/C-3 交流阻抗基于等效电路图得到的阻抗参数

样品	R_b/Ω	R_{SEI}/Ω	R_{ct}/Ω
$Li_2ZnTi_3O_8$	6.381	6.254	12.61
$Li_2ZnTi_3O_8/C$-1	6.159	7.843	4.635
$Li_2ZnTi_3O_8/C$-2	4.833	2.175	2.193
$Li_2ZnTi_3O_8/C$-3	3.973	2.562	2.962

基于以上分析，LZTO/C-2 具有最好的电化学性能。具有好的倍率性能是电极材料能够实现商业化的一个重要条件。图 4.9 (c) 是 LZTO/C-2 电极在大的电流密度 $3A \cdot g^{-1}$、$4A \cdot g^{-1}$ 和 $5A \cdot g^{-1}$ 下的循环性能。由于在大电流密度下，LZTO/C-2 电极出现活化，循环数圈后电极在 $3A \cdot g^{-1}$、$4A \cdot g^{-1}$ 和 $5A \cdot g^{-1}$ 下的最大放电比容量分别达到 $169.1mAh \cdot g^{-1}$、$162.4mAh \cdot g^{-1}$ 和 $150.3mAh \cdot g^{-1}$。循环 100 圈后放电比容量分别为 $160.5mAh \cdot g^{-1}$、$139.7mAh \cdot g^{-1}$ 和 $129.1mAh \cdot g^{-1}$。LZTO/C-2 电极的放电比容量或者循环性能超过了许多以前报道的[13,19,20,39,52,40,60]。LZTO/C-2 在大电流密度下良好的电化学性能源于其良好的结晶、合适的碳含量、大的孔径、小的颗粒尺寸和低的电荷转移电阻。图 4.9 (c) 的插图为 LZTO/C-2 电极在 $3A \cdot g^{-1}$、$4A \cdot g^{-1}$ 和 $5A \cdot g^{-1}$ 下循环过程中的库仑效率，首次库仑效率分别为 65.5%、62.6% 和 62.6%，较低的首次库仑效率源于 SEI 膜的形成，这层保护膜可以减弱活性物质和电解液之间的副反应，进而有利于材料的循环性能。循环几次后，LZTO/C-2 电极在 $3A \cdot g^{-1}$、$4A \cdot g^{-1}$ 和 $5A \cdot g^{-1}$ 下的库仑效率都接近 100%，表明电极可以获得大的可逆比容量。

为了进一步阐明 $Li_2ZnTi_3O_8$ 的电化学反应机理，对充放电到不同电势的 $Li_2ZnTi_3O_8$ 进行了 XRD 表征。图 4.10 (a) 为 $Li_2ZnTi_3O_8/C$ 电极在 $0.2A \cdot g^{-1}$ 电流密度下第一圈循环中放电到 0.02V 和充电到 3.0V 的 XRD；图 4.10 (b) 为 $Li_2ZnTi_3O_8/C$ 电极在 $0.2A \cdot g^{-1}$ 电流密度下在第 50 圈循环中放电到 0.02V 和充

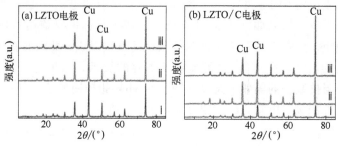

图 4.10　$Li_2ZnTi_3O_8/C$ 电极在 $0.2A \cdot g^{-1}$ 电流密度下第一圈循环中放电到 $0.02V$ 和

充电到 $3.0V$ 的 XRD（a）；$Li_2ZnTi_3O_8/C$ 电极在 $0.2A \cdot g^{-1}$ 电流密度下

在第 50 圈循环中放电到 $0.02V$ 和充电到 $3.0V$ 的 XRD 图（b）

电到 $3.0V$ 的 XRD 图。甚至循环 50 圈后，$Li_2ZnTi_3O_8$ 的晶体结构也未遭到破坏，同时并未出现杂质相，表明在多次脱嵌锂后 $Li_2ZnTi_3O_8$ 的结构仍很稳定。

本部分工作以 β-CD 为碳源制备了碳包覆的 $Li_2ZnTi_3O_8$（$Li_2ZnTi_3O_8/C$）。$Li_2ZnTi_3O_8$ 颗粒为纳米级可以很好地分散在导电碳网络中。碳包覆极大地提高了 $Li_2ZnTi_3O_8$ 的电化学性能。其中碳含量为 6.85% 的 $Li_2ZnTi_3O_8/C$-2 在大电流密度下具有最大的放电比容量、优异的循环稳定性和低的阻抗。鉴于合成方法简单，制备的 $Li_2ZnTi_3O_8/C$ 电化学性能优异，本工作可以为碳包覆改性锂离子电池负极或者正极材料提供一些借鉴。

4.1.2　ZIF-8 为碳源包覆钛酸锌锂

钛酸锌锂低的电子电导率和不理想的倍率性能限制了其商业化应用。碳包覆是一种有效的改性方法。导电碳包覆不仅可以有效提高 $Li_2ZnTi_3O_8$ 的电子电导率，而且可以抑制颗粒在煅烧过程中异常长大。颗粒尺寸小可以缩短锂离子的扩散路径，进而提高材料的倍率性能。此外，碳可以提供额外的容量从而提升 $Li_2ZnTi_3O_8/C$ 的总容量[39,40,60]。近年来有报道称 N 元素掺杂到碳里可以进一步提高碳材料的电子电导率[88-94]。这样，采取简单可以大规模化的方法制备 N 元素掺杂的碳包覆 $Li_2ZnTi_3O_8$ 将具有重要意义。

金属有机框架结构（MOFs）是由无机金属中心（金属离子或金属簇）与桥连的有机配体通过自组装相互连接，形成的一类具有周期性网络结构的晶态多孔材料。MOFs 是一种有机-无机杂化材料，也称配位聚合物，它既不同于无机多孔材料，也不同于一般的有机配合物。由于其多样的拓扑结构、可调的功能以及在催化[95-98]、生物医学成像[99,100]、气体分离和存储方面[101-103] 的广泛应用，吸引了广泛的研究兴趣。另外，由于其高的比表面积、多孔和富含碳的有机配体，MOFs 已经被作为很有应用前景的模板或者前驱体通过热解制备纳米材料[104,105]。ZIF-8 [$Zn(MeIM)_2$，MeIM = 2-甲基咪唑] 是一种化学和热稳定性高的多孔沸石型

MOF。不同于其它含氮 MOFs 的含氨基羧酸配体，ZIF-8 中的芳香甲基咪唑配体不含氧、富含氮（摩尔比 N/C=1/2），直接与芳香环结合；高温热解时，这类氮的去除比与芳香族环结合的官能团要困难得多[106,107]。此外，与非芳香烃碳前驱体（如葡萄糖和蔗糖）相比，用 2-甲基咪唑作为碳源可以提升碳的石墨化程度[106,108]。ZIF-8 已经被用作锌源合成一些简单的锂离子电池负极材料，如 ZnS 和 ZnO[109,110]。据我们所知，并未有采用 ZIF-8 同时作为碳源、氮源和锌源合成 $Li_2ZnTi_3O_8$ 负极的相关报道。

在本部分工作中，我们采用 ZIF-8 同时作为碳源、氮源和锌源合成了氮掺杂的碳包覆 $Li_2ZnTi_3O_8$ 负极（$Li_2ZnTi_3O_8$@C-N）。ZIF-8、TiO_2 和锂盐形成前驱体，当加热前驱体时可以缩短 Li、Zn、Ti 和 O 的扩散距离从而促进 $Li_2ZnTi_3O_8$ 的形成。在煅烧的过程中，ZIF-8 中的部分 N 和 C 元素会变成气体，这样会形成多孔，同时部分 N 元素会掺杂到碳中。当用作负极材料时，$Li_2ZnTi_3O_8$@C-N 表现出大的比容量、好的循环和倍率性能。

纳米级 $Li_2ZnTi_3O_8$ 和 $Li_2ZnTi_3O_8$@C-N 的合成示意图如图 4.11（a）所示。

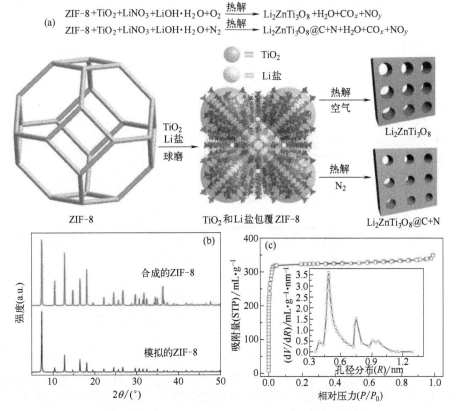

图 4.11　纳米级 $Li_2ZnTi_3O_8$ 和 $Li_2ZnTi_3O_8$@C-N 的合成示意图（a）；
ZIF-8 的 XRD（b）和 N_2 吸附-脱附等温曲线（c）

ZIF-8 [图 4.11（b）] 首先与 TiO$_2$ 和锂盐（0.38LiOH·H$_2$O-0.62LiNO$_3$）球磨形成多孔的前驱体 [图 4.11（c）]，前驱体的微孔分布与 ZIF-8 的一致。当前驱体在空气或者氮气中煅烧就会分别形成纳米级的 Li$_2$ZnTi$_3$O$_8$ 和 Li$_2$ZnTi$_3$O$_8$@C-N。

图 4.12（a）为合成 Li$_2$ZnTi$_3$O$_8$ 的前驱体在空气和 N$_2$ 中的 TG-DTG 曲线。从室温到 900℃加热过程出现了几步失重，相应的 DTG 曲线上出现了几个峰。从室温到 100℃的失重源于前驱体吸附水的蒸发。接下来，从 200℃到 360℃的失重可能源于 ZIF-8 晶体孔洞中的水和 LiOH·H$_2$O 中结晶水的失去 [图 4.12（c）]。ZIF-8 结构的坍塌[111-113]、LiOH 和 LiNO$_3$ 的分解在空气中发生在 400～500℃，N$_2$ 中发生在 500～600℃。当温度继续升高，在空气和 N$_2$ 中分别形成 Li$_2$ZnTi$_3$O$_8$ 和 Li$_2$ZnTi$_3$O$_8$@C-N。在 N$_2$ 中，750～850℃的失重源于 Zn（Ⅱ）被碳还原成 Zn[106,110]。基于以上分析，我们设计了三段加热方式制备 Li$_2$ZnTi$_3$O$_8$ 和 Li$_2$ZnTi$_3$O$_8$@C-N。

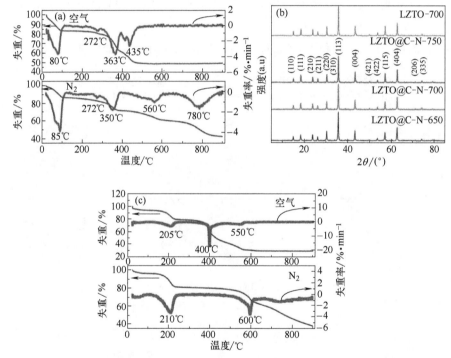

图 4.12　前驱体（a）和 ZIF-8（c）在空气和 N$_2$ 中的 TG-DTG 曲线；
Li$_2$ZnTi$_3$O$_8$ 和 Li$_2$ZnTi$_3$O$_8$@C-N 的负极材料的 XRD 图（b）

在 N$_2$ 中，650～750℃煅烧制备的 Li$_2$ZnTi$_3$O$_8$@C-N 的负极材料的 XRD 如图 4.12（b）所示。所有样品的 XRD 图谱都能很好地与空间群为 P4$_3$32 的 Li$_2$ZnTi$_3$O$_8$（JCPDS♯86-1512）的 XRD 图谱相吻合。元素分析结果（表 4.6）显示 C 和 N 的含量随着煅烧温度的升高而降低。另外，并没有从 XRD 图谱中检测出碳的相关衍射峰。

表 4.6　LZTO@C-N-650、LZTO@C-N-700 和 LZTO@C-N-750 中 C 和 N 的含量

样品	C 含量/%	N 含量/%
LZTO@C-N-650	7.18	2.22
LZTO@C-N-700	3.67	0.45
LZTO@C-N-750	2.97	0.41

LZTO-700、LZTO@C-N-650、LZTO@C-N-700 和 LZTO@C-N-750 的 SEM 图如图 4.13 所示，四个样品都是由细小的颗粒组成。与 LZTO-700 相比，$Li_2ZnTi_3O_8$@C-N 样品由于碳的存在更疏松。如此疏松多孔的结构可以使电解液更容易浸润活性材料，这样可以促进锂离子的快速扩散。

为了研究材料的多孔性，77K 测试了材料的 N_2 吸附-脱附等温曲线，结果如图 4.14 所示。曲线属于

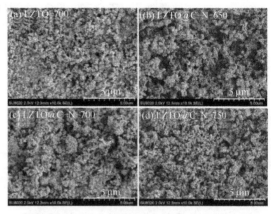

图 4.13　LZTO-700、LZTO@C-N-650、LZTO@C-N-700 和 LZTO@C-N-750 的 SEM 图

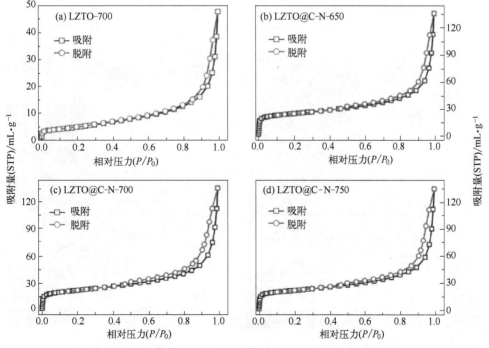

图 4.14　LZTO-700、LZTO@C-N-650、LZTO@C-N-700 和 LZTO@C-N-750 的 N_2 吸附-脱附等温曲线

Ⅳ型，具有回滞环，表明材料是介孔的。碳的引入极大地提高了材料的比表面积和孔容（表4.7），并且随着煅烧温度的升高材料的比表面积和孔容降低。特别是LZTO@C-N-700的孔径（10.26nm）大于LZTO@C-N-650和LZTO@C-N-750的。大的比表面积可以增大活性物质和电解液之间的接触面积，从而为锂离子的扩散提供更多的活性位置，这将有利于提高材料的可逆比容量。

表4.7　LZTO-700、LZTO@C-N-650、LZTO@C-N-700和
LZTO@C-N-750的比表面积、总孔容和平均孔径

样品	比表面积 /$m^2 \cdot g^{-1}$	总孔容 /$mL \cdot g^{-1}$	平均孔径 /nm
LZTO-700	18.2	0.0736	16.21
LZTO@C-N-650	90.9	0.2099	9.24
LZTO@C-N-700	81.7	0.2095	10.26
LZTO@C-N-750	81.4	0.2082	10.23

图4.15为LZTO-700、LZTO@C-N-650、LZTO@C-N-700和LZTO@C-N-750的TEM图。从图中可以看出LZTO@C-N样品中残存碳存在于$Li_2ZnTi_3O_8$颗粒表面。碳的存在可以抑制材料颗粒生长，同时可以抑制材料颗粒熔合。例如LZTO@C-N-700的颗粒尺寸约为145nm，LZTO-700的约为838nm。在N_2中煅

图4.15　LZTO-700、LZTO@C-N-650、LZTO@C-N-700和
LZTO@C-N-750的TEM图、选区电子衍射图和能谱图

烧制备的样品的颗粒尺寸随着煅烧温度的升高而增大，比如 LZTO@C-N-650 的颗粒尺寸约为 122nm，LZTO@C-N-750 的约为 167nm（图 4.16）。从 LZTO@C-N 材料的 HR-TEM 图中可以看出 Li$_2$ZnTi$_3$O$_8$ 颗粒均匀地分布在碳基底中。选区电子衍射显示制备的 LZTO@C-N 为多晶。能谱显示制备的 LZTO@C-N 中存在 C 和 N 元素。

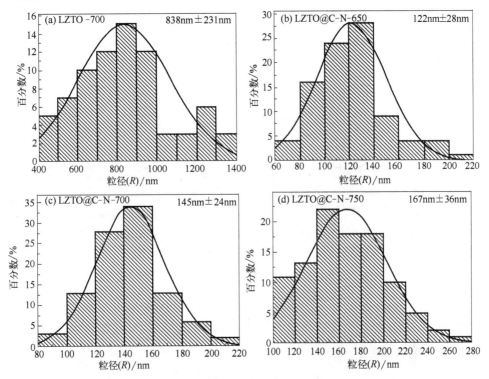

图 4.16　LZTO-700、LZTO@C-N-650、LZTO@C-N-700 和
LZTO@C-N-750 的粒径分布图

为了评价 Li$_2$ZnTi$_3$O$_8$ 和 Li$_2$ZnTi$_3$O$_8$@C-N 的电化学性能，采用锂片作为对电极组装了半电池进行测试。LZTO-700、LZTO@C-N-650、LZTO@C-N-700 和 LZTO@C-N-750 在 0.5A·g^{-1} 电流密度下的首次充放电曲线如图 4.17（a）所示。在 1.48V 出现了一个充电平台，0.52V 出现了相应的放电平台，这是 Li$_2$ZnTi$_3$O$_8$ 典型的电化学反应。LZTO-700、LZTO@C-N-650、LZTO@C-N-700 和 LZTO@C-N-750 在 0.5A·g^{-1} 电流密度下的首次放电比容量分别为 224.2mAh·g^{-1}、364.7mAh·g^{-1}、287.3mAh·g^{-1} 和 279.2mAh·g^{-1}，相应的充电比容量分别为 138.3mAh·g^{-1}、217.8mAh·g^{-1}、188.2mAh·g^{-1} 和 180.3mAh·g^{-1}。碳的引入极大地提高了 Li$_2$ZnTi$_3$O$_8$ 的放电比容量。在 LZTO@C-N 样品中，LZTO@C-N-650 具有最大的放电比容量，随着煅烧温度的升高 LZTO@C-N 的放电比容量降低。这是因为比表面积和碳含量随着煅烧温度的升高而降低，大的比表

面积有利于提升电化学活性位，进而提升材料的比容量；碳可以为 LZTO@C-N 提供额外的容量。

随着电流密度的增大，$Li_2ZnTi_3O_8$ 和 $Li_2ZnTi_3O_8$@C-N 的充放电平台变短，充放电平台电势差变大 [图 4.17（b）～（e）]。在 $1A \cdot g^{-1}$、$2A \cdot g^{-1}$ 和 $3A \cdot g^{-1}$ 电流密度下，与 LZTO@C-N 电极相比，LZTO-700 具有较小的放电比容量。在 $1A \cdot g^{-1}$ 和 $2A \cdot g^{-1}$ 电流密度下，LZTO@C-N-650 放出了最大的比容量

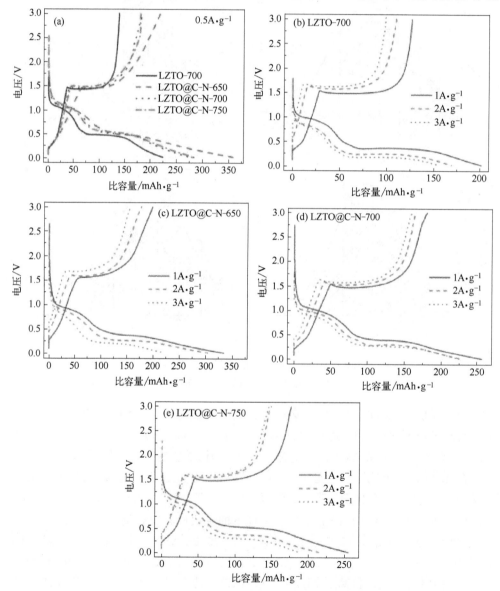

图 4.17　LZTO-700、LZTO@C-N-650、LZTO@C-N-700 和 LZTO@C-N-750
在 0.5～3A · g^{-1} 电流密度下的首次充放电曲线

334.2mAh·g^{-1} 和 303.9mAh·g^{-1}。在大的电流密度下，同样，随着煅烧温度的升高，LZTO@C-N 的放电比容量降低。这同样可以用随着煅烧温度的升高比表面积和碳含量降低来解释。在 3A·g^{-1} 电流密度下，LZTO@C-N-650 释放出了较低的比容量（221.3mAh·g^{-1}）。尽管 LZTO@C-N-650 大的比容量可以增加活性物质和电解液之间的接触面积进而有利于材料的可逆比容量，然而小的孔径不利于锂离子在大电流密度下快速脱嵌。LZTO@C-N-700 电极在 3A·g^{-1} 电流密度下释放了最大比容量（225.0mAh·g^{-1}），这可能与其较大的孔径有利于锂离子脱嵌有关。

LZTO-700、LZTO@C-N-650、LZTO@C-N-700 和 LZTO@C-N-750 在 0.5A·g^{-1} 电流密度下的循环曲线如图 4.18（a）所示。上述四个样品第二次的放电比容量分别为 158.2mAh·g^{-1}、251.0mAh·g^{-1}、216.7mAh·g^{-1} 和 208.0mAh·g^{-1}，循环 200 圈后放电比容量分别为 159.9mAh·g^{-1}、271.1mAh·g^{-1}、217.0mAh·g^{-1} 和 185.4mAh·g^{-1}。在这四个样品中，LZTO@C-N-750 循环性能最差，这可能源于煅烧温度高材料颗粒出现团聚。与第二次放电比容量相比，LZTO@C-N-650 和 LZTO@C-N-700 循环 200 次后并未出现容量衰减，这与其小的颗粒和良好的分散性有关。尽管 LZTO-700 表现出较高的容量保持率，但是其比容量略低于 LZTO@C-N-650 样品，这可能与 LZTO-700 小的比表面积和低的碳含量有关。

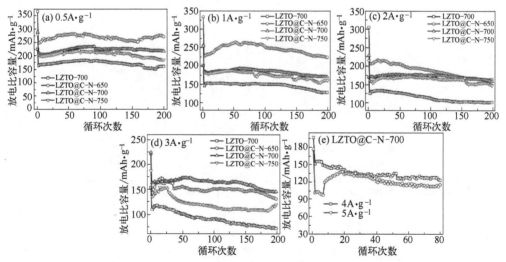

图 4.18　LZTO-700、LZTO@C-N-650、LZTO@C-N-700 和 LZTO@C-N-750 在不同电流密度下的循环曲线

LZTO-700、LZTO@C-N-650、LZTO@C-N-700 和 LZTO@C-N-750 在 1A·g^{-1}、2A·g^{-1} 和 3A·g^{-1} 电流密度下的循环曲线如图 4.18（b）～（d）所示。由于在大电流下活化，循环数圈后电极都获得了最大的放电比容量。例如 LZTO@C-

N-700 电极，在 1A·g^{-1}、2A·g^{-1} 和 3A·g^{-1} 电流密度下的最大放电比容量分别为 194.1mAh·g^{-1}、176.7mAh·g^{-1} 和 173.4mAh·g^{-1}。在 1A·g^{-1} 和 2A·g^{-1} 下，LZTO@C-N-650 在整个循环过程中都具有最大的放电比容量，这是因为其比表面积最大和碳含量最高。在 3A·g^{-1} 下，LZTO@C-N-700 具有最大的放电比容量。另外，LZTO@C-N-700 在 1A·g^{-1}、2A·g^{-1} 和 3A·g^{-1} 电流密度下都保持了最好的循环性能（相对于第二次比容量）。LZTO@C-N 在大电流密度下良好的电化学性能与其颗粒减小和电子电导率提高有关。

众所周知，倍率性能是评判电极材料的一个重要参数。从以上研究可以看出 LZTO@C-N-700 在大电流密度下表现出最好的电化学性能。当电流密度增加到 4A·g^{-1} 和 5A·g^{-1}，LZTO@C-N-700 仍可以释放出大的比容量，循环 80 圈后可以释放出 123.4mAh·g^{-1} 和 115.3mAh·g^{-1}。LZTO@C-N-700 倍率性能超过了许多以前报道的。LZTO@C-N-700 好的倍率性能与其高的电子电导率、小的材料颗粒和多孔结构有关。

为了进一步理解 LZTO 和 LZTO@C-N 的电化学行为，测试了材料的 CV 曲线，扫描速率为 0.5mV·s^{-1}，扫描范围为 0.02～3.0V，结果如图 4.19 所示。在 1.0～2.0V 之间有一对氧化还原峰，对应于 Ti^{4+}/Ti^{3+} 氧化还原电对。0.5V 的还原峰源于 Ti^{4+} 的多次还原。另外，接下来循环的还原过程与首次还原过程不一样，

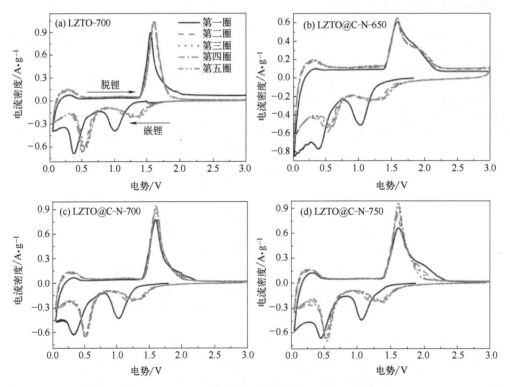

高安全性钛酸锌锂储能器件

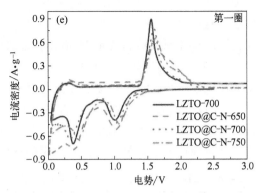

图 4.19　LZTO 和 LZTO@C-N 在 0.5mV·s^{-1} 下的循环伏安曲线

这可能与电极的活化和/或极化有关。与 LZTO-700 相比，LZTO@C-N 具有小的电势差 [图 4.19 （e）]。LZTO@C-N 样品中，LZTO@C-N-700 峰最尖锐和峰形对称性最好，表明该样品具有最小的极化，锂离子脱嵌高度可逆。

　　LZTO 和 LZTO@C-N 在 0.4A·g^{-1} 循环 10 次后的交流阻抗及用于拟合交流阻抗数据的等效电路图如图 4.20 所示。四个样品的交流阻抗图谱相似，都由高频区的截距、中频区的两个半圆和低频区的直线组成。其中，R_b 代表电解液和电池组件的接触电阻；C_{SEI} 和 R_{SEI} 对应于第一个半圆，分别代表 SEI 膜的电容和电阻；C_{dl} 和 R_{ct} 对应第二个半圆，分别代表双电层电容和电荷转移电阻；Z_W 代表 Warburg 阻抗。表 4.8 列出了基于等效电路图得到的 LZTO-700、LZTO@C-N-650、LZTO@C-N-700 和 LZTO@C-N-750 的参数。众所周知，小的电荷转移电阻

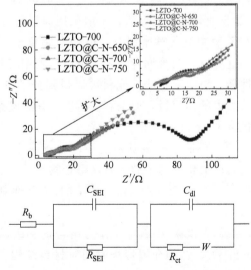

图 4.20　LZTO 和 LZTO@C-N 在 0.4A·g^{-1} 循环 10 次后的
交流阻抗及用于拟合交流阻抗数据的等效电路图

有利于材料的电化学性能。与 LZTO-700 相比，氮气中制备得到的 LZTO@C-N 样品的电荷转移电阻较小，这有利于其电化学性能。这与充放电结果一致。

采用 ZIF-8 为碳源、氮源和锌源成功制备了 N 元素掺杂的碳包覆 $Li_2ZnTi_3O_8$（$Li_2ZnTi_3O_8$@C-N）。$Li_2ZnTi_3O_8$ 为纳米级别且均匀分散在碳基材料里。N 元素掺杂的碳包覆极大地提高了 $Li_2ZnTi_3O_8$ 的电化学性能。其中在 700℃ 煅烧制备的 LZTO@C-N-700 在大电流密度下具有大的比容量、好的循环性能和低的阻抗。由于制备方法简单，制备的材料表现出优异的电化学性能，本部分工作为采用 MOFs 作为碳氮源制备锂离子电池负极或者正极材料提供了一定的借鉴。

表 4.8　LZTO 和 LZTO@C-N 的交流阻抗参数

样品	R_b/Ω	R_{SEI}/Ω	R_{ct}/Ω
LZTO-700	8.077	51.700	14.040
LZTO@C-N-650	5.094	6.169	10.170
LZTO@C-N-700	4.213	3.525	7.353
LZTO@C-N-750	4.312	3.916	9.229

4.1.3　EDTA 为碳源包覆钛酸锌锂

钛酸锌锂低的电子电导率和不理想的倍率性能限制了其商业化应用。据报道，采用导电碳包覆不仅可以有效提高 $Li_2ZnTi_3O_8$ 的电子电导率而且可以抑制颗粒在煅烧过程中异常长大。颗粒尺寸小可以缩短锂离子的扩散路径进而提高材料的倍率性能。

至今制备碳包覆的 $Li_2ZnTi_3O_8$ 主要包括传统的高温固相法和溶胶-凝胶法[14,39,40,60]。固相法是产业化的主要方法，一般采用原料和有机碳源，如海藻酸、草酸和柠檬酸，分散在乙醇中进行球磨混合。但是金属离子很难跟络合物进行配位。也就是说原料采用这种方式较难混合均匀，最终产物中容易出现杂质相。这会影响到产品的电化学性能。对于液相法，原料可以得到分子或者原子级别的混合，最终制备的产品容易获得大的比容量，但是制备过程往往较复杂。所以急需发展一种简单有效的制备碳包覆 $Li_2ZnTi_3O_8$ 的方法。

乙二胺四乙酸（EDTA）是一种多氨基羧酸，具有六个配位原子，能与碱金属、稀土元素和过渡金属形成相当稳定的水溶性络合物[114]，已经被广泛地应用于工业、药业和实验室[115,116]。EDTA 如此优异的络合性能还未用于碳包覆 $Li_2ZnTi_3O_8$ 的制备中。

在本部分工作中，我们首次采用 EDTA 作为络合剂和碳源通过简单的固相法制备了碳包覆的 $Li_2ZnTi_3O_8$。详细介绍煅烧时间对材料结构和物理及电化学性能的影响。

图 4.21（a）、（b）为 Li_2CO_3、ZnO 和 TiO_2 形成的前驱体 1 以及 Li_2CO_3、

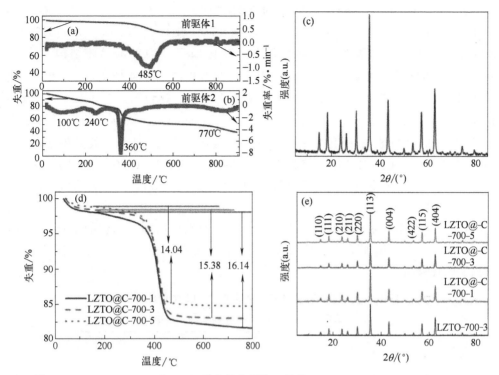

图 4.21　Li_2CO_3、ZnO 和 TiO_2 形成的前驱体 1 以及 Li_2CO_3、ZnO、TiO_2 和 EDTA
形成的前驱体 2 的 TG-DTG 曲线（a）、（b）；将前驱体在 550℃煅烧之后的 XRD 图（c）；
$Li_2ZnTi_3O_8$@C 的热重曲线（d）和 $Li_2ZnTi_3O_8$ 和 $Li_2ZnTi_3O_8$@C 的 XRD 图（e）

ZnO、TiO_2 和 EDTA 形成的前驱体 2 的 TG-DTG 曲线，气氛为 N_2，加热速率为
10℃·min^{-1}。对于前驱体 1，从室温到 900℃范围内有一个质量损失，对应于
DTG 曲线上出现一个峰。质量损失源于 Li_2CO_3 的分解。当温度超过 550℃，TG
曲线上出现一个平台，表明 550℃以后形成了 $Li_2ZnTi_3O_8$［图 4.21（c）］。对于前
驱体 2，测试范围之内出现了几次失重，对应的 DTG 曲线上出现了几个峰。从室
温到 100℃的质量损失源于前驱体吸附的水的蒸发。接下来，220～280℃的质量损
失源于 EDTA 的分解。Li_2CO_3 的分解发生在 350～500℃。当温度继续升高，形
成了 $Li_2ZnTi_3O_8$@C。另外，750～900℃的质量损失源于 Zn（Ⅱ）被碳还原成
Zn。基于以上分析，本部分工作在 700℃煅烧 1～5h。

　　采用 TG 方法测试 $Li_2ZnTi_3O_8$@C 复合材料中的碳含量，结果如图 4.21（d）
所示。从室温到 150℃轻微的质量损失（1.0%～2.0%）源于吸附水的蒸发。
300～480℃急剧的质量损失源于碳的氧化。当超过 480℃没有质量损失，说明形成
了 $Li_2ZnTi_3O_8$。根据 TG 曲线，$Li_2ZnTi_3O_8$@C 碳含量为 14%～16%。此外，与
LZTO@C-700-3 和 LZTO@C-700-5 相比，LZTO@C-700-1 吸附的水失重较大，
这源于其高的碳含量引起的大的比表面积。

$Li_2ZnTi_3O_8$ 和 $Li_2ZnTi_3O_8@C$ 的 XRD 如图 4.21（e）所示。所有样品的 XRD 图谱都能很好地与空间群为 $P4_332$ 的 $Li_2ZnTi_3O_8$（JCPDS♯86-1512）的 XRD 图谱相吻合，这表明碳的存在并不会影响 $Li_2ZnTi_3O_8$ 的晶体结构。另外，并没有从 XRD 图谱中检测到其它相。XRD 结果与以前报道的[13,19,32]一致。从热重结果可知 $Li_2ZnTi_3O_8@C$ 复合材料中含有碳，但是 XRD 图谱中并未检测到碳的相关衍射峰，这可能是因为碳是多孔的或者 $Li_2ZnTi_3O_8$ 颗粒上的碳包覆层很薄[40,60]。从 XRD 数据得到的四个样品的晶胞参数如表 4.9 所示，数据和以前报道的相似[19,20,51]。LZTO-700-3、LZTO@C-700-1、LZTO@C-700-3 和 LZTO@C-700-5 的平均晶粒大小由以下公式计算得到：$D=\lambda/(\beta\cos\theta)$，其中 λ 为波长，θ 为衍射角，β 为衍射峰的半峰宽，结果如表 4.9 所示。与 LZTO-700-3 相比，LZTO@C-700-3 具有小的晶胞参数和晶粒大小，这表明碳可以抑制晶粒的生长。另外，对于 $Li_2ZnTi_3O_8@C$ 而言，晶粒随着煅烧时间的延长而增大。小的晶粒可以缩短锂离子的迁移路径。

表 4.9　LZTO-700-3、LZTO@C-700-1、LZTO@C-700-3 和
LZTO@C-700-5 的晶格参数及晶粒大小

样品	$a/\text{Å}$	$V/\text{Å}^3$	平均晶粒尺寸/nm
LZTO-700-3	8.374(7)	587.3(8)	25.5
LZTO@C-700-1	8.371(9)	586.7(9)	18.7
LZTO@C-700-3	8.373(9)	587.2	19.8
LZTO@C-700-5	8.374(8)	587.4	28.8

LZTO-700-3、LZTO@C-700-1、LZTO@C-700-3 和 LZTO@C-700-5 的 SEM 图如图 4.22 所示。与 LZTO-700 相比，$Li_2ZnTi_3O_8@C$ 样品由于碳的存在更疏

图 4.22　LZTO-700-3、LZTO@C-700-1、LZTO@C-700-3
和 LZTO@C-700-5 的 SEM 图

松。如此疏松多孔的结构可以使电解液更容易浸润活性材料，这样可以促进锂离子的快速扩散。另外，随着煅烧时间的延长 $Li_2ZnTi_3O_8$@C 的粒径变大，小的颗粒尺寸可以缩短锂离子的扩散路径。

为进一步观察材料的孔结构，77K 测试了材料的 N_2 吸附-脱附等温曲线，如图 4.23 所示。曲线属于Ⅳ型，具有回滞环，表明材料是介孔的。插图为材料的孔径分布图。$Li_2ZnTi_3O_8$ 的孔径主要分布在 2~4nm 和 22~80nm；$Li_2ZnTi_3O_8$@C 的孔径主要分布在 3~4nm。由 N_2 吸附-脱附等温曲线得到的比表面积、总孔容和平均孔径如表 4.10 所示。碳的引入极大地提高了材料的比表面积和总孔容，并且随着煅烧时间的延长材料的比表面积降低。大的比表面积可以增大活性物质和电解液之间的接触面积，从而为锂离子的扩散提供更多的活性位，这将有利于提高材料的可逆比容量。然而，过大的比表面积也会引起较多的副反应，这会恶化材料的循环性能。在 $Li_2ZnTi_3O_8$@C 中，LZTO@C-700-3 具有最大的孔径（12.4nm），大孔有利于电解液进入活性物质，从而加速锂离子扩散。

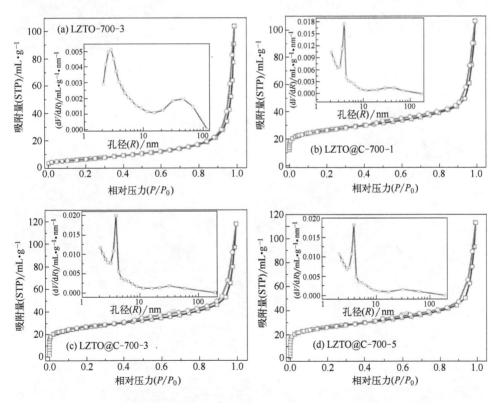

图 4.23　$Li_2ZnTi_3O_8$ 和 $Li_2ZnTi_3O_8$@C 在 77K 的
N_2 吸附-脱附等温曲线及孔径分布图

样品	比表面积/m^2 · g^{-1}	总孔容/mL · g^{-1}	平均孔径/nm
LZTO-700-3	23.8	0.161	21.1
LZTO@C-700-1	95.5	0.165	11.8
LZTO@C-700-3	94.5	0.182	12.4
LZTO@C-700-5	94.2	0.175	11.9

图 4.24 为 LZTO-700-3、LZTO@C-700-1、LZTO@C-700-3 和 LZTO@C-700-5 的 TEM 图。很显然，四个样品颗粒都为纳米尺寸。与 Li$_2$ZnTi$_3$O$_8$ 相比，Li$_2$ZnTi$_3$O$_8$@C 具有较小的颗粒尺寸，表明碳的存在可以抑制材料颗粒生长，从

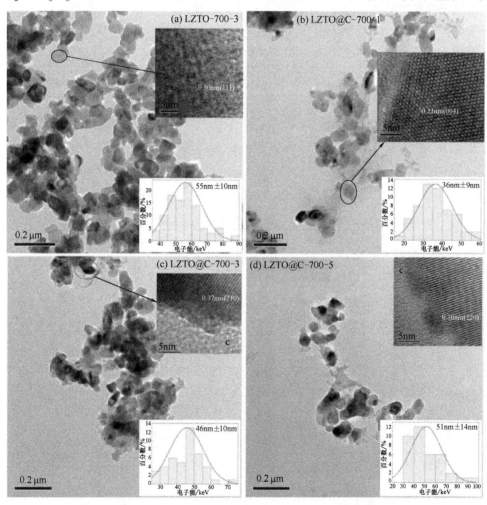

图 4.24　LZTO-700-3、LZTO@C-700-1、LZTO@C-700-3 和
LZTO@C-700-5 的 TEM 图、HR-TEM 图和粒径分布图

$Li_2ZnTi_3O_8$@C 材料的 HR-TEM 图中可以看出 $Li_2ZnTi_3O_8$ 颗粒均匀地分布在碳基底中。碳材料的存在极大地提高了材料的电子电导率（表 4.11），随着煅烧时间的延长材料的电子电导率增加。高的电子电导率将有利于提高材料的电化学性能。

表 4.11　LZTO-700-3、LZTO@C-700-1、LZTO@C-700-3 和 LZTO@C-700-5 的电子电导率

样品	$\sigma/S \cdot cm^{-1}$	样品	$\sigma/S \cdot cm^{-1}$
LZTO-700-3	7.51×10^{-6}	LZTO@C-700-3	1.42×10^{-3}
LZTO@C-700-1	1.09×10^{-3}	LZTO@C-700-5	2.67×10^{-3}

$Li_2ZnTi_3O_8$ 和 $Li_2ZnTi_3O_8$@C 在 $1A \cdot g^{-1}$ 电流密度下的首次充放电曲线如图 4.25（a）所示。在 1.49V 出现了一个充电平台，0.52V 出现了一个放电平台，这是 $Li_2ZnTi_3O_8$ 典型的电化学反应。LZTO-700-3、LZTO@C-700-1、LZTO@C-700-3 和 LZTO@ C-700-5 的首次放电比容量分别为 199.5mAh $\cdot g^{-1}$、336.8mAh $\cdot g^{-1}$、316.5mAh $\cdot g^{-1}$ 和 310.7mAh $\cdot g^{-1}$，相应的充电比容量分别为 147.9mAh $\cdot g^{-1}$、221.3mAh $\cdot g^{-1}$、223.9mAh $\cdot g^{-1}$ 和 218.1mAh $\cdot g^{-1}$，库仑效率分别为 74.1%、65.7%、70.7% 和 70.2%。很显然，碳的引入可以显著提高 $Li_2ZnTi_3O_8$@C 的放电比容量，这归因于碳的引入提高了材料的比表面积，为锂离子的扩散提供了更多的活性位，这与 BET 结果一致。另外，碳可以提供额外的容量增加材料的比容量。此外，材料的不可逆比容量高，这归因于固体电解质膜的形成，这层膜可以减少活性物质和电解液之间的副反应，从而有利于材料的循环性能。

$Li_2ZnTi_3O_8$ 和 $Li_2ZnTi_3O_8$@C 在 $1A \cdot g^{-1}$、$2A \cdot g^{-1}$ 和 $3A \cdot g^{-1}$ 电流密度下的循环性能如图 4.25（b）～（d）所示。当电流密度为 $1A \cdot g^{-1}$ 时，LZTO-700-3、LZTO@C-700-1、LZTO@C-700-3 和 LZTO@C-700-5 在第二圈的放电比容量分别为 180.3mAh $\cdot g^{-1}$、236.5mAh $\cdot g^{-1}$、251.9mAh $\cdot g^{-1}$ 和 245.7mAh $\cdot g^{-1}$，循环 200 次后的容量保持率分别为 66.9%、60.8%、71.7% 和 69.7%。当电流密度增加到 $2A \cdot g^{-1}$，LZTO-700-3、LZTO@C-700-1、LZTO@C-700-3 和 LZTO@C-700-5 在第二圈的放电比容量分别为 152.2mAh $\cdot g^{-1}$、182.8mAh $\cdot g^{-1}$、208.2mAh $\cdot g^{-1}$ 和 207.8mAh $\cdot g^{-1}$，循环 200 次后的容量保持率分别为 72.3%、67.2%、73.1% 和 65.7%（相对于第二次而言）。在 $3A \cdot g^{-1}$ 下，相对于第二次的比容量 147.4mAh $\cdot g^{-1}$、174.1mAh $\cdot g^{-1}$、184.0mAh $\cdot g^{-1}$ 和 176.1mAh $\cdot g^{-1}$ 而言，循环 200 次后的容量保持率分别为 62.1%、57.4%、69.7% 和 68.1%。从不同电流密度下的循环来看，LZTO@C-700-3 具有最好的循环性能，这可能源于其合适的颗粒尺寸和比表面积、大的孔容和孔径。然而，LZTO@C-700-5 差的循环性能可能源于其大的颗粒尺寸。LZTO@C-700-1 的循环性能并不理想，这可能与其过大的比表面积引发过多的副反应有关。

为了进一步理解 $Li_2ZnTi_3O_8$ 和 $Li_2ZnTi_3O_8$@C 的电化学行为，测试了四个样品的 CV 曲线，扫描速率为 $0.5mV \cdot s^{-1}$，扫描范围为 $0.02 \sim 3.0V$，结果如图

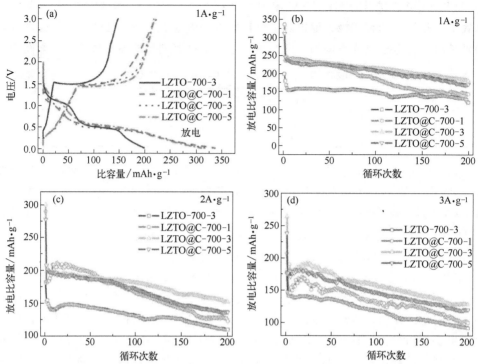

图 4.25　$Li_2ZnTi_3O_8$ 和 $Li_2ZnTi_3O_8$@C 在 1A·g^{-1} 电流密度下的
首次充放电曲线（a）；$Li_2ZnTi_3O_8$ 和 $Li_2ZnTi_3O_8$@C 在 1A·g^{-1}、
2A·g^{-1} 和 3A·g^{-1} 电流密度下的循环性能（b）～（d）

4.26 所示。在 1.0～2.0V 之间有一对氧化还原峰，对应于 Ti^{4+}/Ti^{3+} 氧化还原电对。0.5V 的还原峰源于 Ti^{4+} 的多次还原。另外，接下来循环的还原过程与首次还原过程不一样，这可能与电极的活化和/或极化有关。$Li_2ZnTi_3O_8$ 和 $Li_2ZnTi_3O_8$@C 的首圈 CV 的阴阳极峰电势差列于表 4.12。在四个电极中 LZTO@C-700-3 具有最小的电势差（$\varphi_p = 0.42V$），表明该样品具有最小的极化，锂离子脱嵌高度可逆，这个与充放电结果一致。

表 4.12　LZTO-700-3、LZTO@C-700-1、LZTO@C-700-3 和
LZTO@C-700-5 电极第一圈 CV 的氧化还原峰电势及相应的电势差

样品	φ_{pa}/V	φ_{pc}/V	($\varphi_p = \varphi_{pa} - \varphi_{pc}$)/V
LZTO-700-3	1.65	1.04	0.61
LZTO@C-700-1	1.58	1.10	0.48
LZTO@C-700-3	1.54	1.12	0.42
LZTO@C-700-5	1.57	1.12	0.45

为了研究 $Li_2ZnTi_3O_8$ 和 $Li_2ZnTi_3O_8$@C 的容量恢复性，将电极在 0.4～2.8A·

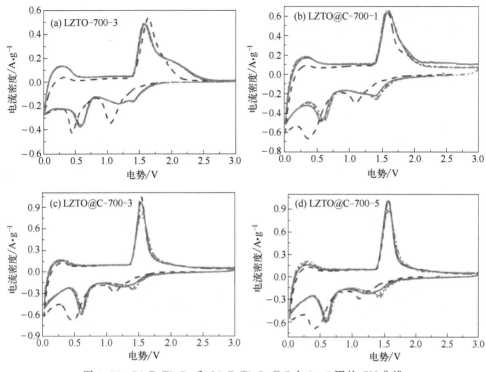

图 4.26　$Li_2ZnTi_3O_8$ 和 $Li_2ZnTi_3O_8@C$ 在 1~5 圈的 CV 曲线，
扫描速率为 $0.5mV \cdot s^{-1}$，扫描范围为 0.02~3.0V

g^{-1} 的电流密度下各循环 10 次，再将电流密度降为 $0.4A \cdot g^{-1}$，结果如图 4.27（a）所示。在 $0.4A \cdot g^{-1}$ 下，LZTO-700-3、LZTO@C-700-1、LZTO@C-700-3 和 LZTO@C-700-5 各循环 10 次后的放电比容量分别为 $188.7mAh \cdot g^{-1}$、$278.4mAh \cdot g^{-1}$、$255.5mAh \cdot g^{-1}$ 和 $251.5mAh \cdot g^{-1}$。甚至在高的电流密度 $2.8A \cdot g^{-1}$ 下，四个电极各循环 10 圈后的放电比容量分别为 $141.9mAh \cdot g^{-1}$、$174.5mAh \cdot g^{-1}$、$180.5mAh \cdot g^{-1}$ 和 $173.8mAh \cdot g^{-1}$。当电流密度降为 $0.4A \cdot g^{-1}$，四个电极各循环 10 次后的放电比容量分别恢复到 $191.6mAh \cdot g^{-1}$、$244.9mAh \cdot g^{-1}$、$242.9mAh \cdot g^{-1}$ 和 $239.1mAh \cdot g^{-1}$。从中可以看出四个样品都具有良好的容量恢复性。

$Li_2ZnTi_3O_8$ 和 $Li_2ZnTi_3O_8@C$ 在 $1A \cdot g^{-1}$ 电流密度下循环 200 圈后的电化学交流阻抗如图 4.27（b）所示。四个样品的交流阻抗图谱相似，都由高频区的截距、中频区的两个半圆和低频区的直线组成。此处的斜线斜率不同于 Warburg 阻抗的斜线斜率 $45°$，这可能源于电容的贡献，结果与以前报道的相似。用于拟合交流阻抗数据的等效电路图如图 4.27（b）的插图所示。其中，R_b 代表电解液和电池组件的接触电阻；C_{SEI} 和 R_{SEI} 对应于第一个半圆，分别代表 SEI 膜的电容和电阻；C_{dl} 和 R_{ct} 对应第二个半圆，分别代表双电层电容和电荷转移电阻；Z_W 代表

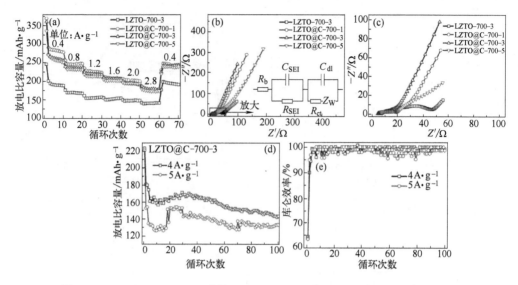

图 4.27　LZTO-700-3、LZTO@C-700-1、LZTO@C-700-3 和 LZTO@C-700-5
在不同电流密度下的循环性能（a）和在 1A·g⁻¹ 电流密度下循环 200 圈后的电
化学交流阻抗图（b）及中高频区的放大图（c）；LZTO@C-700-3 电极在大的
电流密度 4A·g⁻¹ 和 5A·g⁻¹ 下的循环性能（d）及库仑效率图（e）

Warburg 阻抗。表 4.13 列出了基于等效电路图得到的 LZTO-700-3、LZTO@C-
700-1、LZTO@C-700-3 和 LZTO@C-700-5 的参数。众所周知，小的电荷转移电
阻有利于材料的电化学性能。与 $Li_2ZnTi_3O_8$ 相比，$Li_2ZnTi_3O_8$@C 具有较小的电
荷转移阻抗。四个样品中，LZTO@C-700-3 具有最小的电荷转移电阻，这和充放
电结果一致。

表 4.13　基于等效电路图模拟出的交流阻抗参数

样品	R_b/Ω	R_{SEI}/Ω	R_{ct}/Ω
LZTO-700-3	9.328	9.36	20.63
LZTO@C-700-1	8.006	6.673	7.959
LZTO@C-700-3	5.408	5.05	4.592
LZTO@C-700-5	6.963	4.885	5.23

　　基于以上研究，LZTO@C-700-3 具有最好的电化学性能。具有好的倍率性能
是电极材料能够实现商业化的一个重要条件。图 4.27（c）是 LZTO@C-700-3 电
极在大的电流密度 4A·g⁻¹ 和 5A·g⁻¹ 下的循环性能。由于在大电流密度下，
LZTO@C-700-3 电极出现活化，循环数圈后电极在 4A·g⁻¹ 和 5A·g⁻¹ 下的最大
放电比容量分别达到 171.1mAh·g⁻¹ 和 154.1mAh·g⁻¹。循环 100 圈后放电比容量
分别为 143.3mAh·g⁻¹ 和 133.2mAh·g⁻¹。LZTO@C-700-3 电极的放电比容量或

者循环性能超过了许多以前报道的[13,19,20,39,52,40,60]。LZTO@C-700-3 在大电流密度下良好的电化学性能源于其合适的碳含量、大的孔径、小的颗粒尺寸和低的电荷转移电阻。图 4.27 (c) 的插图为 LZTO@C-700-3 电极在 $4A \cdot g^{-1}$ 和 $5A \cdot g^{-1}$ 下循环过程中的库仑效率，首次库仑效率分别为 64.5% 和 63.6%，较低的首次库仑效率源于 SEI 膜的形成，这层保护膜可以减弱活性物和电解液之间的副反应，进而有利于材料的循环性能。循环几次后，LZTO@C-700-3 电极在 $4A \cdot g^{-1}$ 和 $5A \cdot g^{-1}$ 下的库仑效率都接近 100%，表明电极可以获得大的可逆比容量。

以 EDTA 为碳源和络合剂采用 EDTA 辅助的固相法制备了碳包覆的 $Li_2ZnTi_3O_8$（$Li_2ZnTi_3O_8@C$）。碳包覆极大地减小了颗粒尺寸，同时提高了材料的电子电导率，这提高了 $Li_2ZnTi_3O_8@C$ 的电化学性能。其中 700℃煅烧 3 h 制备的 $Li_2ZnTi_3O_8@C$-700-3 在大电流密度下仍释放出大的比容量，表现出良好的循环稳定性和低的阻抗。鉴于合成路径简单，制备的材料表现出优异的电化学性能，本部分工作可以为其它正极和负极材料的制备提供一定的借鉴。

4.1.4 Tween80 为碳源包覆钛酸锌锂

钛酸锌锂低的电子电导率和不理想的倍率性能限制了其商业化应用。据报道，采用导电碳包覆不仅可以有效提高 $Li_2ZnTi_3O_8$ 的电子电导率而且可以抑制颗粒在煅烧过程中异常长大。颗粒尺寸小可以缩短锂离子的扩散路径进而提高材料的倍率性能。此外，多孔结构可以缩短锂离子的迁移路径进而提高材料的倍率性能。近来，采用 N 元素掺杂碳引起了研究者极大的关注[117-120]。有报道称 N 元素掺杂到碳（C-N）里可以修饰碳材料的结构、化学活性和电子结构，同时可以产生大量的外部缺陷和活性位[121]。所以，如果采取 N 元素掺杂的碳包覆 LZTO，电极材料将会表现出优异的电化学性能。明胶是两性分子，具有氨基（—NH_2）和羧基（—COOH）。由于成本低、对环境友好、高的 C 和 N 含量等优点，所以明胶是一种优异的制备 C-N 材料的前驱体。

至今制备碳包覆的 $Li_2ZnTi_3O_8$ 主要包括传统的高温固相法和液相法[14,39,40,60]。前者简单易于产业化，但是原料采用这种方式较难混合均匀，最终产物中容易出现杂质相，这会影响到产品的电化学性能。对于液相法，原料可以得到分子或者原子级别的混合，最终制备的产品容易获得大的比容量，但是制备过程往往较复杂。所以急需发展一种简单有效的制备碳包覆 $Li_2ZnTi_3O_8$ 的方法。

聚氧乙烯-(20)-山梨醇单油酸酯（Tween 80，$C_{64}H_{124}O_{26}$）作为一种低成本、低毒性的非离子表面活性剂，具有非离子表面活性剂的所有优点[122]。由于其两亲性，表面活性剂能够使不同组分进行结合和良好的分散。然而，Tween80 还没有作为表面活性剂和碳源用于制备 LZTO@C。

在本部分工作中，我们首次以 Tween 80 作为表面活性剂、明胶和 Tween 80 作为复合碳源、明胶作为氮源、草酸铵作为发泡剂，采用简单的表面活性剂辅助固相法制备了 N 掺杂的碳包覆 LZTO（LZTO@C-N）。具体介绍 LZTO@C-N 的物理和电化学性能。

采用热重法测试 LZTO@C-N 中的碳含量，结果如图 4.28（a）所示。室温到 150℃的 1.0%～2.0%的失重源于材料中吸附水的蒸发。300～480℃的失重源于碳的氧化。超过 480℃不再出现失重，说明 LZTO 很稳定。基于 TG 分析，LZTO@C-N-1、LZTO@C-N-2 和 LZTO@C-N-3 中的碳含量分别为 3.80%、3.56%和 5.61%。

LZTO@C-N-1、LZTO@C-N-2 和 LZTO@C-N-3 的 XRD 如图 4.28（b）所示。所有样品的 XRD 图谱都能很好地与空间群为 P4$_3$32 的 Li$_2$ZnTi$_3$O$_8$（JCPDS♯86-1512）的 XRD 图谱相吻合，这表明碳的存在并不会影响 Li$_2$ZnTi$_3$O$_8$ 的晶体结构。另外，并没有从 XRD 图谱中检测到其它相。XRD 结果与以前报道的[13,19,32] 一致。从热重结果可知 LZTO@C-N 复合材料中含有碳，但是 XRD 图谱中并未检测到碳的相关衍射峰，这可能是因为碳是多孔的或者 Li$_2$ZnTi$_3$O$_8$ 颗粒上的碳包覆层很薄[40,60]。从 XRD 数据得到的三个样品的晶胞参数如表 4.14 所示，数据和以前报道的相似[19,20,51]。

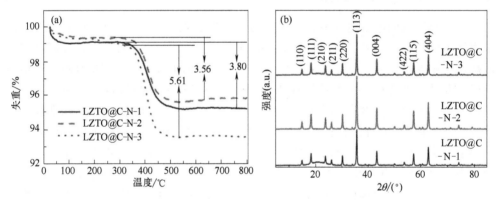

图 4.28　LZTO@C-N-1、LZTO@C-N-2 和 LZTO@C-N-3 的 TG 曲线（a）和 XRD 图（b）

表 4.14　LZTO@C-N-1、LZTO@C-N-2 和 LZTO@C-N-3 的晶胞参数

样品	a/Å	V/Å^3
LZTO@C-N-1	8.370(8)	586.5(5)
LZTO@C-N-2	8.370(4)	586.4(8)
LZTO@C-N-3	8.373(2)	587.0(6)

LZTO@C-N-1、LZTO@C-N-2 和 LZTO@C-N-3 的 SEM 图如图 4.29 所示。与 LZTO@C-N-1 相比，LZTO@C-N-2 和 LZTO@C-N-3 具有较好的分散性，这将有利于它们的电化学性能。另外，LZTO@C-N-1、LZTO@C-N-2 和 LZTO@C-N-3 的 N$_2$ 吸附-脱附等温曲线如图 4.30 所示。从中可以得到材料的比表面积、总孔容和平均孔径，如表 4.15 所示。可以看出，发泡剂草酸铵的引入极大地提高了

材料的总孔容和孔径。LZTO@C-N-1 的孔径集中在 2~5nm；当引入发泡剂草酸铵后 LZTO@C-N-2 和 LZTO@C-N-3 的孔径分别主要集中在 2~5nm 和 38~110nm。众所周知，大的孔径有利于电解液浸入活性物质，这有利于锂离子的扩散。在 LZTO@C-N 复合材料中，LZTO@C-N-3 具有最大的比表面积，这可以增加活性物质和电解液之间的接触面积，有利于提高材料的可逆比容量。

图 4.29　LZTO@C-N-1、LZTO@C-N-2 和 LZTO@C-N-3 的 SEM 图

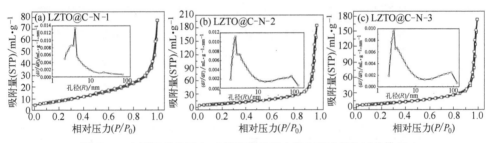

图 4.30　LZTO@C-N-1、LZTO@C-N-2 和 LZTO@C-N-3 的 N_2
吸附-脱附等温曲线及孔径分布

表 4.15　LZTO@C-N-1、LZTO@C-N-2 和 LZTO@C-N-3 的比表面积、总孔容和平均孔径

样品	比表面积/$m^2 \cdot g^{-1}$	总孔容/$mL \cdot g^{-1}$	平均孔径/nm
LZTO@C-N-1	28.8	0.120	11.5
LZTO@C-N-2	29.7	0.287	22.4
LZTO@C-N-3	31.8	0.269	21.9

　　LZTO@C-N 复合材料的 TEM 如图 4.31 所示。在这三个样品中，LZTO@C-N-3 具有最小的颗粒尺寸（约 30nm），这可以缩短锂离子的扩散路径。从 HR-TEM 图可以看出 LZTO 材料颗粒表面包覆有碳层。元素分析结果显示 LZTO@C-N 中都含有 N 元素（表 4.16）。

表 4.16　LZTO@C-N-1、LZTO@C-N-2 和 LZTO@C-N-3 中的 N 元素含量

样品	N 含量/%	样品	N 含量/%
LZTO@C-N-1	0.73	LZTO@C-N-3	0.65
LZTO@C-N-2	0.69		

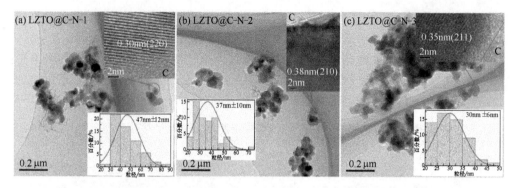

图 4.31 LZTO@C-N 复合材料的 TEM、HR-TEM 和粒径分布

采用 XPS 技术检测 LZTO@C-N 复合材料的表面化学成分。图 4.32（a）～（c）显示 LZTO@C-N 复合材料中存在 Zn、Ti、O、C 和 N。图 4.32（d）～（f）是 C 1s 的高分辨 XPS 图谱，拟合后有三个峰，分别位于 284.7eV sp^2 C（C-C）、285.8eV sp^2 C（C-N）和 289.1eV sp^3 C（C-N）。图 4.32（g）～（i）为 N 1s 的高分辨 XPS，

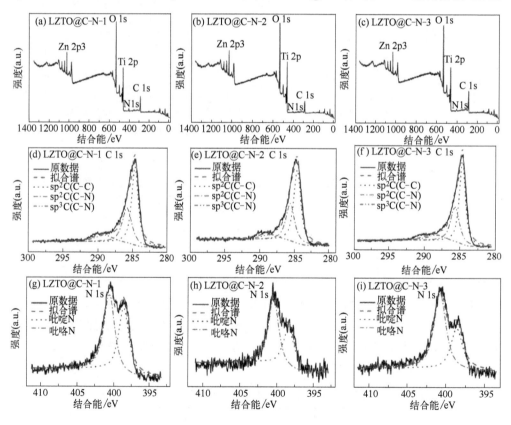

图 4.32 LZTO@C-N 复合材料的 XPS 图谱、
C 1s 的高分辨 XPS 图谱和 N 1s 的高分辨 XPS 图谱

包括吡啶 N 和吡咯 N，表明 N 元素掺杂到碳里。C＝C 和 C＝N 的存在有利于进一步提高碳的电子电导率。

图 4.33 (a) 为 LZTO@C-N 复合材料在 1A·g⁻¹ 电流密度下的首次充放电曲线。对于每个样品而言，在 1.44V 出现了一个充电平台，在 0.52V 出现了相应的放电平台，这与以前的报道相似。LZTO@C-N-1、LZTO@C-N-2 和 LZTO@C-N-3 的首次放电比容量分别为 254.2mAh·g⁻¹、271.2mAh·g⁻¹ 和 274.0mAh·g⁻¹，相应的库仑效率分别为 79.7%、80.3% 和 82.1%。在三个样品中，LZTO@C-N-3 具有最大的放电比容量，这可能跟其比表面积大有关，与 BET 结果一致。此外，碳可以为 LZTO@C-N 提供额外的容量。BET 结果显示，高的碳含量有利于提升 LZTO@C-N-3 的比表面积。另外，对于每个样品而言，首次库仑效率不高，这与 SEI 膜的形成有关，SEI 膜的存在可以减弱活性物质和电解液之间的副反应，从而有利于材料的循环性能。

图 4.33 (b) 为 LZTO@C-N 复合材料在 1A·g⁻¹ 电流密度下的循环性能。LZTO@C-N-1、LZTO@C-N-2 和 LZTO@C-N-3 在第二次的放电比容量分别为 200.6mAh·g⁻¹、207.9mAh·g⁻¹ 和 208.2mAh·g⁻¹。循环 200 次容量保持率分别为 71.3%、77.7% 和 83.0%。其中，LZTO@C-N-3 表现出最好的循环性能，这可能与其颗粒分散良好和具有合适的碳含量有关。LZTO@C-N-1 差的循环性能与其颗粒团聚严重有关。

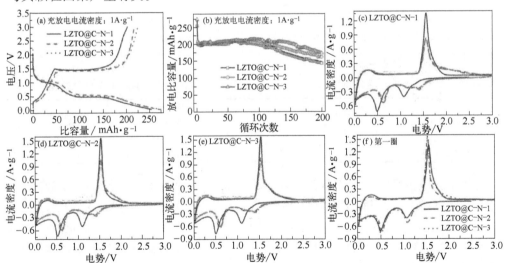

图 4.33　LZTO@C-N 复合材料在 1A·g⁻¹ 电流密度下的首次充放电曲线
和循环性能 (a)、(b)；LZTO@C-N 材料的 CV 曲线 (c)～(f)，
扫描速率为 0.5mV·s⁻¹，扫描范围为 0.02～3.0V

为了进一步理解 LZTO@C-N 复合材料的电化学行为，测试了三个样品的 CV 曲线，扫描速率为 0.5mV·s⁻¹，扫描范围为 0.02～3.0V，结果如图 4.33 (c)～

(f) 所示。在 1.0～2.0V 之间有一对氧化还原峰，对应于 Ti^{4+}/Ti^{3+} 氧化还原电对。0.5V 的还原峰源于 Ti^{4+} 的多次还原。另外，接下来循环的还原过程与首次还原过程不一样，这可能与电极的活化和/或极化有关。LZTO@C-N 复合材料的首圈 CV 的阴阳极峰电势差列于表 4.17。与 LZTO@C-N-1 相比，其它两个电极具有较小的电势差（$\varphi_p=0.44V$），表明该样品具有最小的极化，锂离子脱嵌高度可逆，这个与充放电结果一致。

表 4.17 LZTO@C-N-1、LZTO@C-N-2 和 LZTO@C-N-3 首圈 CV 的氧化还原峰的电势

样品	φ_{pa}/V	φ_{pc}/V	($\varphi_p=\varphi_{pa}-\varphi_{pc}$)/V
LZTO@C-N-1	1.56	1.06	0.50
LZTO@C-N-2	1.54	1.10	0.44
LZTO@C-N-3	1.54	1.10	0.44

LZTO@C-N 复合材料在 $1A \cdot g^{-1}$ 电流密度下循环 200 次的电化学交流阻抗如图 4.34 (a) 所示。三个样品的交流阻抗图谱相似，都由高频区的截距、中频区的两个半圆和低频区的直线组成。用于拟合交流阻抗数据的等效电路图如图 4.34 (a) 的插图所示。其中，R_b 代表电解液和电池组件的接触电阻；C_{SEI} 和 R_{SEI} 对应于第一个半圆，分别代表 SEI 膜的电容和电阻；C_{dl} 和 R_{ct} 对应第二个半圆，分别代表双电层电容和电荷转移电阻；Z_W 代表 Warburg 阻抗，此处的斜线斜率不同于 Warburg 阻抗的斜线斜率 45°，这可能源于电容的贡献，结果与以前报道的相似。对于三个样品，小的 R_b 几乎相等，为 5～7Ω。LZTO@C-N-3 表现出最小的电荷转移阻抗 4.731Ω 和 SEI 膜产生的阻抗 4.593Ω（表 4.18），这有利于其电化学性能，这和充放电结果一致。

表 4.18 基于等效电路图得到的 LZTO@C-N-1、LZTO@C-N-2 和 LZTO@C-N-3 的交流阻抗参数

样品	R_b/Ω	R_{SEI}/Ω	R_{ct}/Ω
LZTO@C-N-1	6.561	10.58	16.7
LZTO@C-N-2	5.773	7.147	7.224
LZTO@C-N-3	5.912	4.593	4.731

为了进一步研究动力学行为，基于式（3.1）和式（3.2）得到的 LZTO@C-N-1、LZTO@C-N-2 和 LZTO@C-N-3 的锂离子扩散系数分别为 $1.4\times10^{-15}cm^2 \cdot s^{-1}$、$5.6\times10^{-15}cm^2 \cdot s^{-1}$ 和 $6.1\times10^{-15}cm^2 \cdot s^{-1}$。三个样品中，LZTO@C-N-3 具有最高的锂离子扩散系数。众所周知，锂离子扩散系数越高表明离子扩散越快，这可以保证材料良好的倍率性能。

从以上的研究看出 LZTO@C-N-3 具有最好的电化学性能。图 4.34 (c) 为 LZTO@C-N-3 电极在 $2～6A \cdot g^{-1}$ 大电流密度下的电化学性能以评价其倍率性能。由于大电流密度下极化增大，循环的起始阶段容量急剧下降，在接下来的循环过程中 $2A \cdot g^{-1}$、$3A \cdot g^{-1}$、$5A \cdot g^{-1}$ 和 $6A \cdot g^{-1}$ 下的最大比容量分别达到 $205.4mAh \cdot g^{-1}$、$193.1mAh \cdot g^{-1}$、$174.8mAh \cdot g^{-1}$ 和 $164.9mAh \cdot g^{-1}$；循环

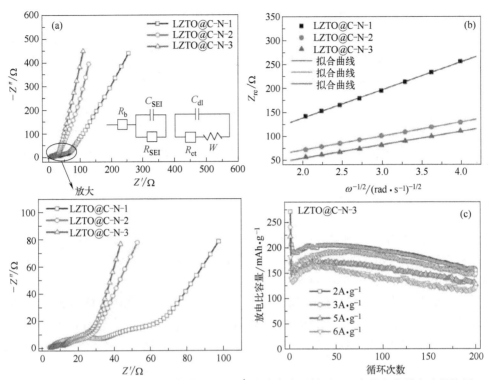

图 4.34　LZTO@C-N 复合材料在 1A·g^{-1} 电流密度下循环 200 次的电化学交流阻抗图
和 LZTO@C-N-3 电极在 2～6A·g^{-1} 大电流密度下的电化学性能

100 次后放电比容量分别达到 193.2mAh·g^{-1}、183.2mAh·g^{-1}、159.6mAh·g^{-1}
和 139.9mAh·g^{-1}。LZTO@C-N-3 电极的放电比容量或者循环性能超过了许多
以前报道的[13,19,20,39,52,40,60]。LZTO@C-N-3 在大电流密度下良好的电化学性能
源于其合适的碳含量、大的孔径、小的颗粒尺寸、低的电荷转移电阻、高的锂离子
扩散系数和 N 掺杂的碳的存在。特别是 LZTO@C-N-3 的电化学性能超过了以前报
道的具有更高碳含量的 LZTO@C，这可能与 N 掺杂的碳的存在有关[33]。

　　我们首次以 Tween 80 作为表面活性剂、明胶和 Tween 80 作为复合碳源、明
胶作为氮源、草酸铵作为发泡剂，采用简单的表面活性剂辅助固相法制备了 N 掺
杂的碳包覆 LZTO（LZTO@C-N）。发泡剂草酸铵的引入可以极大提升 LZTO@C-
N 的孔容和孔径。大的孔径有利于电解液浸润活性物质从而加速锂离子的扩散。
Tween 80 作为表面活性剂有利于将原料分散均匀，进而提升 LZTO@C-N 的电化
学性能。制备的产品具有大的比容量，在大的电流密度下具有良好的循环性能。从
而为制备高性能锂离子电池电极材料提供了一种新方法。

4.1.5　NTA 为碳源包覆钛酸锌锂

　　钛酸锌锂低的电子电导率和不理想的倍率性能限制了其商业化应用。据报道，

采用导电碳包覆不仅可以有效提高 $Li_2ZnTi_3O_8$ 的电子电导率而且可以抑制颗粒在煅烧过程中异常长大。颗粒尺寸小可以缩短锂离子的扩散路径进而提高材料的倍率性能。此外，碳可以提供额外的容量从而提升 $Li_2ZnTi_3O_8/C$ 的总容量[39,40,60]。近来有报道称 N 元素掺杂到碳里可以进一步提高碳材料的电子电导率[89-94]。这样，采取简单可以大规模化的方法制备 N 元素掺杂的碳包覆 $Li_2ZnTi_3O_8$ 将具有重要意义。

至今制备碳包覆的 $Li_2ZnTi_3O_8$ 主要包括传统的高温固相法和液相法[14,39,40,60]。前者简单易于产业化，但是原料采用这种方式较难混合均匀，最终产物中容易出现杂质相，这会影响到产品的电化学性能。所以急需发展一种简单有效的制备碳包覆 $Li_2ZnTi_3O_8$@C-N 的方法。

氨基三乙酸（NTA）是一种氨基多羧酸，利用其羧基官能团和氨基来螯合金属，是一种重要的螯合剂[123-125]。另外，NTA 和它的副产物绿色环保[126]。由于以上优点，NTA 被认为是优异的 C 和 N 源，同时可以作为良好的络合剂制备 N 掺杂的 C 包覆 LZTO（LZTO@C-N）。

在本部分工作中，我们首次采用 NTA 作为 C 和 N 源，采用简单的 NTA 辅助固相法制备了 LZTO@C-N。详细介绍 NTA 量对材料物理和电化学性能的影响。

Li_2CO_3、ZnO 和 TiO_2 的混合物记作前驱体 1，Li_2CO_3、ZnO、TiO_2 和 NTA 的混合物记作前驱体 2。前驱体 1 和 2 的 TG-DTG 曲线如图 4.35（a）所示，气氛为 N_2，升温速率为 $10℃ \cdot min^{-1}$。对于前驱体 1，430～550℃ 的失重源于 Li_2CO_3 的分解，对应的 DTG 曲线上出现一个峰。超过 550℃ 后 TG 曲线上出现了一个平台，表明超过这个温度 LZTO 已经开始形成。对于前驱体 2，在整个加热过程中出现了几次失重，对应的 DTG 曲线上出现了几个峰。从室温到 100℃ 的失重源于前驱体吸附的水的蒸发。300～350℃ 和 350～500℃ 的失重分别对应于 NTA 和 Li_2CO_3 的分解。温度继续升高，LZTO@C-N 形成。另外，750～900℃ 的失重源于 Zn(Ⅱ) 被碳还原成 Zn。基于以上分析，我们设计 700℃ 煅烧 3h 用以制备产品。

采用热重法测试 LZTO@C-N 中的碳含量 ［图 4.35（c）］。从室温到 150℃ 的微量失重（1.0%～2.0%）源于材料吸附水的蒸发。300～480℃ 的急剧失重源于碳的氧化。超过 480℃ 不再失重，表明此温度下碳已经氧化完全，剩余结构稳定的 LZTO。根据热重分析可知，LZTO@C-N-1、LZTO@C-N-2 和 LZTO@C-N-3 中的碳含量分别为 2.64%、4.89% 和 8.53%。

LZTO@C-N-1、LZTO@C-N-2 和 LZTO@C-N-3 的 XRD 如图 4.35（d）所示。所有样品的 XRD 图谱都能很好地与空间群为 $P4_332$ 的 $Li_2ZnTi_3O_8$（JCPDS♯86-1512）的 XRD 图谱相吻合，这表明碳的存在并不会影响 $Li_2ZnTi_3O_8$ 的晶体结构。另外，并没有从 XRD 图谱中检测到其它相。XRD 结果与以前报道的[13,19,32]一致。从热重结果可知 LZTO@C-N 复合材料中含有碳，但是 XRD 图谱中并未检测到碳的相关衍射峰，这可能是因为碳是多孔的或者 $Li_2ZnTi_3O_8$ 颗粒上的碳包覆层很薄[40,60]。从 XRD 数据得到的三个样品的晶胞参数如表 4.19 所示，数据和以前报道的相似[19,20,51]，晶胞参数随着碳含量的增加而增大，大的晶胞体积可以为锂离子的扩散提供宽的通道。

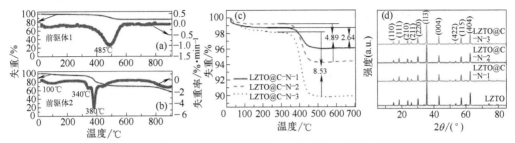

图 4.35　Li_2CO_3、ZnO 和 TiO_2 形成的前驱体 1，Li_2CO_3、ZnO、TiO_2 和 NTA 形成的前驱体 2 的 TG-DTG（a）、（b）；LZTO@C-N 的 TG 曲线（c）；LZTO@C-N 的 XRD（d）

表 4.19　LZTO、LZTO@-C-N-1、LZTO@C-N-2 和 LZTO@C-N-3 的晶胞参数

样品	$a/\text{Å}$	$V/\text{Å}^3$
LZTO	8.371(2)	586.6(4)
LZTO@C-N-1	8.371(7)	586.7(5)
LZTO@C-N-2	8.372(6)	586.9(2)
LZTO@C-N-3	8.373(1)	587.0(3)

　　LZTO 和 LZTO@C-N 负极材料的 SEM 图如图 4.36 所示。与 LZTO 相比，LZTO@C-N 中由于碳的存在结构疏松多孔。多孔的结构有利于锂离子浸润活性物质，从而有利于锂离子的扩散。

图 4.36　LZTO 和 LZTO@C-N 负极材料的 SEM 图

　　为了进一步观察材料的孔结构，77K 测试了材料的 N_2 吸附-脱附等温曲线，结果如图 4.37 所示。由 N_2 吸附-脱附等温曲线得到比表面积、总孔容和平均孔径，如表

4.20 所示。很显然，碳的引入极大地提高了材料的这些数值。LZTO 的孔径主要集中在 2～6nm 和 22～70nm；LZTO@C-N 的孔径主要集中在 2～6nm 和 22～133nm。与 LZTO 相比，LZTO@C-N 具有更大的孔径。众所周知，大的孔径有利于电解液浸润活性物质，缩短锂离子扩散路径，进而有利于其倍率性能。另外，比表面积随着碳含量的升高而增加。大的比表面积可以增大活性物质和电解液之间的接触面积，从而为锂离子的扩散提供更多的活性位置，这将有利于提高材料的可逆比容量。然而过大的比表面积也会引起较多的副反应，这会恶化材料的循环性能。

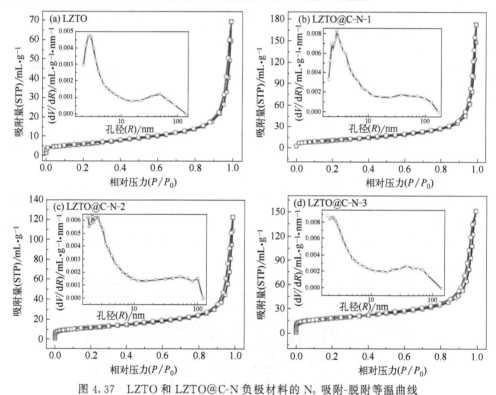

图 4.37　LZTO 和 LZTO@C-N 负极材料的 N_2 吸附-脱附等温曲线

表 4.20　LZTO、LZTO@C-N-1、LZTO@C-N-2 和 LZTO@C-N-3 的比表面积、总孔容和平均孔径

样品	比表面积/m^2·g^{-1}	总孔容/mL·g^{-1}	平均孔径/nm
LZTO	21.1	0.107	18.4
LZTO@-C-N-1	38.3	0.268	22.7
LZTO@C-N-2	40.4	0.189	19.4
LZTO@C-N-3	64.1	0.234	29.4

　　LZTO 和 LZTO@C-N 负极材料的 TEM 图如图 4.38 所示，四个样品都为纳米尺寸。与 LZTO 相比，LZTO@C-N 具有更小的颗粒尺寸，进一步证明碳的存在可以抑制材料颗粒在煅烧过程中的生长（HR-TEM）。小的颗粒尺寸可以缩短锂离子的扩散路径，从而有利于其电化学性能。元素分析结果显示 LZTO@C-N 中存在 N 元素（表 4.21）。

LZTO@C-N 表面的化学组分采用 XPS 技术测试，结果如图 4.39 所示。图 4.39 (a)～(c) 显示 LZTO@C-N 中存在 Zn、Ti、O、C 和 N 元素。图 4.39 (d)～(f) 是 C 1s 的高分辨 XPS 图谱，拟合后有三个峰，分别位于 284.7eV sp^2 C (C-C)、

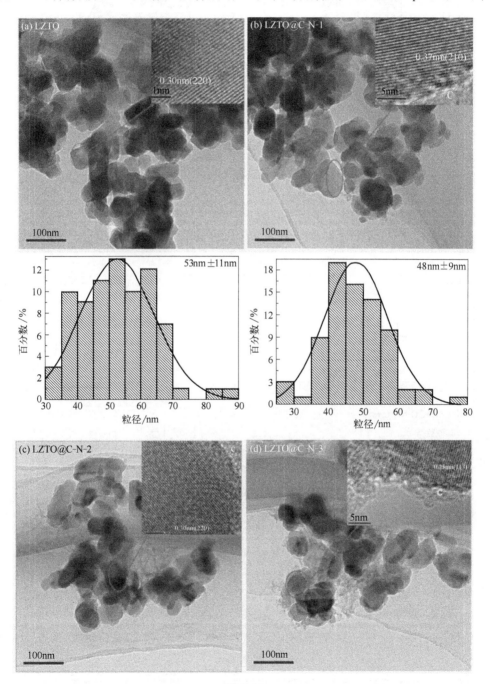

图 4.38

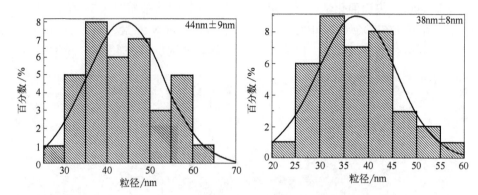

图 4.38　LZTO 和 LZTO@C-N 负极材料的 TEM 图、HR-TEM 图和孔径分布图

表 4.21　LZTO@C-N-1、LZTO@C-N-2 和 LZTO@C-N-3 中 N 元素的含量

样品	N 含量/%
LZTO@C-N-1	0.2
LZTO@C-N-2	0.46
LZTO@C-N-3	0.86

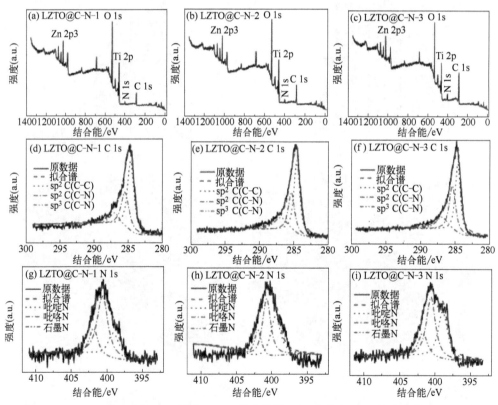

图 4.39　LZTO@C-N 的 XPS 图谱、C 1s 的高分辨 XPS 图谱和 N 1s 的高分辨 XPS 图谱

285.8eV sp^2 C（C-N）和 289.1eV sp^3 C（C-N）。图 4.39（g）～（i）为 N 1s 的高分辨 XPS，包括吡啶 N、吡咯 N 和石墨 N，表明 N 元素掺杂到碳里。C＝C 和 C＝N 的存在有利于进一步提高碳的电子电导率。

LZTO@C-N 的能谱图（图 4.40）进一步证明 Zn、Ti、O、C、N 元素的存在，表明 N 掺杂的碳包覆 LZTO 的成功制备。此外，Zn、Ti、O、C、N 元素可以均匀分布在 LZTO@C-N 中。

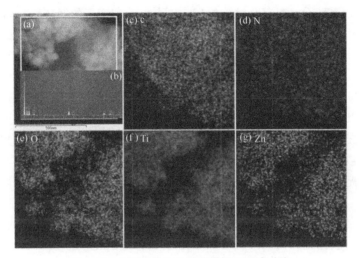

图 4.40　LZTO@C-N 的能谱图及元素分布

图 4.41（a）为 LZTO 和 LZTO@C-N 复合材料在 1A·g^{-1} 电流密度下的首次充放电曲线。在 1.44V 出现了一个充电平台，0.55V 出现了一个放电平台，这是 LZTO 典型的电化学反应特征。LZTO、LZTO@C-N-1、LZTO@C-N-2 和 LZTO@C-N-3 的首次放电比容量分别为 228.9mAh·g^{-1}、294.3mAh·g^{-1}、340.4mAh·g^{-1} 和 350.8mAh·g^{-1}，库仑效率分别为 79.7%、69.9%、69.1% 和 65.8%。在四个样品中，LZTO@C-N-3 具有最大的放电比容量，这源于其最大

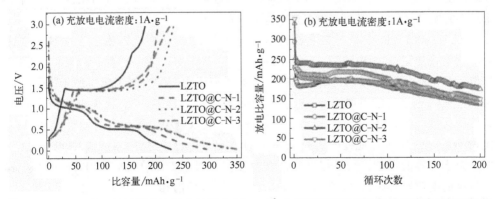

图 4.41　LZTO 和 LZTO@C-N 复合材料在 1A·g^{-1} 电流密度下的首次充放电曲线和循环性能

的比表面积和最高的碳含量。大的比表面积可以增加活性物质和电解液之间的接触面积，从而有利于材料的比容量。碳可以为 LZTO@C-N 提供额外的比容量。很显然，四个材料的首次库仑效率都不高，这源于固体电解质膜的形成，其作为保护膜可以减弱活性物质和电解液之间的副反应，从而有利于材料接下来的循环性能。与 LZTO 相比，LZTO@C-N 的库仑效率较低，这是因为 LZTO@C-N 大的比表面积可以引起更多的副反应。

LZTO 和 LZTO@C-N 复合材料在 $1A \cdot g^{-1}$ 电流密度下的循环性能如图 4.41（b）所示。LZTO、LZTO@C-N-1、LZTO@C-N-2 和 LZTO@C-N-3 在第二圈的放电比容量分别为 198.4mAh $\cdot g^{-1}$、224.4mAh $\cdot g^{-1}$、253.5mAh $\cdot g^{-1}$ 和 231.2 mAh $\cdot g^{-1}$，循环 200 圈后容量保持率分别为 68.5%、61.8%、68.1% 和 63.8%（相对于第二圈而言）。可以看出，碳包覆可以提高 LZTO 的比容量，原因可以归结于以下几条：①碳可以提供额外的容量；②碳的存在可以抑制材料颗粒生长，小的颗粒有利于锂离子脱嵌；③碳的存在可以提高材料的比表面积，这可以增加活性物质和电解液之间的接触面积，为锂离子脱嵌提供更多的活性位，从而有利于材料的比容量；④碳的存在提高了材料的孔容，有利于电解液浸润活性物质，为锂离子脱嵌提供更多的活性位，从而有利于材料的比容量。但是，碳的引入降低了材料的容量保持率，这是因为活性物质和电解液之间大的接触面积也会增加副反应的发生。对于 LZTO@C-N 复合材料，LZTO@C-N-2 由于其合适的比表面积和碳含量，表现出最好的循环性能。LZTO@C-N-1 差的循环性能源于低的碳含量包覆不均匀。LZTO@C-N-3 不理想的循环性能源于其过大的比表面积引发较多的副反应。

为了进一步理解 LZTO 和 LZTO@C-N 的电化学行为，测试了四个样品的 CV 曲线，扫描速率为 $0.5mV \cdot s^{-1}$，扫描范围为 $0.02\sim3.0V$，结果如图 4.42 所示。在 $1.0\sim2.0V$ 之间有一对氧化还原峰，对应于 Ti^{4+}/Ti^{3+} 氧化还原电对。0.5V 的还原峰源于 Ti^{4+} 的多次还原。另外，接下来循环的还原过程与首次还原过程不一样，这可能与电极的活化和/或极化有关。LZTO 和 LZTO@C-N 的首圈 CV 的阴阳极峰电势差列于表 4.22。在四个电极中 LZTO@C-N-2 具有最小的电势差（$\varphi_p = 0.464V$），表明该样品具有最小的极化，锂离子脱嵌高度可逆，这个与充放电结果一致。

LZTO 和 LZTO@C-N 复合材料循环前和在 $1A \cdot g^{-1}$ 电流密度下循环 200 次的电化学交流阻抗如图 4.43（a）、（b）所示。循环前，四个样品的交流阻抗图谱相似，都由高频区的截距、中频区的一个半圆和低频区的直线组成。用于拟合交流阻抗数据的等效电路图如图 4.43（a）的插图所示。其中，R_b 代表电解液和电池组件的接触电阻；C_{dl} 和 R_{ct} 对应半圆，分别代表双电层电容和电荷转移电阻；Z_W 代表 Warburg 阻抗，此处的斜线斜率不同于 Warburg 阻抗的斜线斜率 $45°$，这可能是源于电容的贡献，结果与以前报道的相似。对于四个样品，LZTO@C-N-2 具有最小的电荷转移阻抗 35.27 Ω（表 4.23）。与循环前相比，循环后的交流阻抗在中频区多出了一个半圆，C_{SEI} 和 R_{SEI} 对应于第一个半圆，分别代表 SEI 膜的电容

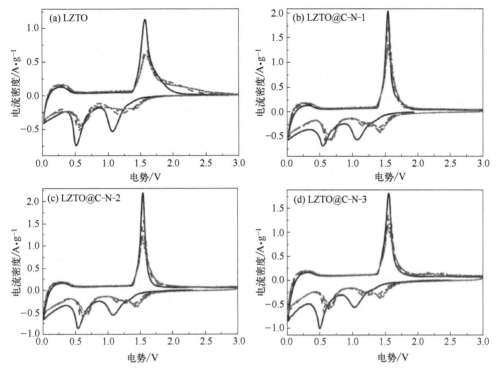

图 4.42　LZTO、LZTO@C-N-1、LZTO@C-N-2 和 LZTO@C-N-3 的 1～6 圈的 CV 图，扫描速率为 $0.5 \text{mV} \cdot \text{s}^{-1}$，扫描范围为 $0.02 \sim 3.0 \text{V}$

表 4.22　LZTO、LZTO@C-N-1、LZTO@C-N-2 和 LZTO@C-N-3 的首圈 CV 的氧化还原峰电势

样品	φ_{pa}/V	φ_{pc}/V	$(\varphi_p = \varphi_{pa} - \varphi_{pc})/V$
LZTO	1.570	1.065	0.505
LZTO@C-N-1	1.544	1.072	0.472
LZTO@C-N-2	1.543	1.079	0.464
LZTO@C-N-3	1.551	1.032	0.519

和电阻。LZTO@C-N-2 具有最小的电荷转移阻抗 2.964Ω（表 4.24）。小的电荷转移阻抗有利于材料的电化学性能，这和充放电结果一致。另外，可以看出循环后材料的电荷转移阻抗降低，表明随着循环的进行锂离子脱嵌通道打开。

为了进一步分析电极的动力学行为，基于式（3.1）和式（3.2）得到的 LZTO、LZTO@C-N-1、LZTO@C-N-2 和 LZTO@C-N-3 的锂离子扩散系数分别为 $6.42 \times 10^{-16} \text{cm}^2 \cdot \text{s}^{-1}$、$1.28 \times 10^{-15} \text{cm}^2 \cdot \text{s}^{-1}$、$4.76 \times 10^{-14} \text{cm}^2 \cdot \text{s}^{-1}$ 和 $7.41 \times 10^{-15} \text{cm}^2 \cdot \text{s}^{-1}$。与 LZTO 相比，LZTO@C-N 具有较高的锂离子扩散系数。众所周知，锂离子扩散系数越高表明离子扩散越快，这可以保证材料良好的倍率性能。

综上所述，可以看出 LZTO@C-N-2 具有最好的电化学性能。图 4.43（d）为 LZTO@C-N-2 电极在 $2 \sim 5 \text{A} \cdot \text{g}^{-1}$ 大电流密度下的电化学性能以评价其倍率性能。在 $2 \text{A} \cdot \text{g}^{-1}$、$3 \text{A} \cdot \text{g}^{-1}$ 和 $5 \text{A} \cdot \text{g}^{-1}$ 电流密度下循环 100 次后的放电比容量分别为

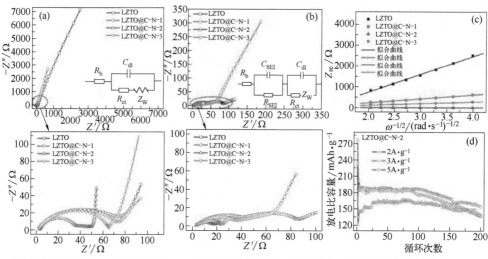

图 4.43　LZTO、LZTO@C-N-1、LZTO@C-N-2 和 LZTO@C-N-3 循环前的交流阻抗（a）和在 $1A \cdot g^{-1}$ 电流密度下循环 200 次后的交流阻抗（b），Z_{re} 和 $\omega^{-1/2}$ 之间的关系（c）；LZTO@C-N-2 电极在 2～5A · g^{-1} 大电流密度下的循环性能（d）

$186.0 mAh \cdot g^{-1}$、$177.3 mAh \cdot g^{-1}$ 和 $159.7 mAh \cdot g^{-1}$。由于大电流密度下电极活化，LZTO@C-N-2 在 $5A \cdot g^{-1}$ 下循环 40 次后放电比容量达到最大值。LZTO@C-N-2 电极的放电比容量或者循环性能超过了许多以前报道的[13,19,20,39,52,40,60]。LZTO@C-N-2 在大电流密度下良好的电化学性能源于其合适的比表面积和颗粒尺寸、低的电荷转移电阻、高的锂离子扩散系数和 N 掺杂的碳的存在。特别是 LZTO@C-N-2 的电化学性能超过了以前报道的具有更高碳含量的 LZTO@C，这可能与 N 掺杂的碳的存在有关[40,60,127]。

表 4.23　基于等效电路图得到的 LZTO、LZTO@C-N-1、LZTO@C-N-2 和 LZTO@C-N-3 循环前的交流阻抗参数

样品	R_b/Ω	R_{ct}/Ω
LZTO	3.567	59.44
LZTO@C-N-1	3.288	53.57
LZTO@C-N-2	3.685	35.27
LZTO@C-N-3	3.414	51.28

表 4.24　基于等效电路图得到的 LZTO、LZTO@C-N-1、LZTO@C-N-2 和 LZTO@C-N-3 在 $1A \cdot g^{-1}$ 电流密度下循环 200 次后的交流阻抗参数

样品	R_b/Ω	R_{SEI}/Ω	R_{ct}/Ω
LZTO	7.681	28.71	39.73
LZTO@C-N-1	5.778	13.75	19.48
LZTO@C-N-2	4.708	10.67	2.964
LZTO@C-N-3	5.517	15.27	6.184

以 NTA 为 N 和 C 源以及络合剂，采用 NTA 辅助的简单固相法制备了 N 掺杂

的碳包覆 $Li_2ZnTi_3O_8$（LZTO@C-N）。N 元素可以均匀地分布在碳材料里，LZTO 颗粒可以分散在碳材料里。N 元素掺杂碳的引入可以提高材料比表面积、总孔容和孔径，这有利于材料的电化学性能。碳含量为 4.89% 的 LZTO@C-N-2 在大电流密度下放出最大的比容量，同时表现出最好的循环性能。本部分工作为制备高性能锂离子电池电极材料提供了一种借鉴。

4.1.6 石墨烯为碳源包覆钛酸锌锂

钛酸锌锂低的电子电导率和不理想的倍率性能限制了其商业化应用。碳包覆是一种有效的改性方法。导电碳包覆不仅可以有效提高 $Li_2ZnTi_3O_8$ 的电子电导率，而且可以抑制颗粒在煅烧过程中异常长大。颗粒尺寸小可以缩短锂离子的扩散路径进而提高材料的倍率性能。此外，碳可以提供额外的容量从而提升 $Li_2ZnTi_3O_8/C$ 的总容量[39,40,60]。

近年来，石墨烯（G）被认为是一种高电子电导率的碳源，已经被广泛用来修饰锂离子电池的负极和正极以提高电极材料的电化学性能[128-133]。然而，据我们所知，至今并未有采用石墨烯作为碳源制备石墨烯包覆的 LZTO 的相关报道。

在本部分工作中，我们首次采用石墨烯作为碳源制备石墨烯包覆的 LZTO（LZTO/G），LZTO 纳米颗粒分布在导电石墨烯片层中，石墨烯的存在极大地提高了材料的电子电导率，此复合材料表现出优异的倍率和循环性能。

图 4.44（a）为钛酸锌锂负极前驱体的 TG-DTG 曲线，升温速率为 $10℃ \cdot min^{-1}$，测试气氛为空气，温度范围为室温到 900℃。从曲线上可以看到有三个明显的失重，对应于 DTG 曲线上有三个相应的峰。室温到 100℃ 的失重源于前驱体吸附的水的蒸发。接下来 320~350℃ 的失重源于醋酸锌的分解；500~570℃ 急剧的失重与 LiOH 和 $LiNO_3$ 的分解有关。当温度超过 570℃，TG 曲线上出现一个平台，说明失重为零，570℃ 以后出现了相对稳定的材料。图 4.44（b）是将前驱体在 250℃ 煅烧 3h，然后在 600℃ 煅烧 4h 制备的材料的 XRD 图，从中可以看出经过两步热处理之后可以制备出纯相 LZTO。图 4.44（c）为制备的氧化石墨烯（GO）的 FT-IR 图，观察到的典型氧化石墨烯峰包括 $1042cm^{-1}$（环氧化合物的 C—O 伸缩振动）、$1175cm^{-1}$（酚类的 C—O 伸缩振动）和 $1720cm^{-1}$（位于氧化石墨烯网络边缘的羰基和羧基的 C=O 伸缩振动）。可以看出 GO 中存在一些羧基、羟基、羰基等含氧基团[134]。

图 4.44（d）为制备 LZTO/G 的示意图。$LiOH \cdot H_2O$、$LiNO_3$、ZnO 和 TiO_2 经球磨，250℃ 煅烧 3h，然后在 600℃ 煅烧 4h 得到 LZTO，LZTO 与 GO 经超声混合后在 N_2/H_2 混合气中 700℃ 煅烧。由于 GO 中羧基、羟基、羰基等含氧基团的存在，LZTO 可以和 GO 结合在一起，在接下来的高温还原过程中 GO 可以被还原为 G。接着 G 形成导电网络包裹 LZTO 颗粒，这一结构有利于电子的传输。LZTO/G 的电子电导率得到了极大提升，其值为 $0.3767S \cdot cm^{-1}$，而 LZTO 的电子电导率仅有 $7.7 \times 10^{-6}S \cdot cm^{-1}$。

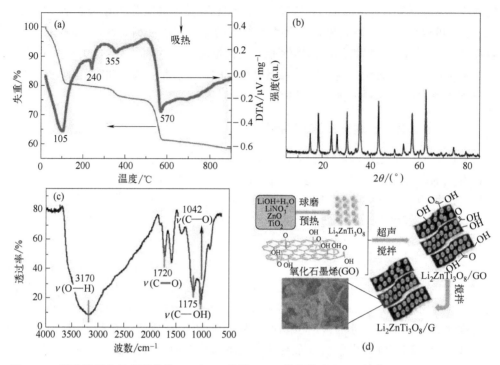

图 4.44　钛酸锌锂负极前驱体的 TG-DTG 曲线（a），前驱体在 250℃ 煅烧 3h，然后在 600℃ 煅烧 4h 制备的材料的 XRD 图（b），氧化石墨烯的 FT-IR 图（c）和合成 LZTO/G 的示意图（d）

　　GO 和 G 的 XRD 如图 4.45（a）所示。GO 中的（002）衍射峰（$2\theta = 8.9°$）在 G 中移向了更高的角度（$2\theta = 26.2°$）。基于布拉格方程：$2d\sin\theta = n\lambda$，其中 d 为层间距，θ 为衍射角，n 为衍射级数，λ 为 Cu Kα 的波长，计算得到 GO 和 G 的层间距分别为 0.982nm 和 0.339nm。GO 中 d 值变大，说明 GO 的层间含有含氧官能团。G 中 d 的减小说明含氧官能团的移除。

　　GO 和 G 的拉曼光谱如图 4.45（b）所示。图谱中出现两个峰：1357cm^{-1}（D 峰）和 1605cm^{-1}（G 峰）。I_D/I_G 能够表明无序度，用以确定还原程度。GO 和 G 的 I_D/I_G 分别为 0.945 和 0.988。可以看出，还原后这个比值增加，表明在还原过程中 O 被移除[135]。

　　GO 和 G 的 SEM 和 TEM 如图 4.45（c）～（f）所示。GO 表现出典型的波纹和褶皱表面。G 表现出片状结构。从 TEM 图可以看出经在 700℃ 还原后多层的 GO 变成了单层或者几层的 G。

　　采用 TG 法测定 LZTO/G 复合材料中 G 含量，如图 4.46（a）所示。复合材料吸附水的蒸发发生在室温到 150℃ 之间，失重率为 1.0%～2.0%。空气中碳的氧化发生在 300～510℃，质量急剧下降。在 510℃ 以上没有发生质量损失，表明剩余的为结构稳定的 LZTO。根据 TG 结果，G 含量为 8.67%。LZTO 和 LZTO/G 的

XRD 如图 4.46（b）所示。对于每个样品而言，所有的衍射峰都可以归属于立方尖晶石结构 LZTO（JCPDS♯86-1512）。对于 LZTO/G，从中检测出 G 的相关衍射峰。与 LZTO 相比，LZTO/G 的晶格参数较大（表 4.25），这可能是因为 G 的存在使 LZTO 结晶不完善，出现了氧缺陷[30,136]，这有利于锂离子扩散[136]。

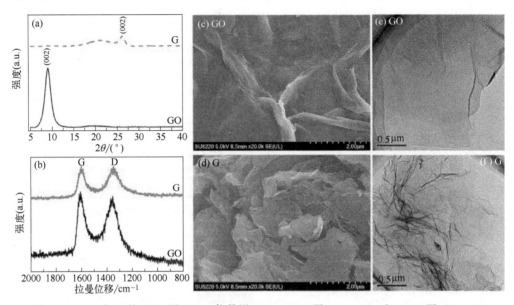

图 4.45　GO 和 G 的 XRD 图（a），拉曼图（b），SEM 图（c）、（d）和 TEM 图（e）、（f）

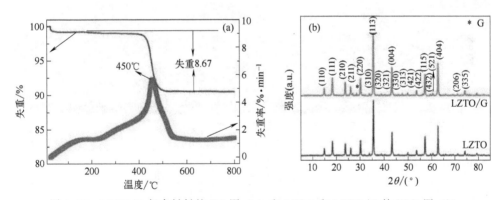

图 4.46　LZTO/G 复合材料的 TG 图（a）和 LZTO 和 LZTO/G 的 XRD 图（b）

表 4.25　LZTO 和 LZTO/G 的晶格参数

样品	$a/\text{Å}$	$V/\text{Å}^3$
LZTO	8.372(2)	586.8(5)
LZTO/G	8.373(9)	587.2(1)

图 4.47（a）为 LZTO/G 的 XPS 图谱，从图中可以看出 Zn、Ti、O 和 C 元素存在于 LZTO/G 中。图 4.47（b）为 C 1s 的高分辨 XPS 图谱，拟合出来的位于

284.8eV 和 286.1eV 的峰分别对应于 C-C 和 C-O。其中，C-C 含量较高，说明 GO 在煅烧过程中被还原。图 4.47（c）为 LZTO/G 和 GO 的拉曼图，其中，LZTO/G 中的 I_D/I_G 高于 GO 的，这进一步证明 GO 被还原。

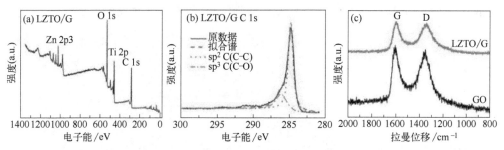

图 4.47　LZTO/G 的 XPS 图谱（a）和 C 1s 高分辨图谱（b）；LZTO/G 和 GO 的拉曼图（c）

　　图 4.48（a）、（b）为 LZTO 和 LZTO/G 的 SEM 图。与 LZTO 相比，由于 G 的存在，LZTO/G 颗粒更小，结构更疏松多孔。G 的引入极大地提高了 LZTO 的比表面积和总孔容［图 4.48（c）、（d）和表 4.26］。大的比表面积和总孔容有利于锂离子快速扩散。

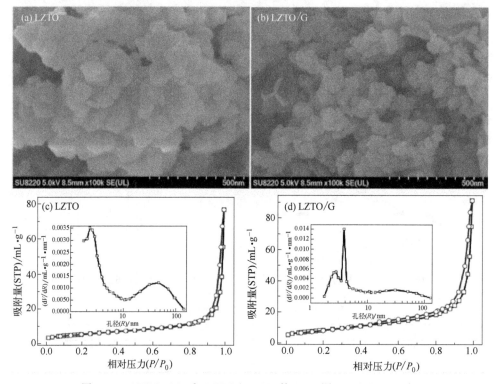

图 4.48　LZTO（a）和 LZTO/G（b）的 SEM 图；LZTO（c）和
LZTO/G（d）的 N$_2$ 吸附-脱附等温曲线

表 4.26　LZTO 和 LZTO/G 的比表面积、总孔容和平均孔径

样品	比表面积 /$m^2 \cdot g^{-1}$	总孔容/$mL \cdot g^{-1}$	平均孔径/nm
LZTO	18.9	0.119	25.1
LZTO/G	30.0	0.141	18.8

　　LZTO 和 LZTO/G 的 TEM 如图 4.49 所示。从图中可以明显地看到很薄的 G 层包覆在 LZTO 颗粒表面。EDS 能谱［图 4.50（b）］显示 LZTO/G 中存在 O、Ti、Zn 和 C 元素。元素分布图［图 4.50（c）～（f）］显示各元素可以均

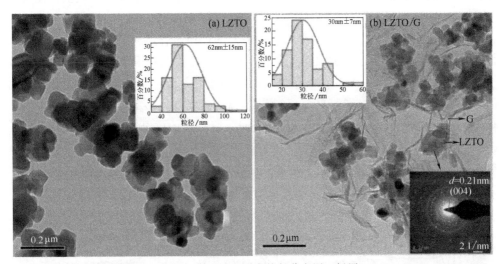

图 4.49　LZTO 的 TEM 图和粒径分布图（插图）（a），
LZTO/G 的 TEM 图、粒径分布图和选区电子衍射图（插图）（b）

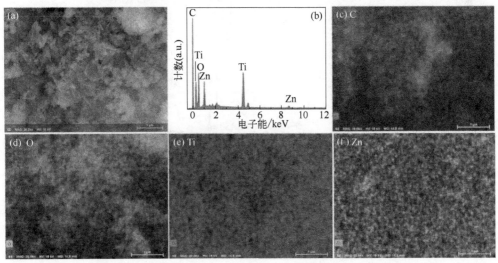

图 4.50　LZTO/G 的 TEM 图（a），LZTO/G 的能谱图（b），
LZTO/G 中 C、O、Ti 和 Zn 元素的分布（c）～（f）

匀地分布在 LZTO/G 中。与 LZTO 相比，LZTO/G 具有较小的颗粒尺寸（30nm），进一步证明 G 的存在可以抑制 LZTO 颗粒的生长。小的颗粒尺寸可以缩短锂离子扩散路径，进而有利于材料的倍率性能。选区电子衍射（SAED）显示 LZTO/G 中的 LZTO 颗粒为多晶。

图 4.51（a）为 LZTO 和 LZTO/G 在 $1A \cdot g^{-1}$ 电流密度下的首次充放电曲线。对于每个样品来说，在 1.48V 出现了一个充电平台，在 0.37V 出现了一个放电平台，这是 LZTO 典型的电化学反应。与 LZTO 相比，LZTO/G 由于 G 的存在具有较大的比容量（$275.0mAh \cdot g^{-1}$）。LZTO/G 大的比表面积也会引发较多的副反应，使其首次库仑效率低，只有 72%。循环几次之后 LZTO 和 LZTO/G 的库仑效率都接近 100%[图 4.51（b）]，这表明材料都获得了大的可逆比容量。LZTO 和 LZTO/G 在 $1A \cdot g^{-1}$ 电流密度下的循环性能如图 4.51（b）所示。LZTO 和 LZTO/G 第二次的放电比容量分别为 $182.3mAh \cdot g^{-1}$ 和 $221.4mAh \cdot g^{-1}$，循环 400 圈后，相对于第二圈的容量保持率分别为 75.8% 和 76.4%。当电流密度增加，LZTO/G 仍具有良好的电化学性能。例如，当电流密度为 $2A \cdot g^{-1}$ 时，第二圈的放电比容量为 $213.9mAh \cdot g^{-1}$，循环 300 圈后的容量保持率为 72.3%[图 4.51（c）]；当电流密度为 $3A \cdot g^{-1}$，循环 300 圈的放电比容量为 $150.7mAh \cdot g^{-1}$，容量保持率为 72.7%[图 4.51（d）]。

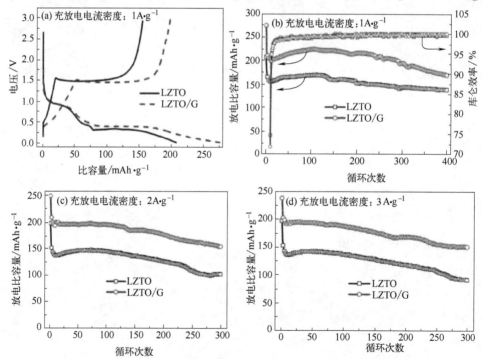

图 4.51　LZTO 和 LZTO/G 在 $1A \cdot g^{-1}$ 电流密度下的首次充放电曲线（a）
和循环性能及库仑效率（b）；LZTO/G 在 $2A \cdot g^{-1}$ 和 $3A \cdot g^{-1}$
电流密度下的循环性能（c）、（d）

图 4.52（a）为 LZTO 和 LZTO/G 循环前的交流阻抗，插图为等效电路图。其中，R_b 代表电解液和电池组件的接触电阻；C_{dl} 和 R_{ct} 对应半圆，分别代表双电层电容和电荷转移电阻；Z_W 代表 Warburg 阻抗。与 LZTO 相比，LZTO/G 具有较小的电荷转移阻抗 187.6Ω，这有利于其电化学性能（表 4.27）。

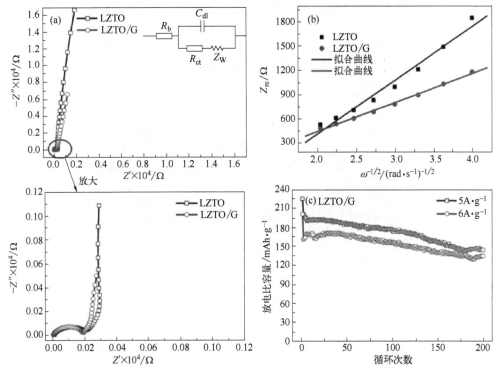

图 4.52　LZTO 和 LZTO/G 循环前的交流阻抗（a）和 Z_{re} 和 $\omega^{-1/2}$ 之间的关系（b）；
LZTO/G 电极在 5A·g^{-1} 和 6A·g^{-1} 大电流密度下的循环性能（c）

表 4.27　LZTO 和 LZTO/G 的交流阻抗参数

样品	R_b/Ω	R_{ct}/Ω	$D_{Li}{}^+/cm^2 \cdot s^{-1}$
LZTO	5.461	223.3	1.06×10^{-15}
LZTO/G	5.229	187.6	3.65×10^{-15}

为了进一步分析电极的动力学行为，基于式（3.1）和式（3.2）得到的 LZTO 和 LZTO/G 的锂离子扩散系数分别为 1.06×10^{-15} cm$^2 \cdot$ s^{-1} 和 3.65×10^{-15} cm$^2 \cdot$ s^{-1}。与 LZTO 相比，LZTO/G 具有较高的锂离子扩散系数。众所周知，锂离子扩散系数越高表明离子扩散越快，这可以保证材料良好的倍率性能。LZTO/G 在 5A·g^{-1} 和 6A·g^{-1} 电流密度下循环 100 次后的放电比容量分别为 174.8mAh·g^{-1} 和 156.5mAh·g^{-1} ［图 4.52（a）］。

为了进一步阐释 LZTO 和 LZTO/G 的不同电化学行为，两电极在 1A·g^{-1} 电流密度下循环 200 圈之后从电池中拆解出来，观察其表面形貌和截面形貌（图

4.53）。LZTO 电极表面损坏严重，这将恶化其循环性能；LZTO/G 的活性层保持完整，这可以形成良好的导电网络。另外，与 LZTO 电极相比，LZTO/G 活性层和集流体之间具有良好的黏附性，这可以保持电极良好的整体导电性。

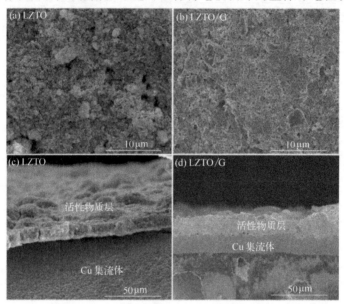

图 4.53　LZTO 和 LZTO/G 在 $1A \cdot g^{-1}$ 电流密度下的循环 200 圈之后
从电池中拆解出来后的表面形貌和截面形貌

通过两步固相反应成功制备了 LZTO/G 复合材料。LZTO 颗粒可以均匀地分布在 G 导电网络中，这有利于锂离子的脱嵌。G 具有良好的电子电导率，这使 LZTO/G 释放出大的比容量，同时在大的电流密度下表现出好的循环性能。此方法简单有效，可以为制备高性能电极材料提供借鉴。

4.1.7　石墨烯和碳纳米管为碳源包覆钛酸锌锂

LZTO 的电子电导率低，另外其倍率性能不理想。碳包覆是一种有效而经济的方法，碳可以提高 LZTO 的电子电导率且可以抑制煅烧过程中 LZTO 颗粒的生长。所以各种碳源已经被用来提高 LZTO 的电化学性能，例如，柠檬酸锂、沥青、异丙氧基钛、甲壳素、乙酰氨基葡萄糖、草酸、柠檬酸、海藻酸[35,39,40,60,127,137,138]。均匀且薄的碳层不仅能提高材料的电子电导率而且有利于锂离子扩散。这样，有效的碳包覆是影响 LZTO 倍率和循环性能的一个关键因素。

石墨烯片由于其高的电子电导率被认为是用于包覆锂离子电池电极材料理想的碳源[128-131]。然而，石墨烯片垂直方向上的电导率低；另外，由于石墨片层间范德华力的存在，石墨烯片很容易发生团聚。所以，急需构建石墨烯片的整体导电网络。

在本部分工作中，我们首次采用 1D 的碳纳米管（CNT）和 2D 的石墨烯片（GNS）构建 3D 导电网络，并用于修饰 LZTO，如图 4.54（a）。采用碳纳米管将

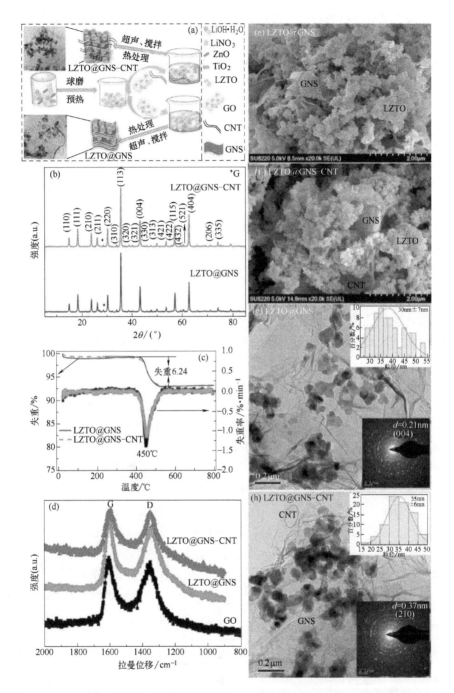

图 4.54　LZTO@GNS-CNT 的合成示意图 (a)；LZTO@GNS 和 LZTO@GNS-CNT 的
XRD 图 (b)，TG 图 (c)，SEM 图 (e)、(f)，TEM 和选区电子衍射及
粒径分布图 (g)、(h)；GO、LZTO@GNS 和 LZTO@GNS-CNT 的拉曼图 (d)

石墨烯片连接起来可以提高石墨烯片在垂直方向上的导电性；同时，由于碳纳米管可以位于石墨烯片层之间，这样可以抑制石墨烯片团聚。3D 导电网络可以为电子传输提供畅通的通道，为锂离子扩散提供宽的通道。3D 导电网络包覆的 LZTO 纳米颗粒表现出优异的倍率和循环性能。

LZTO@GNS 和 LZTO@GNS-CNT 的 XRD 可以归属于尖晶石型 LZTO [JCPDS♯86-1512，图 4.54（b）]。另外，检测到了 G 的相关衍射峰，表明在还原气氛中 GO 被还原为 G。LZTO@GNS 和 LZTO@GNS-CNT 中的碳含量为 6.24% [图 4.54（c）]。

GO、LZTO@GNS 和 LZTO@GNS-CNT 的拉曼图如图 4.54（d）所示。每个图谱在 1357cm^{-1}（D 峰）和 1605cm^{-1}（G 峰）出现了两个峰。I_D/I_G 比值可以反映出 G 的无序性，可以用于确认还原反应的发生。GO、LZTO@GNS 和 LZTO@GNS-CNT 的 I_D/I_G 分别为 0.945、1.06 和 1.009。LZTO@GNS 和 LZTO@GNS-CNT 的 I_D/I_G 比 GO 的大，进一步证明 GO 被还原。众所周知，I_D/I_G 越小表明碳的电子电导率越高[139]。LZTO@GNS-CNT 的 I_D/I_G 比 LZTO@GNS 的低。也就是说 LZTO@GNS-CNT 的电子电导率比 LZTO@GNS 的高，电子电导率测试进一步证明了这个结果。LZTO@GNS 和 LZTO@GNS-CNT 的电子电导率分别为 0.125S·cm^{-1} 和 0.2666S·cm^{-1}。

图 4.54（e）、（f）为 LZTO@GNS 和 LZTO@GNS-CNT 的 SEM 图，从中可以看出两个样品为多孔状，LZTO@GNS 中存在 GNS，LZTO@GNS-CNT 中存在 GNS 和 CNT。TEM 图 [图 4.54（g）、（h）] 进一步证明 LZTO@GNS 中 LZTO 颗粒包裹在 GNS 中，LZTO@GNS-CNT 中 LZTO 颗粒包裹在 GNS 和 CNT 的混合物中。选区电子衍射（SAED）表明 LZTO@GNS 和 LZTO@GNS-CNT 中 LZTO 颗粒为多晶。与 LZTO@GNS 相比，LZTO@GNS-CNT 的颗粒尺寸较小（35nm），比表面积较大（33.7m^2·g^{-1}，图 4.55 和表 4.28）。LZTO@GNS 和 LZTO@GNS-CNT 的总孔容分别为 0.148mL·g^{-1} 和 0.189mL·g^{-1}，孔径分别为 20.4nm 和 22.4nm。与 LZTO@GNS 相比，LZTO@GNS-CNT 具有较大的总

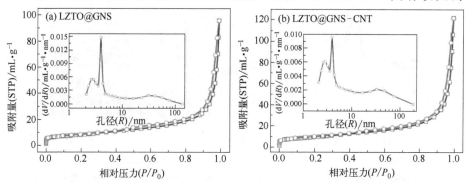

图 4.55　LZTO@GNS（a）和 LZTO@GNS-CNT（b）的 N$_2$ 吸附-脱附等温曲线

孔容和孔径，这将有利于锂离子的扩散，进而有利于材料的倍率性能。

表 4.28　LZTO@GNS 和 LZTO@GNS-CNT 的比表面积、总孔容和平均孔径

样品	比表面积/$m^2 \cdot g^{-1}$	总孔容/$mL \cdot g^{-1}$	平均孔径/nm
LZTO@GNS	28.9	0.148	20.4
LZTO@GNS-CNT	33.7	0.189	22.4

LZTO@GNS 和 LZTO@GNS-CNT 在 $1A \cdot g^{-1}$ 电流密度下的首次充放电曲线如图 4.56（a）所示。两个样品在 1.47V 都有一个充电平台，在 0.4V 出现了一个放电平台。与 LZTO@GNS 相比，LZTO@GNS-CNT 具有较大的初始比容量（$275.5mAh \cdot g^{-1}$）。这是因为 GNT 可以提供大的比容量。图 4.56（b）、（c）为 GNS 和 CNT 在 $30mA \cdot g^{-1}$ 第一和第二圈的充放电曲线。GNS 第一和第二圈的放电比容量分别为 $830mAh \cdot g^{-1}$ 和 $498.5mAh \cdot g^{-1}$。CNT 第一和第二圈的放电比容量分别为 $1781.8mAh \cdot g^{-1}$ 和 $515.3mAh \cdot g^{-1}$。

与 LZTO@GNS 相比，LZTO@GNS-CNT 的首次库仑效率较低为 74.4%，这是因为 LZTO@GNS-CNT 的比表面积大导致了更多的副反应。循环几圈后，两个样品的库仑效率都接近 100%［图 4.56（d）］，说明电极都获得了大的可逆比容量。

另外，与 LZTO@GNS 相比，LZTO@GNS-CNT 具有较好的循环性能。在 $1A \cdot g^{-1}$ 电流密度下，LZTO@GNS-CNT 第二圈的放电比容量为 $226mAh \cdot g^{-1}$，循环 550 圈后相对于第二圈的容量保持率为 81.3%［图 4.56（d）］。在 $2A \cdot g^{-1}$ 电流密度下，LZTO@GNS-CNT 第二圈的放电比容量为 $187.6mAh \cdot g^{-1}$，循环 550 圈后相

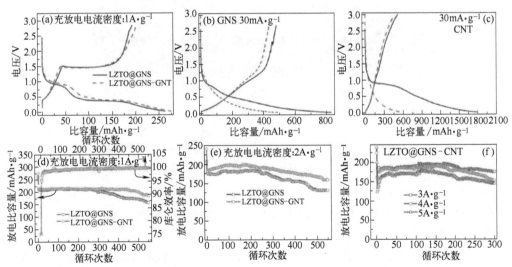

图 4.56　LZTO@GNS 和 LZTO@GNS-CNT 在 $1A \cdot g^{-1}$ 电流密度下的首次充放电曲线（a），$1A \cdot g^{-1}$ 电流密度下的循环性能（d）和 $2A \cdot g^{-1}$ 电流密度下的循环性能（e）；GNS 和 CNT 在 $30mA \cdot g^{-1}$ 第一和第二圈的充放电曲线（b）、（c）；LZTO@GNS-CNT 在 $3A \cdot g^{-1}$、$4A \cdot g^{-1}$ 和 $5A \cdot g^{-1}$ 电流密度下的循环性能（f）

对于第二圈的容量保持率为 84.2% [图 4.56 (e)]。LZTO@GNS-CNT 表现出良好的循环性能。此外，LZTO@GNS-CNT 表现出良好的倍率性能。在 3A·g^{-1}、4A·g^{-1} 和 5A·g^{-1} 电流密度下，LZTO@GNS-CNT 循环 300 圈的放电比容量分别为 175.5mAh·g^{-1}、153.3mAh·g^{-1} 和 144.9mAh·g^{-1} [图 4.56 (f)]。

LZTO@GNS 和 LZTO@GNS-CNT 在 1A·g^{-1} 电流密度下循环 200 次后拆解出来的电极的 SEM 图如图 4.57 所示。两个电极的表面保持完整。与 LZTO@GNS 电极相比，LZTO 颗粒可以更均匀地分散在 LZTO@GNS-CNT 中，这有利于 LZTO@GNS-CNT 的循环性能。从界面 SEM 看出，与 LZTO@GNS 电极相比，LZTO@GNS-CNT 电极活性材料层与集流体之间具有更好的黏附性，这有利于保持电极完整的导电网络。

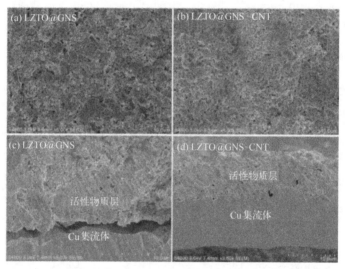

图 4.57　LZTO@GNS 和 LZTO@GNS-CNT 在 1A·g^{-1} 电流密度下循环 200 次后拆解出来的电极的 SEM 图 (a)、(b) 和截面 SEM 图 (c)、(d)

LZTO@GNS 和 LZTO@GNS-CNT 电极循环前的交流阻抗如图 4.58 (a) 所示，插图为等效电路图。其中，R_b 代表电解液和电池组件的接触电阻；C_{dl} 和 R_{ct} 对应半圆，分别代表双电层电容和电荷转移电阻；Z_W 代表 Warburg 阻抗。与 LZTO@GNS 相比，LZTO@GNS-CNT 具有较小的电荷转移阻抗 104.5Ω（表 4.29），这有利于其电化学性能。

为了进一步分析电极的动力学行为，基于式（3.1）和式（3.2）得到的 LZTO@GNS 和 LZTO@GNS-CNT 的锂离子扩散系数分别为 5.12 × 10^{-16} cm^2·s^{-1} 和 8.89 × 10^{-15}cm^2·s^{-1}。与 LZTO@GNS 相比，LZTO@GNS-CNT 具有较高的锂离子扩散系数。众所周知，锂离子扩散系数越高表明离子扩散越快，这可以保证材料良好的倍率性能。

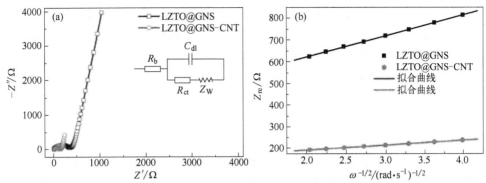

图 4.58　LZTO@GNS 和 LZTO@GNS-CNT 电极循环前的交流阻抗图（a）

和 Z_{re} 和 $\omega^{-1/2}$ 之间的关系（b）

表 4.29　基于等效电路图得到的 LZTO@GNS 和 LZTO@GNS-CNT 的

交流阻抗参数及锂离子扩散系数

样品	R_b/Ω	R_{ct}/Ω	$D_{Li}^{+}/cm^2 \cdot s^{-1}$
LZTO@GNS	3.574	241.7	5.12×10^{-16}
LZTO@GNS-CNT	3.765	104.5	8.89×10^{-15}

LZTO@GNS-CNT 良好的电化学性能可以归因于：①CNT 的存在可以提高 LZTO@GNS 的整体电化学性能；②CNT 的存在可以使 LZTO@GNS-CNT 中的 LZTO 颗粒得到更好的分散；③CNT 的存在可以使 LZTO@GNS-CNT 中的活性层与集流体之间保持良好的黏附性，这可以保证电极的整体导电性；④LZTO@GNS-CNT 中 LZTO 颗粒可以均匀地分散在 GNS 和 CNT 中，这可以减弱活性物质和电解液之间的副反应。

本部分工作采用两步固相法制备了 LZTO@GNS-CNT 纳米复合材料。LZTO 可以均匀地分散在 1D 的碳纳米管（CNT）和 2D 的石墨烯片（GNS）构建的 3D 导电网络中。CNT 分布在 GNS 片层间可以提高 GNS 的整体导电性能。设计的 3D 结构有利于 LZTO 中电子和离子的传输，进而有利于材料的循环和倍率性能。

4.1.8　多巴胺为碳源包覆钛酸锌锂

碳具有导电性良好、来源广泛和价格低廉的优点，在材料表面包覆碳层是一种提高材料电导率的有效改性方法；同时在制备过程中碳层可以抑制材料颗粒生长，从而获得较小的粒径，这有利于缩短 Li^+ 的迁移距离。近年来，人们发现碳层中掺杂 N 元素能诱导石墨结构产生缺陷，从而有利于 Li^+ 在表面进行扩散[140]。N 与 C 具有相似的电负性，同时 N 元素半径更小，多携带一个电子可以增强碳层和正电荷离子之间的相互作用，提高电化学性能。研究表明，乙酰氨基葡萄糖[35]、壳聚糖[45]、甲壳素[140] 等已作为原料制备出具有良好电化学性能的 N 掺杂碳包覆 $Li_2ZnTi_3O_8$ 负极材料。

多巴胺（DA，3,4-二羟苯乙胺）含有胺官能团，分子式为 $C_8H_{11}NO_2$，高温炭化时多巴胺分子中的 N 元素可以进入碳骨架中，常作为制备 N 掺杂碳的原材料对电极材料进行包覆改性[141,142]。

在本部分工作中以盐酸多巴胺为单一的碳氮源，采用固相法原位合成 N 掺杂的碳包覆 $Li_2ZnTi_3O_8$ 负极材料，炭化过程中部分 Ti^{4+} 被还原为 Ti^{3+}，达到包覆和掺杂共同改性的目的。通过控制盐酸多巴胺的投入量探索 N 掺杂碳包覆对材料物理和电化学性能的影响。

P-LZTO 和不同盐酸多巴胺投入量制备的 LZTO@C-N 复合材料的 XRD 图谱如图 4.59（a）所示，四个样品的衍射峰均与标准卡片（JCPDS♯86-1512）相对应，表明所有样品都是立方尖晶石型，碳包覆并不改变材料本身所具有的结构；从 XRD 图谱中未见碳相关的衍射峰，说明残留的碳是无定形或者碳层非常薄。据图可知，所有 LZTO@C-N 材料的衍射峰均弱于 P-LZTO 材料的衍射峰，原因是经高温煅烧过程后，包覆在颗粒外的无定形碳层导致复合材料整体结晶度下降，使衍射峰的强度降低。除此之外，还发现 LZTO@C-N 中存在其它相，初步判断 31.7° 的杂质峰为 LiZnN，这可能是金属氧化物发生氮化反应的产物，LiZnN 杂质的存在不利于电极材料的循环性能[143]。

四个样品的晶胞参数列于表 4.30 中。据表可知，与 P-LZTO 样品相比，随着合成过程中盐酸多巴胺投入量的增加，包覆后的样品显示出更小的晶格常数 a（Å）和晶胞体积 V（Å³），这归因于 LZTO@C-N 经过热处理形成的 Ti^{3+}。碳热还原反应引起部分 Ti^{4+} 转变为 Ti^{3+}，Ti^{3+}（0.67Å）离子半径虽然比 Ti^{4+}（0.61Å）离子半径大，但 $Li_2ZnTi_3O_8$ 为了保持电中性会生成一些氧空位，从而导致晶格缺陷或畸变引起晶胞参数变小[17]，Ar/H_2 混合气通常用来制备含氧空位的 $Li_2ZnTi_3O_8$，并且氧空位的浓度越高晶胞参数越小[144,145]。因此，在碳热还原和 Ar/H_2 混合气共同作用下，晶胞参数随包覆量的增加逐渐减小[17,146]。

表 4.30　P-LZTO 和 LZTO@C-N 样品的晶胞参数

样品	$a/\text{Å}$	$V/\text{Å}^3$	空间群
P-LZTO	8.371(3)	586.66	$P4_332$
LZTO@C-N-1	8.368(9)	586.15	$P4_332$
LZTO@C-N-2	8.366(1)	585.56	$P4_332$
LZTO@C-N-3	8.363(5)	585.01	$P4_332$

为测定包覆在 $Li_2ZnTi_3O_8$ 颗粒外的碳含量，对上述三个复合材料做了热重分析［图 4.59（b）］，据图可知，从室温升至 250℃的过程中有 1%～2%的质量损失，该失重可归因于复合材料吸附的水分受热蒸发；300～500℃出现明显的质量损失，对应碳层在空气中氧化；600℃以上没有质量损失，表明 $Li_2ZnTi_3O_8$ 结构较为稳定。LZTO@C-N-1、LZTO@C-N-2 和 LZTO@C-N-3 的碳含量分别为 4.1%、5.8%和 7.5%。

为了确定 LZTO@C-N 复合材料表面元素组成，对三个 LZTO@C-N 材料进行

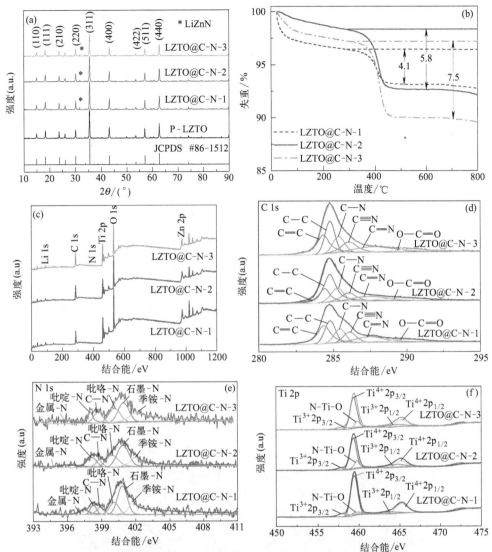

图 4.59　P-LZTO 和 LZTO@C-N 复合材料的 XRD 图谱（a），LZTO@C-N 复合材料的 TG 图（b），
LZTO@C-N 复合材料的 XPS 谱图（c），C 1s 高分辨 XPS 谱图（d），
N 1s 高分辨 XPS 谱图（e）和 Ti 2p 高分辨 XPS 谱图（f）

了 XPS 测试，如图 4.59（c）所示。测试结果表明 LZTO@C-N 中含有 Li、Zn、Ti、O、C 和 N 元素。

图 4.59（d）是 C 1s 的高分辨谱图，最主要的是位于 284.7eV 的 C—C 键和位于 284.3eV 处以 sp^2 杂化的 C＝C 键，C＝C 键的存在可以进一步提高材料的导电性。除此之外，C 还会以 C—N（285.2eV）、C≡N（286eV）和 C＝N（287.4eV）的形式存在，说明 N 元素已掺杂在碳层中。相对于 C 元素，N 元素具有更大的电负性，sp^2 杂化的 C≡N 和 O＝C—O（290eV）形成的导电网络有利于提高电子导

电性[147,148]。C≡N 则可以使石墨结构出现缺陷，利于 Li$^+$ 在表面进行扩散[149]。

图 4.59（e）是 N 1s 的高分辨谱图，通过分析拟合可以看到 N 1s 谱图主要由位于 398.1eV 的吡啶-N、399.8eV 的吡咯-N、400.8eV 的石墨-N 和 401.9eV 的季铵-N 组成[148,150]，除此之外还有位于 396eV 的金属-N 键和 398.8 的 C—N 键[151,152]。其中由于大部分金属-N 键都在 397eV 附近出现 XPS 峰[153,154]，因此有可能是 Ti-N 和 Zn-N[151]，前者可归属于 Li$_2$ZnTi$_3$O$_8$ 与包覆层中的 N 元素成键，后者则归属于 LiZnN 杂质或者 Li$_2$ZnTi$_3$O$_8$ 中的 Zn-N 键，这与 XRD 结果相吻合。以不同形式掺杂的 N 对 Li$_2$ZnTi$_3$O$_8$ 负极材料电化学性能改善的贡献也不同，具有电化学活性的吡啶-N 和吡咯-N 分别位于碳结构网络中内部缺陷处和边缘处，使得碳骨架结构产生缺陷和空位，有利于 Li$^+$ 迁移；石墨-N 则有利于提高导电性；适量的 Ti-N 键存在也利于电子导电性的提高[155]。

图 4.59（f）是 Ti 2p 的高分辨谱图。从图中能够看到 Li$_2$ZnTi$_3$O$_8$ 原本的 Ti^{4+} 2p$_{3/2}$（459.3eV）和 Ti^{4+} 2p$_{1/2}$（465.3eV）的特征峰。碳层中掺杂的 N 元素除了能诱导碳层中产生更多的碳空位，还可以与 Li$_2$ZnTi$_3$O$_8$ 材料中的 Ti 或 O 元素在包覆层和 Li$_2$ZnTi$_3$O$_8$ 之间形成 N-Ti-O 键，从而降低界面活性，增强包覆层稳定性[44]。此外，还观察到有 Ti^{3+} 2p$_{3/2}$（457.8eV）、Ti^{3+} 2p$_{1/2}$（463.7eV）和 O-Ti-N（459.1eV）的特征峰[156]。这意味着在碳和 Ar/H$_2$ 混合气的共同还原作用下部分 Ti^{4+} 被还原成 Ti^{3+}，Ti^{4+} 和 Ti^{3+} 的共同存在有利于提高材料的电子传输速度[17,157]。

图 4.60 为 P-LZTO 和 LZTO@C-N 样品的 SEM 图，可以观察到 Li$_2$ZnTi$_3$O$_8$ 粒子被表面粗糙的碳层包裹，包覆前后的样品均为无规则颗粒状。

图 4.60　P-LZTO 和 LZTO@C-N 样品的 SEM 图

为进一步阐述微观结构，对四个样品做了 TEM 测试，图 4.61（a）～（d）分别

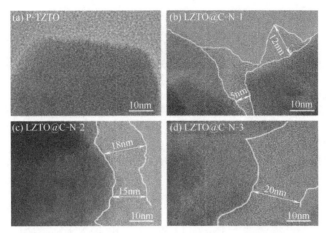

图 4.61　P-LZTO 和 LZTO@C-N 样品的 TEM 图

是 P-LZTO、碳含量为 4.1% 的 LZTO@C-N-1 样品、碳含量为 5.8% 的 LZTO@C-N-2 样品以及碳含量为 7.5% 的 LZTO@C-N-3 样品的 TEM 图。从图中可以看出，LZTO@C-N-1 样品有部分粒子表面未被包覆，可能由于碳含量较低导致包覆不均匀；LZTO@C-N-2 样品有较为均匀的碳层，厚度约为 15～18nm，均匀的包覆层有利于电化学性能的提高；LZTO@C-N-3 的样品可能因为碳含量较高，碳层厚度在 20nm 以上，过厚的碳层会影响锂离子脱嵌。

图 4.62 (a) 为 0.02～3.0V 电压范围内 P-LZTO 和 LZTO@C-N 复合材料在 0.2A·g^{-1} 时的初始充放电曲线，由该图可知，四个样品充放电曲线形状相似，Ti^{3+} 在 1.4V 被持续氧化成 Ti^{4+} 的过程中电压不发生变化，充电曲线出现平台；与之相对的放电曲线分别在 1.2V 和 0.7 V 出现平台，低电压下的放电平台可能与 Ti^{4+} 多次还原有关。P-LZTO、LZTO@C-N-1、LZTO@C-N-2 和 LZTO@C-N-3 四个样品的初始放电比容量分别为 279.64mAh·g^{-1}、322.72mAh·g^{-1}、348.62mAh·g^{-1} 和 332.71mAh·g^{-1}。库仑效率分别为 65.6%、69.7%、72.1% 和 68.9%。对比四个样品可知，碳的引入大大提高了 LZTO@C-N 复合材料的放电比容量，其中 LZTO@C-N-2 的比容量最大、库仑效率最高，这可能是由于碳包覆可以为锂离子的脱嵌提供较多的活性位点。LZTO@C-N-3 样品碳含量最高，但碳层过厚，阻碍离子的扩散；另外，过多的 LiZnN 的存在也可能导致放电比容量降低，因此首次充放电比容量低于 LZTO@C-N-2。各样品的不可逆容量损失较大，这与 SEI 膜的形成有关。

图 4.62 (b) 是四个样品在 0.5A·g^{-1} 电流密度下的循环性能曲线，LZTO@C-N-2 首次放电比容量可达 276.4mAh·g^{-1}，在循环 300 次之后依然有 193.8mAh·g^{-1} 的可逆比容量，这远高于 P-LZTO（157.3mAh·g^{-1}）、LZTO@C-N-1（151.5mAh·g^{-1}）以及 LZTO@C-N-3（133.5mAh·g^{-1}）。四个样品的容量保持率分别为 84.7%、67.1%、79.2% 和 55.7%，包覆后的样品容量保持率降低，这可能是因为循环寿命短的 LiZnN 降低了 LZTO@C-N 的循环稳定性，所

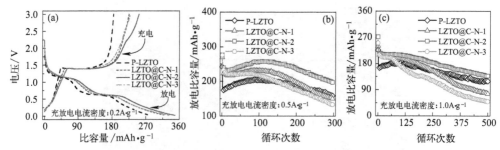

图 4.62　P-LZTO 和 LZTO@C-N 复合材料在 0.2A·g^{-1} 时的初始充放电曲线（a），
0.5A·g^{-1} 电流密度下的循环性能曲线（b）和 1A·g^{-1} 电流密度下的循环性能曲线（c）

以包覆后的样品容量保持率均低于 P-LZTO。

在 1.0A·g^{-1} 电流密度下 P-LZTO 和 LZTO@C-N 样品的循环性能曲线如图 4.62（c）所示，P-LZTO、LZTO@C-N-1、LZTO@C-N-2 和 LZTO@C-N-3 样品首次放电比容量分别为 226.4mAh·g^{-1}、240.8mAh·g^{-1}、271.5mAh·g^{-1} 和 250.1mAh·g^{-1}。充放电循环 500 次后，放电比容量分别为 120.1mAh·g^{-1}、109.3mAh·g^{-1}、136.1mAh·g^{-1} 和 50.1mAh·g^{-1}，容量保持率分别为 64.1%、34.7%、61.2% 和 23.5%。LZTO@C-N-2 的比容量较高，但容量保持率较低，这与 0.5A·g^{-1} 循环测试结果相同。尽管如此，就三个 LZTO@C-N 样品而言，在 0.5A·g^{-1} 和 1.0A·g^{-1} 电流密度下 LZTO@C-N-2 具有最佳的循环性能，这可能是合适的 N 掺杂碳含量能够最大限度地提高材料的循环性能，平衡了杂质带来的不利影响。LZTO@C-N-2 循环后的放电比容量依然高出已报道的部分改性的 LZO 材料

为探究包覆量对样品倍率性能的影响，对四个样品进行了倍率性能测试，结果如图 4.63（a）所示。随电流密度的增加，材料的极化程度也会增加，所有样品的放电比容量也因此出现不同程度的降低，尽管在较小的电流密度下不同包覆量的样品放电比容量相差不多，但是在大倍率下，LZTO@C-N-3 样品的放电比容量远低于 P-LZTO，可能的原因是：①Ti^{3+} 和氧空位浓度过高时会导致材料中产生过多晶格缺陷，从而导致放电比容量较差[144]；②过厚的 N 掺杂碳层不利于 Li$^+$ 的扩散；③由于 LZTO@C-N-3 晶胞参数过小，不利于 Li$^+$ 在晶格内脱嵌。与其它样品相比，LZTO@C-N-2 具有最高的放电比容量，在 0.5A·g^{-1}、1.0A·g^{-1}、1.5A·g^{-1}、2.0A·g^{-1}、2.5A·g^{-1} 和 3.0A·g^{-1} 的电流密度下，该样品的放电比容量分别为 244.7mAh·g^{-1}、229.4mAh·g^{-1}、218.0mAh·g^{-1}、207.5mAh·g^{-1}、196.9mAh·g^{-1} 和 183.9mAh·g^{-1}，最终回到 0.5A·g^{-1} 电流密度时放电比容量恢复为 245.9mAh·g^{-1}。这可归因于适量的 N 掺杂碳提高了 Li$^+$ 迁移速度以及 Ti^{3+} 的存在有利于电荷转移，使得材料的比容量得到提高，LZTO@C-N-2 样品在高倍率下的放电比容量也高于过去报道的部分改性 LZTO 材料。

图 4.63（b）是 LZTO@C-N-2 样品在 3.0A·g^{-1} 和 4.0A·g^{-1} 电流密度下

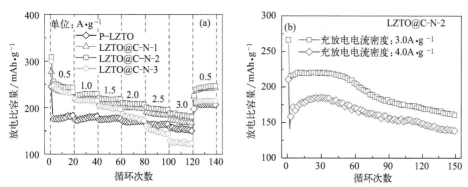

图 4.63　P-LZTO 和 LZTO@C-N 复合材料的倍率性能（a）和 LZTO@C-N-2 样品
在 $3.0A \cdot g^{-1}$ 和 $4.0A \cdot g^{-1}$ 电流密度下的循环性能曲线（b）

的循环性能曲线，首次放电比容量分别为 $266.0mAh \cdot g^{-1}$ 和 $210.5mAh \cdot g^{-1}$，经过 150 次循环之后，放电比容量分别为 $159.6mAh \cdot g^{-1}$ 和 $138.5mAh \cdot g^{-1}$。

　　P-LZTO 和 LZTO@C-N-2 的 CV 曲线如图 4.64 所示。在 $1.0 \sim 1.7V$ 之间出现一对氧化还原峰，这对峰对应的是 Ti^{3+}/Ti^{4+} 氧化还原电对；另外在 0.5V 处还有一个还原峰，对应嵌锂过程中 Ti^{4+} 的多次还原反应，说明材料本身的电化学行为不因包覆碳层而改变。P-LZTO 和 LZTO@C-N-2 样品的氧化还原峰电势分别为 $1.094/1.585V$ 和 $1.094/1.578V$，电势差值分别为 0.491V 和 0.484V。LZTO@C-N-2 的极化最小，意味着该样品应该具有更好的可逆性。

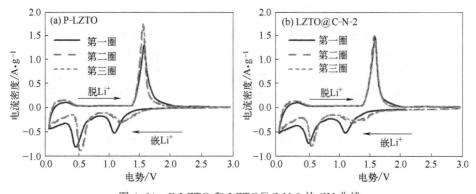

图 4.64　P-LZTO 和 LZTO@C-N-2 的 CV 曲线

　　图 4.65（a）为 P-LZTO 和 LZTO@C-N-2 样品循环前的 EIS 图谱，EIS 谱均由一个小截距、中频区的一个半圆和低频区的一条斜线所组成。中频区放大部分和采用的等效电路如插图所示，其中 R_e 是电解液和电池组件的接触电阻；R_{ct} 是电荷转移电阻，其大小决定了电化学反应的难易程度；Z_W 为 Warburg 扩散阻抗，CPE 则是双层电容。图 4.65（b）为低频区 Z_{re} 和 $\omega^{-1/2}$ 的关系图。

　　基于等效电路图得到的交流阻抗参数及基于式（3.1）和式（3.2）得到的 Li^+ 扩散系数如表 4.31 所示。由结果可知，改性后 LZTO@C-N-2 样品的电荷转移电

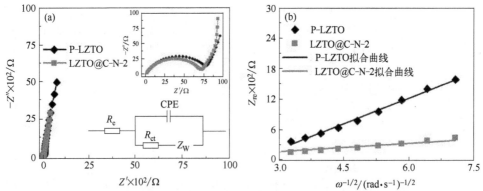

图 4.65　P-LZTO 和 LZTO@C-N-2 样品循环前的 EIS 图谱（a）和 Z_{re} 和 $\omega^{-1/2}$ 的关系图（b）

阻减小，有利于电化学反应的进行。另外，该样品的锂离子扩散系数比 P-LZTO 高出两个数量级，从而使得锂离子能够快速扩散，这有利于材料的倍率性能。

表 4.31　P-LZTO 和 LZTO@C-N-2 的交流阻抗参数及锂离子扩散系数

样品	R_e/Ω	R_{ct}/Ω	$D_{Li^+}/cm^2 \cdot s^{-1}$
P-LZTO	1.8	82.0	4.5×10^{-17}
LZTO@C-N-2	2.2	66.8	1.6×10^{-15}

与 P-LZTO 相比，N 掺杂碳包覆层和 Ti^{3+} 自掺杂提高了 $Li_2ZnTi_3O_8$ 材料的锂离子扩散系数以及降低了电荷转移电阻，这些影响因素之间良好的协同作用使得 LZTO@C-N-2 在室温下具有更大的放电比容量。

除了材料的室温性能外，低温性能对负极的实际应用也至关重要。工作环境温度低于 0℃时，锂离子在电解液和电极中的扩散速度缓慢，严重影响了电极材料在低温时的电化学性能[158]。低温条件下电极材料和集流体之间不良的电极接触也会引起比容量的快速衰减[159]。本部分工作对在室温下放电比容量最佳的 LZTO@C-N-2 样品进行了低温测试。

图 4.66（a）是 P-LZTO 和 LZTO@C-N-2 样品在 0℃时的倍率性能曲线，分别在 0.4A·g^{-1}、0.6A·g^{-1}、0.8A·g^{-1} 和 1.0A·g^{-1} 的电流密度下各循环 10 次，然后再依次回到 0.4A·g^{-1}。在第 40 次循环时，1.0A·g^{-1} 电流密度下 LZTO@C-N-2 依然有 178.3mAh·g^{-1} 的放电比容量，而相同条件下的 P-LZTO 只有 141.9mAh·g^{-1} 的放电比容量；当循环 70 次，电流密度回到 0.4A·g^{-1} 的时候，LZTO@C-N-2 样品的放电比容量为 202.3mAh·g^{-1}，并且放电比容量保持稳定，比 P-LZTO 样品在相同条件下的比容量高出了 42.8mAh·g^{-1}，仅出现很轻微的容量衰减。

在 0℃时 LZTO@C-N-2 样品在 0.2A·g^{-1}、0.5A·g^{-1} 和 1.0A·g^{-1} 电流密度下循环性能曲线如图 4.66（b）所示。LZTO@C-N-2 在 0.2A·g^{-1} 电流密度下的首次放电比容量为 262.5mAh·g^{-1}，循环 300 次后比容量为 241.6mAh·g^{-1}；在 0.5A·g^{-1}

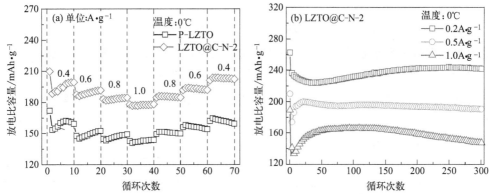

图 4.66　P-LZTO 和 LZTO@C-N-2 样品在 0℃时的倍率性能曲线（a）

和 0℃时 LZTO@C-N-2 样品在 0.2A·g^{-1}、0.5A·g^{-1}

和 1.0A·g^{-1} 电流密度下循环性能曲线（b）

电流密度下 LZTO@C-N-2 首次放电比容量为 209.8mAh·g^{-1}，循环 300 次后 LZTO@C-N-2 样品依然有 190.4mAh·g^{-1} 的放电比容量；在 1.0A·g^{-1} 电流密度下 LZTO@C-N-2 首次放电比容量为 189.2mAh·g^{-1}，经过 300 次循环后 LZTO@C-N-2 样品的放电比容量为 147.4mAh·g^{-1}，在低温下 LZTO@C-N-2 具有优异的低温循环性能。

由于低温减缓了 Li$^+$ 扩散速度，LZTO@C-N-2 在低温时的放电比容量比室温时有所降低，但得益于 N 掺杂碳包覆和 Ti^{3+} 自掺杂降低了电荷转移电阻以及提高了锂离子电导率，与未改性的材料相比，LZTO@C-N-2 复合材料在低温下具有良好的循环稳定性和倍率性能。这些测试结果均证实 LZTO@C-N-2 电极材料在低温条件下有潜在实用性。

采用盐酸多巴胺作为碳氮源，通过控制碳氮源的投入量制备不同包覆量的 Li$_2$ZnTi$_3$O$_8$@C-N 复合材料。LZTO@C-N-1 样品由于碳包覆量较少导致比容量提升有限；LZTO@C-N-3 样品较多的氧空位导致晶格缺陷较大，过厚的 N 掺杂的碳层阻碍了 Li$^+$ 的界面扩散，因此电化学性能最差。

LZTO@C-N-2 样品在室温下的放电比容量最高，在低温测试中也表现出良好的循环性能和倍率性能。原因如下：①N 掺杂碳较为均匀地包覆了 Li$_2$ZnTi$_3$O$_8$ 颗粒，提高导电性的同时不会阻碍 Li$^+$ 的界面扩散；②5.7%的碳含量最为合适，极大地提高了循环性能，平衡了杂质带来的不利影响；③较小的电荷转移电阻和较高的离子扩散系数有利于电化学反应的进行。

但由于制备过程中生成了 LiZnN 杂质，这使得材料循环稳定性恶化。在后续的研究中将使用 N$_2$ 和其它碳氮源来避免生成杂质，以期在提高放电比容量的基础上同时改善材料的倍率性能和循环性能。

4.1.9　葡萄糖为碳源包覆钛酸锌锂

在上部分工作中讨论了 N 掺杂碳包覆量对 Li$_2$ZnTi$_3$O$_8$ 电化学性能的影响，发现 N 掺杂碳可以有效提高材料的放电比容量，但由于碳热还原反应和 Ar/H_2 混合气共同作用，在制备过程中生成的 LiZnN 杂质导致材料的循环稳定性变差，最终导致容量保持率低于未改性的 $Li_2ZnTi_3O_8$。然而，循环性能和倍率性能的提高对 $Li_2ZnTi_3O_8$ 负极材料的应用有着极为重要的意义。根据以往的报道，在 N_2 气氛中合成 Ti^{3+} 自掺杂的 $Li_2ZnTi_3O_8$ 负极材料[160]，以及在 N_2 气氛中制备 N 掺杂碳的 $Li_2ZnTi_3O_8$ 复合材料，晶胞参数均表现出增大的趋势，并且材料的循环性能和倍率性能都得到了提升。

碳层中的 N 元素以吡啶-N 和吡咯-N 的形式引入能为碳材料的共轭 π 键提供电子并且增强导电性[161]。目前制备 N 掺杂碳的方式可以分为两大类：一类是使用 NH_3 作为氮源，在高温下将 N 元素掺杂进碳骨架的边缘或者缺陷位置中，由于 NH_3 中 N 元素含量低并且合成条件苛刻，该方法的广泛应用受到限制[162]；另一类是通过高温炭化含 N 物质，如十六烷基三甲基溴化铵[163]、乙二胺四乙酸、聚丙烯腈[151]、离子液体和三聚氰胺等[151,163-165]，得到 N 掺杂的材料。这类方法制备工艺简单，N 元素可以原位掺杂在碳骨架中，但 N 元素的掺杂量依然受前驱体的限制，往往低于 0.5%。

近年来人们发现含 N 物质高温热解的中间产物——氮化碳（C_3N_4）可以作为一种自牺牲的模板来制备 N 掺杂碳材料[161,166,167]，并且在电池、超级电容器和催化等领域得到应用[168-170]。含 N 物质，如双氰胺、三聚氰胺和尿素[44,155,171] 等，在 600℃ 左右缩合成氮化碳，氮化碳在高温下分解为含 N 小分子掺杂进碳骨架中，得到 N 掺杂含量较高的材料。这种方法不仅提高了 N 掺杂量，还具有制备工艺简单和原料廉价易得的优点。在此方法中控制氮源和碳源的比例，从而控制不同掺杂形式的 N 元素在碳骨架中的含量，当各形式的 N 元素具有合适比例时，材料的电化学活性和导电性均会提高[172]。

结合以上研究结果，在部分工作中选用价格低廉的葡萄糖（Glu）和双氰胺（DCDA）分别作为碳源和氮源，代替价格较高的盐酸多巴胺；无还原性的 N_2 作为保护气体代替 Ar/H_2 混合气，避免 LiZnN 杂质生成，最终达到同时提高放电比容量和容量保持率的目的。保持样品的碳含量不变，通过控制双氰胺的投入量探索 N 元素掺杂量对材料物理和电化学性能的影响。

气体环境为 N_2，温度范围为室温至 1000℃，升温速率为 10℃·min^{-1} 的条件下对葡萄糖和双氰胺进行了热重测试，结果如图 4.67 所示。由图 4.67（a）热重曲线可知，葡萄糖的分解过程包括两次质量损失，200℃ 对应葡萄糖的熔融阶段，该温度开始的失重主要以水和少量的 CO_2 为主，300℃ 开始质量损失显著，应该是葡萄糖炭化生成大量的 H_2O，最后在 600℃ 以上完全分解。由图 4.67（b）可以看出双氰胺在加热的过程中发生四次质量损失，分别对应 200℃ 下少量水蒸发，300℃ 左右双氰胺缩聚为三聚氰胺，350℃ 三聚氰胺生成三嗪环，三嗪聚合产物氮化

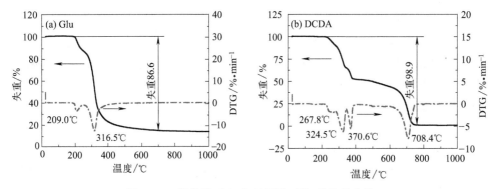

图 4.67　葡萄糖（a）和双氰胺（b）的热重曲线

碳在 630℃分解。以葡萄糖和双氰胺为碳源和氮源，在整个炭化过程中双氰胺产生的大量小分子含 N 物质进入到葡萄糖热解产生的多孔碳骨架中最终得到 N 掺杂碳的包覆层[166]。葡萄糖和双氰胺的残留率分别为 13.4% 和 1.1%，初步判断以双氰胺为氮源对碳层进行掺杂不会明显改变碳源的残留量。最终确定葡萄糖的投入量为目标产物质量的 35%。

P-LZTO 和 LZTO@C-N 复合材料的 XRD 图谱如图 4.68（a）所示，四个样品的衍射峰均与标准卡片（JCPDS ♯86-1512）相对应，无其它物质的衍射峰出现，表明氮源和碳源分开加入不会影响 $Li_2ZnTi_3O_8$ 的形成；葡萄糖和双氰胺生成的碳为无定形碳，因此无衍射峰。LZTO@C-N 材料的衍射峰强度降低，可归因于碳包覆作用。图 4.68（b）是（111）晶面放大的 XRD 谱图。

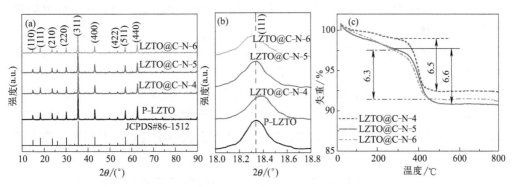

图 4.68　P-LZTO 和 LZTO@C-N 复合材料的 XRD 图谱（a）和
（111）晶面放大图（b）；LZTO@C-N 复合材料的 TG 曲线（c）

四个样品的晶胞参数列于表 4.32。随着碳含量的增加，晶胞参数也逐渐增加。但值得注意的一点是包覆后 LZTO@C-N-4 和 LZTO@C-N-5 样品晶胞参数略小于 P-LZTO，这可能是因为在高温炭化的过程中碳热还原反应导致部分 Ti^{4+} 转变为 Ti^{3+}，$Li_2ZnTi_3O_8$ 为了保持结构的电中性产生了少量的氧空位[17]，双氰胺加入量较小未能抵消这一影响，因此晶胞参数小于未改性的样品。

LZTO@C-N-6 样品加入的双氰胺更多，在 $Li_2ZnTi_3O_8$ 合成过程中 N 元素可能以 N^{3-}（1.71Å）的形式占据 O^{2-}（1.38Å）脱出产生的空位，最终使得晶胞参数大于未改性样品。如图 4.68（b）所示，LZTO@C-N-4 的衍射峰向高角度偏移；LZTO@C-N-5 晶胞参数与 P-LZTO 相差不大，因此偏移不明显；LZTO@C-N-6 的衍射峰向低角度偏移。

为测定 LZTO@C-N 颗粒外的碳包覆量，对上述三个复合材料做了热重分析，热重曲线如图 4.68（c）所示。三个样品的碳含量分别为 6.5%、6.6% 和 6.3%，说明双氰胺投入量几乎不影响最终样品的碳含量，LZTO@C-N-6 投入了更多的双氰胺后包覆量反而略小于 LZTO@C-N-5，这可能是因为双氰胺产生大量的含 N 小分子中氰化物带走了部分碳；或是更多的 N 元素掺杂进 $Li_2ZnTi_3O_8$ 结构中。但总的来说，碳含量 0.1%~0.5% 的误差对材料性能的影响微乎其微。

表 4.32　P-LZTO 和 LZTO@C-N 样品的晶胞参数

样品	$a/Å$	$V/Å^3$	空间群
P-LZTO	8.371(3)	586.66	$P4_332$
LZTO@C-N-1	8.369(4)	586.25	$P4_332$
LZTO@C-N-5	8.370(8)	585.54	$P4_332$
LZTO@C-N-6	8.374(2)	587.26	$P4_332$

为了确定 LZTO@C-N 复合材料表面元素组成，三个 LZTO@C-N 材料的 XPS 如图 4.69（a）所示，结果表明 LZTO@C-N 中含有 Li、Zn、Ti、O、C 和 N 元素。同时可以观察到，与上部分工作中制备的复合材料相比，本部分工作中 LZTO@C-N 复合材料的 N 1s 峰更明显，这也说明采用额外添加氮源的方法能够有效提高 N 元素的掺杂量。

图 4.69（b）是 C 1s 的高分辨 XPS 谱图，通过分析拟合可以得到 4 个峰，分别是 C—C（284.5eV）、C—N（285.1eV）、C=N（288.2eV）和 O—C=O（289.0eV）[173]，同时不排除 284.5eV 处可能存在 C=C 键，由于结合能和 C—C 键的结合能较为接近，在图中未完全拟合出。C—N 键和 C=N 键的出现说明 N 元素已掺杂在碳层中，相对于 C 元素，N 元素具有更大的电负性，有利于提高电子导电性[147,148]。

图 4.69（c）是 N 1s 的高分辨 XPS 谱图，通过拟合分析可以看到 N 1s 谱图主要有位于 397.7eV 的吡啶-N、398.6eV 的吡咯-N、400.0eV 的石墨-N，除此之外还有位于 396.0eV 的金属-N 键[150,151] 和氧化-N 键。吡啶-N 和吡咯-N 在共轭结构中提供电子，增强了碳层的导电性，碳骨架结构因 N 元素的掺杂而产生缺陷和空位，有利于锂离子迁移；石墨-N 也有利于提高导电性；适量的 N-Ti 键的存在也有利于电子传导[165,172]。从图中还可以看出随着双氰胺投入量的增加，吡啶-N 和吡咯-N 的峰强度也增加，说明 N 元素能有效地掺杂进石墨结构中，同时可以观察到金属-N 键的峰强度也随掺杂量的增加而增加，这可能是由于大量的 N 掺杂在

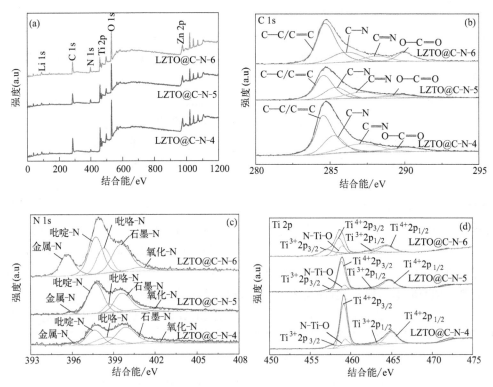

图 4.69　LZTO@C-N 复合材料的 XPS 图谱（a），C 1s 的高分辨 XPS 谱图（b），

N 1s 的高分辨 XPS 谱图（c）和 Ti 2p 的高分辨 XPS 谱图（d）

$Li_2ZnTi_3O_8$ 表面形成了较多的 Ti-N 或 Zn-N 键，其中 Ti-N 虽然利于电子传导但不利于 Li^+ 扩散，这对倍率性能影响很大[174]。

图 4.69（d）是 Ti 2p 的高分辨 XPS 谱图，从图中能够看到有 $Li_2ZnTi_3O_8$ 原本的 Ti^{4+} $2p_{3/2}$（459.0eV）和 Ti^{4+} $2p_{1/2}$（465.0eV）的特征峰。碳层中掺杂的 N 元素除了能诱导碳层中产生更多的碳空位之外，还可以降低 $Li_2ZnTi_3O_8$ 表面 Ti 的化学活性，增强包覆层稳定性[175]。还出现了 Ti^{3+} $2p_{3/2}$（457.7eV）、Ti^{3+} $2p_{1/2}$（463.4eV）和 N-Ti-O（459.1eV）[165] 的特征峰，Ti 的混合价态有利于提高材料的电子传输速度[176]。另外，还发现随着双氰胺投入量增加，Ti^{3+} 的峰面积和在 Ti 2p 谱图中所占的比例也在增加，这说明除碳热还原反应和煅烧氛围外，N 元素的含量也可能是使部分 Ti^{4+} 转变为 Ti^{3+} 的一个因素。

在具有还原性且缺氧的氛围中合成 $Li_2ZnTi_3O_8$ 材料，部分 Ti^{4+} 被还原为 Ti^{3+}，为了保持中性 $Li_2ZnTi_3O_8$ 晶格中的 O^{2-} 会脱出，晶胞参数急剧减小[145,152,177]。当合成环境中有较多的 N 元素，在部分 Ti^{4+} 被还原的同时 TiO_2 先与含 N 物质反应生成 $Ti_{1-y}O_{2-x}N_x$ 中间产物，随后 N 元素会以 N^{3-}（1.71Å）的

形式掺杂进 $Li_2ZnTi_3O_8$ 晶格当中[174,177]，N^{3-} 电负性小于 O^{2-}，有利于平衡 Ti^{3+} 对电中性带来的影响，同时减小氧空位的含量，使晶格结构保持稳定[178]。

本部分工作用 N_2 和双氰胺增加了 N 的掺杂量，葡萄糖作为碳含量的主要来源，并在合成过程中碳热还原反应将部分 Ti^{4+} 还原为 Ti^{3+}。当双氰胺投入量较低时（0.5 倍），N^{3-} 的掺杂量较低，为保持电中性 $Li_2ZnTi_3O_8$ 晶格中依然存在少量氧空位，这使得晶胞参数小于纯相，XRD 谱图（111）晶面峰向高角度偏移。随着双氰胺投入量的增加 N^{3-} 的掺杂量也随之增大，加入 1.0 倍的双氰胺时样品的晶胞参数几乎接近未改性的 $Li_2ZnTi_3O_8$，因此在 XRD 谱图上（111）晶面峰位移最不明显。当加入过量的双氰胺时（1.5 倍），更多的 N^{3-} 掺杂使得晶胞参数远大于未改性的 $Li_2ZnTi_3O_8$，XRD 谱图（111）晶面向低角度偏移。由此也说明，在保持碳含量不变的情况下，通过控制合成条件降低氧空位对晶胞参数影响的方案具有可行性。还有一点值得关注，LZTO@C-N-6 样品中大量的 Ti^{3+} 有可能来源于高温煅烧时在 $Li_2ZnTi_3O_8$ 表面原位生成的 TiN 层，然而 TiN 可能含量较低或为非晶相[174]，在 XRD 中并无衍射峰，使该材料 XRD 谱图呈现出衍射峰强度和结晶度降低的现象。

图 4.70 为 P-LZTO 和 LZTO@C-N 样品的 SEM 图，包覆不影响材料颗粒的形状，此外，随着复合碳源投入量的增加，可以观察到 $Li_2ZnTi_3O_8$ 粒子被表面粗糙的碳层包裹，同时包覆后材料结构疏松多孔。

图 4.70 P-LZTO 和 LZTO@C-N 样品的 SEM 图

图 4.71 （a）是 P-LZTO 和 LZTO@C-N 复合材料在 $0.2A \cdot g^{-1}$ 时的初始充放电曲线，除了 LZTO@C-N-6 样品，其余三个样品充放电曲线形状相似，Ti^{3+} 在 1.4V 被持续氧化成 Ti^{4+} 的过程电压不发生变化，充电曲线出现平台；与之相对的放电曲线分别在 1.2V 和 0.7V 出现平台，低电压下的放电平台可能与 Ti^{4+} 多次还原有关。P-LZTO、LZTO@C-N-4、LZTO@C-N-5 和 LZTO@C-N-6 样品的初始

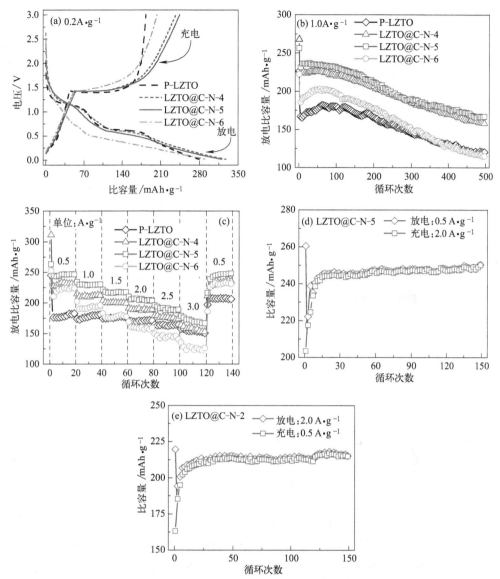

图 4.71 P-LZTO 和 LZTO@C-N 复合材料在 0.2A·g⁻¹ 时的初始充放电曲线 (a),
在 1.0A·g⁻¹ 电流密度下的循环性能 (b) 和 0.5～3.0A·g⁻¹ 电流密度下的
倍率性能 (c)；LZTO@C-N-5 在快充及快放下的循环性能 (d)、(e)

放电比容量分别为 279.6mAh·g⁻¹、327.8mAh·g⁻¹、320.2mAh·g⁻¹ 和
292.4mAh·g⁻¹。首次放电比容量随着双氰胺的投入逐渐降低，这可能是因为：
①N-Ti-O 键逐渐增加导致 Li₂ZnTi₃O₈ 表面 Ti⁴⁺ 活性降低[175]，首次放电时部分
位点未活化，进而比容量降低；②金属-N 键中的 Ti-N 键有利于电子传导，但是不
利于 Li⁺ 迁移，在首次放电时对 Li⁺ 的界面扩散有轻微的影响。四个样品首次充放
电的库仑效率分别为 65.6%、72.3%、76.2% 和 69.4%，LZTO@C-N-5 样品库仑

效率最高，这可以归因于 N 元素的添加量更为合适，除了可以增加了包覆层的稳定性，掺杂在 $Li_2ZnTi_3O_8$ 晶格中的 N^{3-} 还有利于增强 Ti-O 的稳定性[179]。另外两个样品库仑效率较低可能是因为 N 元素掺杂量过少对材料的结构稳定性改善有限，掺杂过多则会造成较大的晶格畸变[173]。除此之外，LZTO@C-N-6 的放电曲线在高电势的放电平台几乎消失，这也与过多无电化学活性的 N-Ti-O 和 N-Ti 键阻碍 Li^+ 向内部扩散的同时，降低了 $Li_2ZnTi_3O_8$ 表面 Ti^{4+} 的电化学反应活性有关。

在 $1.0A \cdot g^{-1}$ 电流密度下 P-LZTO 和 LZTO@C-N 样品的循环性能如图 4.71 (b) 所示，首次放电比容量分别为 $226.4mAh \cdot g^{-1}$、$267.8mAh \cdot g^{-1}$、$256.3mAh \cdot g^{-1}$ 和 $222.1mAh \cdot g^{-1}$。LZTO@C-N-6 样品首次放电比容量在较大电流密度下低于 P-LZTO，可能是由于样品表面生成的金属-N 键中没有电化学活性的 Ti-N 键过多，抑制了 $Li_2ZnTi_3O_8$ 表面 Ti^{4+}/Ti^{3+} 的氧化还原反应，从而导致首次充放电过程中部分 Ti^{4+} 未参与反应，经过一次充放电之后，电极材料得到活化，首次充放电时未释放的 Li^+ 被释放出来，比容量逐渐升高。然而大量 N 元素掺杂使碳层的石墨化程度降低，从而导致导电性下降，其比容量低于其它两个改性后的样品。循环 500 次后四个样品的放电比容量分别为 $120.1mAh \cdot g^{-1}$、$158.5mAh \cdot g^{-1}$、$163.2mAh \cdot g^{-1}$ 和 $113.8mAh \cdot g^{-1}$，容量保持率分别为 64.1%、68.4%、70.2% 和 60.9%。LZTO@C-N-4 和 LZTO@C-N-5 都具有较高的比容量和容量保持率，可归因于少量 N^{3-} 掺杂使得 Ti-O 稳定性增强[179]，有利于循环性能的提高；LZTO@C-N-6 的容量保持率略低于 P-LZTO 可能与过量的 N^{3-} 掺杂导致较大晶格畸变有关。循环后 LZTO@C-N-5 具有最高的放电比容量和容量保持率，这得益于 LZTO@C-N-5 较为适中的晶胞参数、适量的 N^{3-} 掺杂增强了 Ti-O 键的稳定性以及不同掺杂方式的 N 元素具有合适的比例。循环性能测试表明，通过控制 N 掺杂的量不仅能够有效地控制材料晶胞参数的变化，还能改善材料的循环性能，但较高的 N 元素掺杂量也对材料的性能提升不利。

为确认此种改性方法是否能有效提高材料在大倍率下的放电比容量，在 $0.5\sim3.0A \cdot g^{-1}$ 电流密度下对 P-LZTO 和 LZTO@C-N 样品进行了测试，如图 4.71 (c) 所示。由于电流密度增加导致电池极化变大，所有样品放电比容量均出现不同程度下降。从图中还可以看出 LZTO@C-N-4 与 LZTO@C-N-5 在各电流密度下的放电比容量非常接近，但可能是因为较少的 N 掺杂量不能带来足够的 N-Ti-O 和 Ti^{3+}，电子导电性改善有限，所以在各电流密度下的放电比容量略低于后者。LZTO@C-N-6 的倍率性能从 $2.0A \cdot g^{-1}$ 开始变差，这是因为较多的 Ti-N 不利于 Li^+ 的扩散。LZTO@C-N-5 具有最好的倍率性能，在 $1.5A \cdot g^{-1}$、$2.0A \cdot g^{-1}$、$2.5A \cdot g^{-1}$ 和 $3.0A \cdot g^{-1}$ 时比容量为 $216.2mAh \cdot g^{-1}$、$205.0mAh \cdot g^{-1}$、$190.3mAh \cdot g^{-1}$ 和 $168.3mAh \cdot g^{-1}$，分别比 P-LZTO 高出 $39.7mAh \cdot g^{-1}$、$33.3mAh \cdot g^{-1}$、$27.2mAh \cdot g^{-1}$ 和 $11.7mAh \cdot g^{-1}$。最终回到 $0.5A \cdot g^{-1}$ 电流密度时 LZTO@C-N-5 的放电比容量恢复为 $259.3mAh \cdot g^{-1}$，120 次循环后的放电比容量和初始循环时的比容量相差不大，甚至略高于前 20 次循环，可能是因为循环过程中电极材料得到了活化，也意味着该样品具有良好的结构稳定性。

LZTO@C-N-5 在上述电化学测试中表现出了较好的电化学性能，为了进一步探究该样品的充放电性能，对其进行了快充慢放测试，如图 4.71（d）所示。LZTO@C-N-5 在 $2.0A \cdot g^{-1}$ 充电 7.5min 后，在 $0.5A \cdot g^{-1}$ 可放电 30min，循环 150 次之后充电和放电比容量几乎没有衰减，充放电比容量分别为 $250.1mAh \cdot g^{-1}$ 和 $251.6mAh \cdot g^{-1}$。说明 LZTO@C-N-5 不仅具有较好的循环性能和较高的放电比容量，还具有很好的快充慢放性能。

与快充慢放性能相对应，LZTO@C-N-5 的快放慢充性能曲线如图 4.71（e）所示。LZTO@C-N-5 样品在 $2.0A \cdot g^{-1}$ 的首次放电比容量为 $219.7mAh \cdot g^{-1}$，快放慢充 150 次之后，充电和放电比容量几乎没有衰减，充放电比容量分别为 $213.9mAh \cdot g^{-1}$ 和 $214mAh \cdot g^{-1}$。

P-LZTO、LZTO@C-N-4、LZTO@C-N-5 和 LZTO@C-N-6 在扫速为 $0.5mV \cdot s^{-1}$ 和电势范围为 $0.02 \sim 3.0V$ 时的 CV 曲线如图 4.72 所示。由原始数据可知，P-LZTO、LZTO@C-N-4、LZTO@C-N-5 和 LZTO@C-N-6 样品的氧化还原峰电势分别为 $1.094/1.585V$、$1.088/1.577V$、$1.140/1.537V$ 和 $1.087/1.581V$，电势差值分别为 $0.491V$、$0.489V$、$0.397V$ 和 $0.494V$。LZTO@C-N-6 的极化程度稍高于未改性的样品，意味着该样品的 Li^+ 脱嵌可逆性较差；首次扫描时 1.2V 和 0.5V 处的还原峰几乎消失，则可能是因为过多的没有电化学活性的 Ti-N 键阻碍了 Li^+ 的扩散，并且降低了 Ti^{4+} 的反应活性，与之前的首次充放电测试结果一致。LZTO@C-N-4 和 LZTO@C-N-5 的极化程度均小于纯相，意味着样品应该具有更好的可逆性，这与充放电结果一致。还有一点值得注意，LZTO@C-N-4 在首次扫描时具有最大的峰值电流，其次是 LZTO@C-N-5、P-LZTO 和 LZTO@C-N-6。就改性后的样品而言，随双氰胺投入量的增加改性后样品首次 CV 曲线的氧化还原峰值电流逐渐降低，这一现象在过去的报道中也曾出现[35,45,60]，结合已有的文献和本实验物理表征的结果，初步判断可能与 Ti-N 键的形成有关。随着氮源添加量的增加，样品表层生成了更多的金属-N 键。其中 Ti-N 键对 Li^+ 扩散起到阻滞作用，电极动力学有所下降，从而导致改性后样品的峰值电流逐渐降低[179]。

图 4.73（a）为 P-LZTO、LZTO@C-N-4、LZTO@C-N-5 和 LZTO@C-N-6 样品的 EIS 谱图。EIS 谱图均由一个小截距、中频区的一个半圆和低频区的一条斜线所组成。高频区部分放大和等效电路如图 4.73（a）插图所示。三个 LZTO@C-N 样品电荷转移电阻均小于 P-LZTO，说明 N 掺杂碳包覆改性能够降低电荷在界面转移的阻力。图 4.73（b）显示了 Z_{re} 和 $\omega^{-1/2}$ 之间的关系，根据式（3.1）和式（3.2）计算 Li^+ 扩散系数如表 4.33 所示。改性后的样品锂离子扩散系数均大于未改性的样品，但随双氰胺投入量的增加呈现逐渐下降的趋势，这可能是由于某种竞争机制：一方面吡啶-N 和吡咯-N 的掺杂量越高，石墨结构中缺陷越多，也就越有利于离子在碳层中穿梭[167,168]，另一方面 Ti-N 的增加会对 Li^+ 扩散起到阻滞作用[165,172,174]，二者相互作用下 Ti-N 键的影响起到了主要作用，使得扩散系数减小。

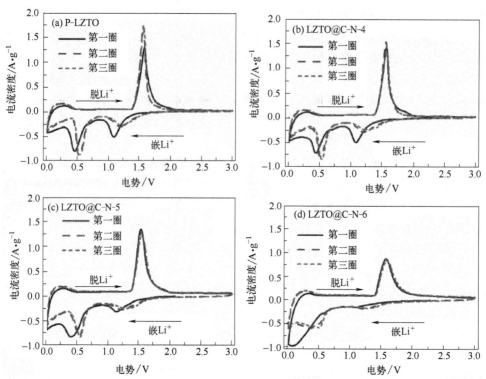

图 4.72 P-LZTO、LZTO@C-N-4、LZTO@C-N-5 和 LZTO@C-N-6 的

CV 曲线，扫速为 $0.5\text{mV} \cdot \text{s}^{-1}$ 和电势范围为 $0.02 \sim 3.0\text{V}$

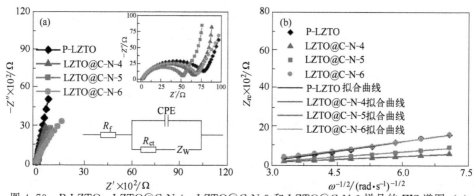

图 4.73 P-LZTO、LZTO@C-N-4、LZTO@C-N-5 和 LZTO@C-N-6 样品的 EIS 谱图 (a)

和 Z_{re} 和 $\omega^{-1/2}$ 之间的关系图 (b)

表 4.33 根据等效电路计算的 P-LZTO 和 LZTO@C-N 样品的交流阻抗参数及锂离子扩散系数

样品	R_e/Ω	R_{ct}/Ω	$D_{\text{Li}^+}/\text{cm}^2 \cdot \text{s}^{-1}$
P-LZTO	1.8	82.0	4.5×10^{-17}
LZTO@C-N-4	2.1	65.9	4.3×10^{-16}
LZTO@C-N-5	1.9	52.1	1.5×10^{-16}
LZTO@C-N-6	1.9	69.1	4.9×10^{-17}

将 EIS 结果与倍率性能结合分析：①LZTO@C-N-4 可能是因为较大的离子扩散系数和较大的电荷转移电阻之间协同作用较差，倍率性能改善有限；②LZTO@C-N-6 虽然扩散系数略高于 P-LZTO，但大量 N^{3-} 掺杂造成的晶格畸变和同步生成的较多 Ti-N 可能进一步影响 Li^+ 在大电流密度下的扩散速度，因此在大倍率时放电比容量低于未改性的样品。LZTO@C-N-5 在大倍率下具有最高的放电比容量，这可能是因为离子扩散系数和电荷转移电阻的大小更为匹配，适中的晶胞参数也有利于 Li^+ 在材料内部脱嵌，众所周知，电池充放电过程本质上是氧化还原反应和 Li^+ 在材料中脱出/嵌入同步发生的过程，电荷转移的速度和 Li^+ 扩散的速度匹配程度越高，越能更好地发挥材料的电化学性能。

锂离子电池在宽温度范围内电化学性能的好坏对电极材料是否能广泛应用有着重要意义，一般而言，高温下离子扩散速度更快，放电比容量也比室温下高。但是由于温度过高和大量的 Li^+ 快速脱嵌，材料的结构也会比室温时更容易坍塌，比容量衰减更快[180]；而低温下 Li^+ 在电解液和电极中的扩散速度缓慢，放电比容量较室温时低[158]。为了更好地判断 LZTO@C-N 负极材料的电化学性能，对 P-LZTO 和 LZTO@C-N-5 样品分别进行了高温和低温电化学性能测试。

55℃时 P-LZTO 和 LZTO@C-N-5 样品在 $1.0A \cdot g^{-1}$ 电流密度下的首次充放电曲线如图 4.74 (a) 所示。两个样品的首次放电比容量分别为 $282.4mAh \cdot g^{-1}$ 和 $290.2mAh \cdot g^{-1}$，充电比容量为 $176.9mAh \cdot g^{-1}$ 和 $208.7mAh \cdot g^{-1}$，库仑效率分别为 62.6% 和 71.7%。

图 4.74 (b) 是 P-LZTO 和 LZTO@C-N 材料在 55℃时在 $1.0A \cdot g^{-1}$ 电流密度下充放电的循环性能曲线，循环 150 次之后 LZTO@C-N-5 样品依然有 $150.9mAh \cdot g^{-1}$ 的放电比容量，比 P-LZTO 样品高出了 $69.5mAh \cdot g^{-1}$，并且容量保持率可达 61.3%，而 P-LZTO 的容量保持率只有 39.2%。由于活性物质与电解质之间的副反应增加，材料循环性能在高温下会恶化。但是可以看出，改性后的样品在高温下依然具有较高的容量保持率和放电比容量，这意味着 N 掺杂碳包覆极大地提高了 $Li_2ZnTi_3O_8$ 的高温循环性能。

P-LZTO 和 LZTO@C-N-5 样品在 0℃时的倍率性能曲线如图 4.74 (c) 所示。在 $0.4A \cdot g^{-1}$、$0.6A \cdot g^{-1}$、$0.8A \cdot g^{-1}$ 和 $1.0A \cdot g^{-1}$ 时 LZTO@C-N-5 的放电比容量分别为 $200.1mAh \cdot g^{-1}$、$185.7mAh \cdot g^{-1}$、$175.5mAh \cdot g^{-1}$ 和 $168.9mAh \cdot g^{-1}$，而相同条件下的 P-LZTO 只有 $160.2mAh \cdot g^{-1}$、$147.9mAh \cdot g^{-1}$、$146.3mAh \cdot g^{-1}$ 和 $141.9mAh \cdot g^{-1}$ 的放电比容量；当循环 70 次，电流密度回到 $0.4A \cdot g^{-1}$ 的时候，LZTO@C-N-5 样品的放电比容量为 $206.7mAh \cdot g^{-1}$，仅出现很轻微的容量衰减。

0℃时 LZTO@C-N-5 样品在 $0.2A \cdot g^{-1}$ 和 $0.5A \cdot g^{-1}$ 电流密度下的循环性能如图 4.74 (d) 所示。在 $0.2A \cdot g^{-1}$ 电流密度下的初始放电比容量为 $227.3mAh \cdot g^{-1}$，循环 300 次后比容量为 $234.3mAh \cdot g^{-1}$；在 $0.5A \cdot g^{-1}$ 电流密度下 LZTO@C-N-5 首次放电比容量为 $196.6mAh \cdot g^{-1}$，循环 300 次后依然有 $173.7mAh \cdot g^{-1}$ 的放电比

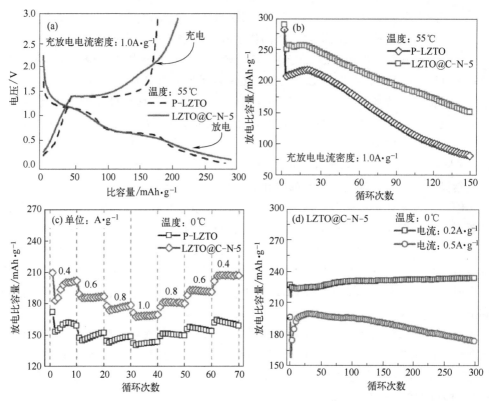

图 4.74 55℃时 P-LZTO 和 LZTO@C-N-5 样品在 1.0A·g^{-1} 电流密度下的首次充放电曲线 (a) 和循环性能 (b)；P-LZTO 和 LZTO@C-N-5 样品在 0℃时的倍率性能曲线 (c) 和 0℃时 LZTO@C-N-5 样品在 0.2A·g^{-1} 和 0.5A·g^{-1} 电流密度下的循环性能 (d)

容量，在低温下 LZTO@C-N-5 表现出了优异的电化学性能。

以廉价易得的葡萄糖和双氰胺分别作为碳氮源，能够通过控制投料比例制备不同的 N 掺杂碳包覆的 $Li_2ZnTi_3O_8$ 复合材料。

当氮源的投入量较少时，碳热还原反应对 Ti^{4+} 还原起到了主要作用，因此产生的少量氧空位和金属-N 键有利于锂离子和电子的迁移，但由于碳层中的 N 元素掺杂量较少对电化学性能的改善有限。当氮源的投入量较多时，N^{3-} 掺杂对 Ti^{4+} 还原为 Ti^{3+} 起到了主要作用，同时生成大量的 Ti-N 键阻碍 Li^+ 扩散；另外随着 N 元素含量的增加石墨化程度降低，对材料电化学性能提升不利。

LZTO@C-N-5 表现出最佳的电化学性能主要因为：①双氰胺和葡萄糖投入比例合适，在产生少量氧空位的同时维持与 P-LZTO 相近的晶胞参数，保证了 Li^+ 的顺利脱嵌；②N^{3-} 掺杂增强了 Ti-O 键的稳定性以及较少的晶格缺陷，提高了材料的循环稳定性；③适量的 Ti-N 虽然牺牲了部分锂离子扩散系数，但它和碳层中的共轭结构一同作用，有效降低了电荷转移电阻，使电荷和锂离子迁移速度更加匹配，提高了放电比容量。

4.2 氧化物或聚合物包覆改性钛酸锌锂

4.2.1 三氧化镧/碳共包覆钛酸锌锂

钛酸锌锂低的电子电导率导致其倍率性能不理想。为了解决这一问题，研究者采用了各种各样的方法，比如碳包覆、降低颗粒尺寸和异种元素掺杂[13,19,20,39]。通过以上改性方法 LZTO 的倍率性能得到了提升。此外，LZTO 是零应变结构的材料，理论上应该具有良好的循环性能。但是，因为 LZTO 中的金属元素被电解液中的 HF 侵蚀，实际上其循环性能不理想。表面包覆被认为是解决这一问题的有效方法之一[36,27,39,51]。Tang 等合成了 La_2O_3 包覆的 $Li_2ZnTi_3O_8$[36]，复合材料具有良好的循环性能。然而，此复合材料的倍率性能有待进一步提高。在 $3A \cdot g^{-1}$ 电流密度下，$Li_2ZnTi_3O_8/La_2O_3$ 的放电比容量仅有 $149.3mAh \cdot g^{-1}$。

在本部分工作中，我们采用简单的固相法以 NTA 为碳源制备碳和 La_2O_3 共包覆的 $Li_2ZnTi_3O_8$，合成过程如图 4.75（a）所示。碳的存在可以提高材料的电子电导率进而提升材料的倍率性能。碳和 La_2O_3 作为共包覆层可以抑制 LZTO 表面金属离子的溶解，进而提升材料的循环性能。

LZTO@C 和 LZTO@C@La_2O_3 的所有衍射峰可以归属于尖晶石型 LZTO（JCP-DS♯86-1512）[图 4.75（b）]，这表明 LZTO 的晶体结构不因碳和 La_2O_3 的存在而改变。LZTO@C@La_2O_3 的晶格参数比 LZTO@C 的稍大（表 4.34），这是因为制备 LZTO@C@La_2O_3 的过程中增加了一步在 N^2 中 500℃煅烧 3 h。另外，与 LZTO@C 相比，LZTO@C@La_2O_3 的衍射峰并未发生明显的偏移 [图 4.75（a）、（c）]。这表明 La 元素没有掺杂到 LZTO 晶格中而是以 La_2O_3 的形式包覆在 LZTO 颗粒表面。从 ICP 测试结果可以推断出复合物中 La_2O_3 的含量为 3%，但是并未从 XRD 中检测出 La_2O_3 的相关衍射峰，这可能是因为 La_2O_3 的含量低或者 La_2O_3 层很薄。LZTO@C 和 LZTO@C@La_2O_3 的碳含量为 11.5% [图 4.75（d）]，然而并未检测出碳的相关衍射峰，这可能是因为碳为多孔或者碳层很薄，碳的存在可以提高材料的电子电导率。碳和 La_2O_3 的共同包覆层可以阻止活性物质 LZTO 和电解液的直接接触，从而减弱界面的电化学反应。

表 4.34　LZTO@C 和 LZTO@C@La_2O_3 样品的晶胞参数

样品	$a/Å$	$V/Å^3$	空间群
LZTO@C	8.373(4)	587.0(2)	$P4_332$
LZTO@C@La_2O_3	8.373(7)	587.1(5)	$P4_332$

图 4.76（a）为 LZTO@C 和 LZTO@C@La_2O_3 样品的 XPS 图谱，可以看出 Zn、Ti、O、C 和 N 存于 LZTO@C 和 LZTO@C@La_2O_3 中。另外，LZTO@C@La_2O_3 中

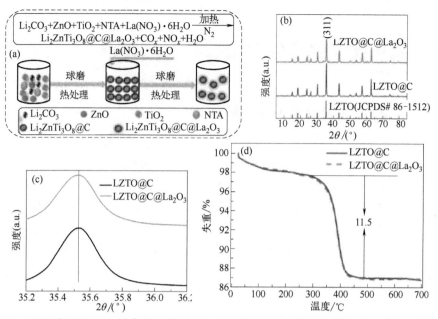

图 4.75　LZTO@C@La$_2$O$_3$ 的合成示意图（a），LZTO@C 和 LZTO@C@La$_2$O$_3$ 的 XRD 图（b），
（311）衍射峰的放大图（c）和 LZTO@C 和 LZTO@C@La$_2$O$_3$ 的 TG 图（d）

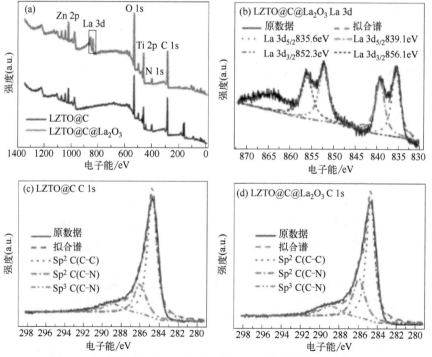

图 4.76　LZTO@C 和 LZTO@C@La$_2$O$_3$ 样品的 XPS 图谱（a），
La 3d 的高分辨 XPS 图谱（b）和 C 1s 高分辨 XPS 图谱（c）、（d）

存在 La 元素，835.6eV 和 839.1eV 的两个峰归属于 La $3d_{5/2}$，852.3eV 和 856.1eV 的两个峰归属于 La $3d_{3/2}$ [图 4.76 (b)]，数值与 La_2O_3 的一致，表明 LZTO@C@ La_2O_3 中 La 元素以 La_2O_3 的形式存在。C 1s 高分辨 XPS 图谱显示 LZTO@C 和 LZTO@C@ La_2O_3 中存在三种形式的碳 [图 4.76 (c)、(d)]，即位于 284.8eV 的 sp^2 C (C-C)、位于 286eV 的 sp^2 C (C-N) 和位于 288.8eV 的 sp^3 C (C-N)。

图 4.77 (a)、(b) 为 LZTO@C 和 LZTO@C@ La_2O_3 样品的 SEM 图。LZTO@C 颗粒互相连接在一起，然而，如图所标记的有一些颗粒团聚在一起。LZTO@C@ La_2O_3 样品由细小的颗粒组成。由 TEM 图可以看出两个样品中都存在碳 [图 4.77 (c)~(f)]。与 LZTO@C 相比，LZTO@C@ La_2O_3 颗粒被碳包覆得较均匀 [图 4.77 (e)、(f)]。HR-TEM 进一步表明 La 元素以 La_2O_3 的形式存在于 LZTO@C@ La_2O_3 中 [图 4.77 (h)]。此外，EDX 能谱显示 La 元素存在于 LZTO@C@ La_2O_3 中，并能均匀地分散在材料中（图 4.78）。

与 LZTO@C 相比，碳和 La_2O_3 共包覆使 LZTO@C@ La_2O_3 材料颗粒更小（36nm）并具有较大的比表面积（72.8 $m^2 \cdot g^{-1}$）（图 4.79 和表 4.35），这将增加活性物质和电解液之间的接触面积，从而提升材料的可逆比容量。另外，与 LZTO@C 相比，LZTO@C@ La_2O_3 具有较大的孔容和孔径，这将有利于锂离子的扩散，进而提升材料的倍率性能。

LZTO@C 和 LZTO@C@ La_2O_3 样品在 1A $\cdot g^{-1}$ 电流密度下的首次充放电曲线如图 4.80 (a) 所示。对于每个样品而言，在 1.45V 出现了充电平台，在 1.03V 和 0.42V 出现了放电平台，表明嵌锂分两步进行，基于 Ti^{4+}/Ti^{3+} 氧化还原电对。与 LZTO@C@ La_2O_3 相比，LZTO@C 样品具有较大的比容量（346.5mAh $\cdot g^{-1}$）和较高的库仑效率（67%）。LZTO@C@ La_2O_3 样品首圈电化学性能差的原因可归结于以下几点：①对于 LZTO@C@ La_2O_3 而言，比容量是基于 LZTO@C@ La_2O_3 的总质量，其中 La_2O_3 的质量分数约为 3%，且为非活性物质，这会降低材料的比容量；②La_2O_3 层会增加 LZTO@C@ La_2O_3/Li 的内阻，同时锂离子脱嵌的极化增加 [图 4.81 (a)、(b)]。在 1A $\cdot g^{-1}$ 电流密度下循环 11 圈后 LZTO@C@ La_2O_3 的比容量高于 LZTO@C 的 [图 4.80 (b)、(c)]。这是因为 LZTO@C@ La_2O_3/Li 在接下来的循环中内阻和极化降低，锂离子脱嵌通道通畅 [图 4.81 (c)~(e)]。在循环 200 圈后，LZTO@C 和 LZTO@C@ La_2O_3 样品的容量保持率分别为 70.5% 和 89.8%（相对于第二圈而言）。在 2A $\cdot g^{-1}$ 和 3A $\cdot g^{-1}$ 电流密度下，与 LZTO@C 相比，LZTO@C@ La_2O_3 具有较小的初始放电比容量、较好的循环性能。循环 200 圈后，LZTO@C@ La_2O_3 相对于第二圈的比容量，容量保持率分别为 77.2% 和 76.7%。对于 LZTO@C 而言，在 2A $\cdot g^{-1}$ 和 3A $\cdot g^{-1}$ 电流密度下循环 200 圈后的容量保持率分别为 65.7% 和 52.8% [图 4.80 (b)、(c)]。在 55℃ 高温下，LZTO@C@ La_2O_3 仍具有良好的循环性能 [图 4.80 (d)]。在 1A $\cdot g^{-1}$ 电流密度下，LZTO@C 和 LZTO@C@

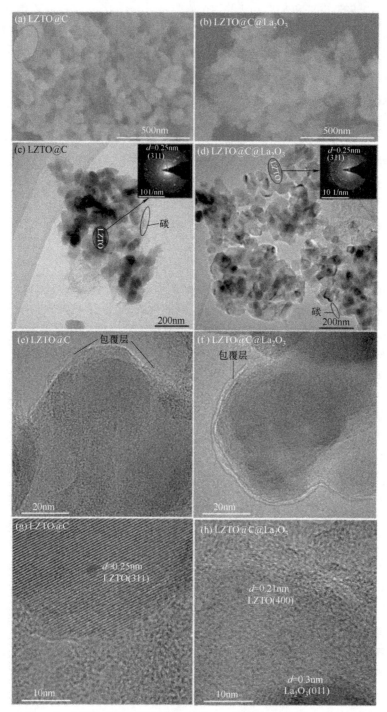

图 4.77　LZTO@C 和 LZTO@C@La$_2$O$_3$ 样品的 SEM 图（a）、（b），
TEM 图（c）、（d）和 HR-TEM 图（e）～（h）

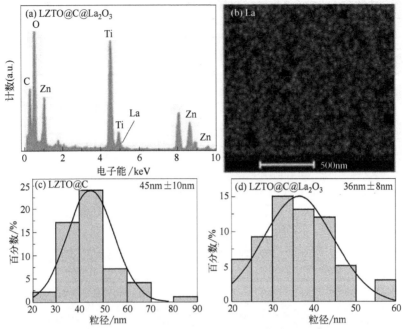

图 4.78　LZTO@C@La$_2$O$_3$ 的 EDX 能谱（a），La 元素的 Mapping 图（b）和 LZTO@C 和 LZTO@C@La$_2$O$_3$ 样品的粒径分布图（c）、（d）

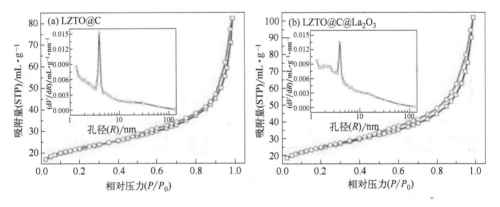

图 4.79　LZTO@C 和 LZTO@C@La$_2$O$_3$ 样品的 N$_2$ 吸附-脱附等温曲线

La$_2$O$_3$ 循环 100 圈后的容量保持率分别为 57.5% 和 80.6%（相对于第二圈而言）。LZTO@C@La$_2$O$_3$ 良好的循环可以归于以下几个原因。①在商业锂离子电池电解液中存在痕量的 HF，其可以侵蚀 LZTO，导致其中的金属元素溶解，进而引起材料容量衰减。碳和 La$_2$O$_3$ 共包覆层可以阻止 LZTO 颗粒和电解液的直接接触。另外，La$_2$O$_3$ 可以跟 HF 反应，这些都可以弱化 HF 对 LZTO 活性材料的侵蚀，作用机理如图 4.81（f）所示。②LZTO@C@La$_2$O$_3$ 电极在循环过程中可以保持电极的完整性，从而保持了良好的电接触（图 4.82）。

表 4.35　LZTO@C 和 LZTO@C@La$_2$O$_3$ 的比表面积、孔容和平均孔径

样品	比表面积/m$^2 \cdot$g^{-1}	总孔容/mL·g^{-1}	平均孔径/nm
LZTO@C	58.3	0.116	7.1
LZTO@C@La$_2$O$_3$	72.8	0.158	7.7

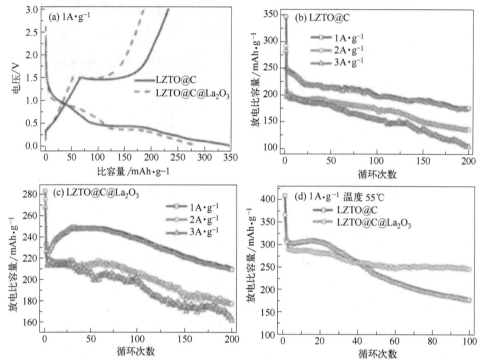

图 4.80　LZTO@C 和 LZTO@C@La$_2$O$_3$ 样品在 1A·g^{-1} 电流密度下的首次充放电曲线（a），
LZTO@C 和 LZTO@C@La$_2$O$_3$ 样品在 1～3A·g^{-1} 电流密度下的循环性能（b）、（c）
和 LZTO@C 和 LZTO@C@La$_2$O$_3$ 样品在 55℃和 1A·g^{-1} 电流密度下的循环性能（d）

此外，LZTO@C@La$_2$O$_3$ 样品表现出良好的倍率性能。在 4A·g^{-1} 和 5A·g^{-1} 电流密度下 LZTO@C@La$_2$O$_3$ 第二次的放电比容量分别为 211.4mAh·g^{-1} 和 195.3mAh·g^{-1}，循环 100 圈后的放电比容量分别为 174.3mAh·g^{-1} 和 166.1mAh·g^{-1}［图 4.83（a）］。LZTO@C@La$_2$O$_3$ 样品良好的倍率性能可能源于以下几个原因：①碳包覆层的存在可以提高其电子电导率；②碳和 La$_2$O$_3$ 复合包覆层的存在可以抑制材料颗粒生长，同时材料具有大的比表面积和孔径；③碳和 La$_2$O$_3$ 的存在可以使活性材料和 Cu 集流体之间具有强的黏附力，从而形成良好的导电网络。

LZTO@C 和 LZTO@C@La$_2$O$_3$ 样品在不同电流密度下的循环性能如图 4.83（b）所示。与 LZTO@C 相比，在低的电流密度 0.4A·g^{-1} 下，LZTO@C@La$_2$O$_3$ 样品的初始放电比容量较低，但是在接下来的循环中 LZTO@C@La$_2$O$_3$ 样品的放电

比容量超过了 LZTO@C 的。LZTO@C 和 LZTO@C@La$_2$O$_3$ 样品在 0.4A·g^{-1} 电流密度下循环 10 次的放电比容量分别约为 280mAh·g^{-1} 和 315mAh·g^{-1}。经过在不同电流密度下循环 60 圈之后降为 0.4A·g^{-1} 后，LZTO@C 和 LZTO@C @La$_2$O$_3$ 样品的放电比容量分别为 285mAh·g^{-1} 和 325mAh·g^{-1}。两个材料都表现出良好的容量恢复性。

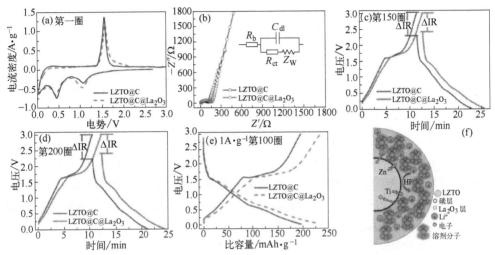

图 4.81　LZTO@C 和 LZTO@C@La$_2$O$_3$ 样品的 CV 曲线（a），EIS 曲线（b），IR 曲线（c）、（d），
充放电曲线（e）和碳和 La$_2$O$_3$ 共包覆 LZTO@C@La$_2$O$_3$ 样品的作用机理（f）

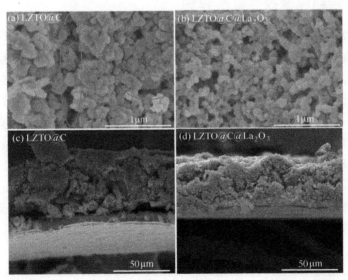

图 4.82　LZTO@C 和 LZTO@C@La$_2$O$_3$ 样品在 1A·g^{-1} 电流密度下循环 200 次的
表面 SEM 图（a）、（b）和截面 SEM 图（c）、（d）

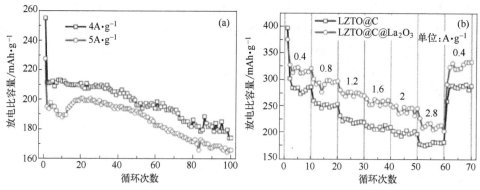

图 4.83 LZTO@C 和 LZTO@C@La$_2$O$_3$ 样品在 4A·g^{-1} 和 5A·g^{-1} 电流密度下的循环
性能（a）和阶梯循环性能（b）

通过简单的固相法制备了碳和 La$_2$O$_3$ 共包覆的 LZTO（Li$_2$ZnTi$_3$O$_8$@C@La$_2$O$_3$）。碳可以提高材料的电子电导率和比表面积，这有利于材料容量的释放。碳和 La$_2$O$_3$ 共包覆可以抑制 LZTO 中金属元素的溶解，进而提高材料的循环性能。另外，共包覆层可以使 Li$_2$ZnTi$_3$O$_8$@C@La$_2$O$_3$ 具有大的比表面积和孔径、良好的导电网络，这都有利于其电化学性能。设计的 Li$_2$ZnTi$_3$O$_8$@C@La$_2$O$_3$ 具有良好的倍率和循环性能。鉴于合成方法简单，材料电化学性能优异，Li$_2$ZnTi$_3$O$_8$@C@La$_2$O$_3$ 被认为是有应用前景的锂离子电池负极材料。

4.2.2 聚合物包覆改性钛酸锌锂

钛酸锌锂负极材料的低电子电导率严重限制了其实际应用，因此采用具有高电化学活性、高电容性以及高电导率的高分子材料对其进行表面包覆成为一个新的研究热点。导电高分子材料主要包括聚乙炔、聚苯胺、聚苯乙炔和聚噻吩等，其中聚苯胺因抗氧化性好、制备工艺简单以及价格低廉等优点已经成功应用于锂离子电池电极材料中[181,182]。图 4.84 聚苯胺的结构式，主要包括还原单元（全苯式结构）和氧化单元（苯-醌交替结构）两个部分。聚苯胺的氧化还原程度由 y 值表示，y 值不同聚苯胺所呈现出的颜色和导电性能也会有所不同：当 $y=1$ 时，聚苯胺中只包括还原单元，此时为白色绝缘体；当 $y=0$ 时结构中则只存在氧化单元，同样为白色不导电物质；只有当 $0<y<1$ 时，聚苯胺中氧化、还原单元才会同时存在，且经过质子酸掺杂后能变成电导率提高十几个数量级的高导电材料，此时呈墨绿色。

实验中使用的导电聚苯胺都是以苯胺作为反应单体合成的。在众多合成方法中，化学氧化聚合法由于具有操作简单、成本低和能批量化生产等优点成为聚苯胺最常用的合成方法。这种方法主要是在酸性且低温条件下，采用引发剂将苯胺单体氧化聚合成聚苯胺。酸性条件一般采用质子酸进行控制，质子酸对反应的进行至关

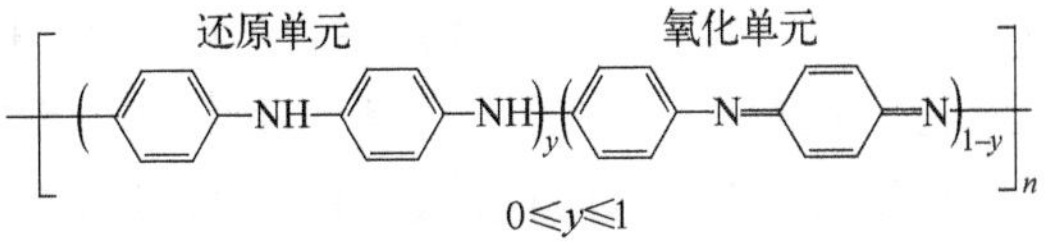

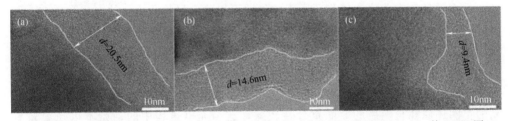

图 4.84　聚苯胺的结构式

重要，它不仅能为聚苯胺的聚合提供所需要的 pH 值，而且能进入到聚苯胺骨架内增加材料的导电性。掺杂的质子酸可以采用单一酸，例如醋酸、盐酸、磺基水杨酸和十二烷基苯磺酸等，也可采用两两混合的复合酸。本部分分别采用单一酸（盐酸）和复合酸（盐酸和 5-磺基水杨酸）掺杂聚苯胺，同时对钛酸锌锂负极材料进行包覆改性，以确定性能最佳的改性材料。

4.2.2.1　单一酸掺杂聚苯胺包覆 $Li_2ZnTi_3O_8$ 的制备

聚苯胺包覆层的厚度和均匀程度都会对材料的电化学性能产生一定的影响，因此对 LZTO@PANI-1、LZTO@PANI-2 和 LZTO@PANI-3 三个复合材料的微观结构进行了表征，表征结果如图 4.85 所示。由图可知，三个材料的边缘处都存在着具有一定厚度的非晶态层，这说明聚苯胺是以无定形的形式存在并成功包覆在钛酸锌锂表面的。其中 LZTO@PANI-1 材料的包覆层较厚，约为 20.5nm；LZTO@PANI-3 材料的包覆层与 $Li_2ZnTi_3O_8$ 材料之间的界线较为模糊且厚度明显不均匀，较薄处约为 9.4nm；而 LZTO@PANI-2 材料的包覆层大约为 14.6nm 厚，相对其它两个材料厚度较均匀适中，可能更容易提供优异的电化学性能。

图 4.85　LZTO@PANI-1 (a)、LZTO@PANI-2 (b) 和 LZTO@PANI-3 (c) 的 TEM 图

对 LZTO@PANI-1、LZTO@PANI-2 和 LZTO@PANI-3 三个复合材料进行充放电测试，结果如图 4.86 (a) 所示。在 $0.1A \cdot g^{-1}$ 的电流密度下，三个材料的初始放电比容量分别为 $315.0mAh \cdot g^{-1}$、$330.0mAh \cdot g^{-1}$ 和 $369.5mAh \cdot g^{-1}$；循环 100 次后放电比容量依次为 $258.9mAh \cdot g^{-1}$、$281.3mAh \cdot g^{-1}$ 和 $245.5mAh \cdot g^{-1}$。可以看出，首次循环时聚苯胺包覆量越少放电比容量越高，即 LZTO@PANI-3 复合材料具有最高的放电比容量；但是随着循环次数的增加，该复合材料的放电比容量增长缓慢甚至出现下降趋势，这可能归因于材料的包覆层不均匀，在初始几圈的循环过程中薄弱包覆层破裂，形成新的 SEI 膜，电解液的消耗导致不可逆容量的增加；而 LZTO@PANI-1 和 LZTO@PANI-2 两个材料虽然初始放电比容量较低，但是随着循环的进行放电比容量呈现直线上升的趋势，这说

明足量的聚苯胺包覆会在一定程度上阻碍电解液的浸润，增加材料的活化时间，所以放电比容量在不断活化的过程中逐渐提高；但是过厚的包覆层不利于锂离子的嵌入和脱出，导致电极极化增大，影响材料容量，所以 LZTO@PANI-1 材料的放电比容量相比 LZTO@PANI-2 更低。因此，具有厚度适中且均匀聚苯胺包覆层的 LZTO@PANI-2 复合材料具有更高的放电比容量和较好的循环稳定性，这与 TEM 表征预测结果保持一致。

为进一步验证上述规律是否正确，将三个通过不同摩尔比制备的电极材料重新组装成半电池，在 $0.8A \cdot g^{-1}$ 电流下进行恒流充放电测试，结果如图 4.86 （b）所示。由图可知，三条放电曲线的变化趋势与图 4.86 （a）保持一致，即 LZTO@PANI-2 负极材料具有最高的放电比容量且循环稳定性较好：首次循环时，该材料的放电比容量为 $260.6mA \cdot h \, g^{-1}$；循环 300 圈后仍然具有 $189.0mAh \cdot g^{-1}$ 的高放电比容量。

图 4.86 （c）为 LZTO@PANI-1、LZTO@PANI-2 和 LZTO@PANI-3 三个负极材料在循环前进行的交流阻抗测试，以及相应的等效电路图。其中电路图中的 R_{ct} 和 Z_W 分别对应着 EIS 图谱中的中频半圆和低频斜线，R_s 则代表着图中未显现出的高频截距。其中代表电荷转移电阻的 R_{ct} 越小，电极材料的电化学性能越好。由图可知，LZTO@PANI-2 的电荷转移电阻最小，LZTO@PANI-3 的电荷转移电阻最大，LZTO@PANI-1 的电荷转移电阻居中。这与上述规律保持一致，即 LZTO@PANI-2 电极材料具有最优异的电化学性能。

根据循环伏安曲线中氧化还原峰的位置可以确定材料所进行的电化学反应。图 4.86 （d）为 LZTO@PANI-2 电极材料在 $0.02 \sim 3.0V$ 电势范围内，扫描了 6 圈的循环伏安曲线图。由图可知：曲线在 0.5V 左右出现还原峰，这是由于 Ti^{4+} 的多次还原所致；在 $1.0 \sim 1.7V$ 电压范围之间出现一对氧化还原峰对应着 Ti^{4+}/Ti^{3+} 氧化还原对，这表明聚苯胺的包覆并没有改变 $Li_2ZnTi_3O_8$ 的电化学反应过程；样品的首圈还原峰与随后的 5 圈重合性较差，这与充电过程中的初始不可逆容量有关，同时发现 $1.0 \sim 1.7V$ 电压范围内的还原峰电势从第二圈开始逐渐移向高电势，这可能是由于钛酸锌锂负极材料在电化学反应过程中发生了相的转变，即从尖晶石型变成了岩盐型。

为了进一步确定经盐酸掺杂而制备的最佳复合材料中是否存在聚苯胺，对 LZTO@PANI-2 样品进行了红外光谱测试。从图 4.87 （a）中可以明显看出，在 $3422.2cm^{-1}$ 波数处的基团吸收峰，应归因于 N—H 键的伸缩振动；对于 $1581.6cm^{-1}$ 和 $3422.2cm^{-1}$ 波数处的基团吸收峰则可分别归属于 N$=$Q$=$N 醌式结构和 N—B—N 苯式结构的特征吸收峰；而 $1306.3cm^{-1}$ 和 $1495.8cm^{-1}$ 处出现的两个吸收峰，则代表着芳香胺 Ar—NH_2 的存在，与文献报道的一致[183]。由此可证明，盐酸掺杂的聚苯胺确实存在于复合材料中。

根据热重曲线中温度和质量下降百分比，可推断出材料的热分解产物以及产物

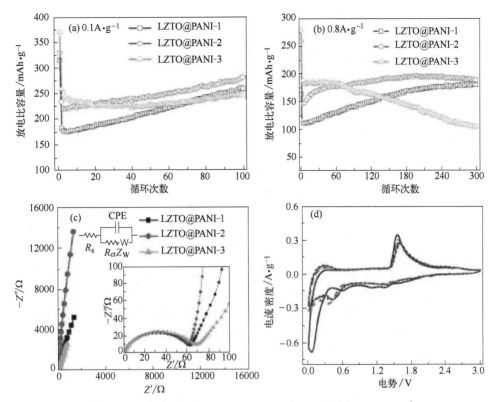

图 4.86 不同苯胺与 $Li_2ZnTi_3O_8$ 的摩尔比合成的样品在 $0.1A \cdot g^{-1}$ （a）

和 $0.8A \cdot g^{-1}$ （b）电流密度下的循环性能曲线以及循环前的交流阻抗图谱（c）；

LZTO@PANI-2 电极 1～6 次的循环伏安曲线（d），电势

范围 $0.02\sim3.0V$，扫描速度 $0.5m \cdot V \cdot s^{-1}$

含量等信息。如图 4.87（b）所示，是盐酸掺杂聚苯胺最佳复合材料的热重曲线。从图中可以看出，曲线有两段明显的失重：300℃之前质量损失了 2％～3％，这主要是由于材料中水分的挥发以及盐酸的脱除；300℃之后质量又损失了 5.3％，这是由于温度过高，聚苯胺的分子链发生了断裂，从而也说明了以苯胺与钛酸锌锂摩尔比为 1∶2 制备的复合材料中，聚苯胺的含量占据 5.3％。

4.2.2.2 复合酸掺杂聚苯胺包覆 $Li_2ZnTi_3O_8$

将钛酸锌锂与苯胺的摩尔比为 1∶6（LZTO@PANI-6）、1∶7（LZTO@PA-NI-7）和 1∶8（LZTO@PANI-8）三个复合材料在 $0.02\sim3.0V$ 的电压范围内，$0.1A \cdot g^{-1}$ 的电流密度下进行循环性能测试，以确定复合酸掺杂聚苯胺制备钛酸锌锂复合材料时的最佳摩尔比。如图 4.88（a）所示，LZTO@PANI-6 和 LZTO@PANI-8 复合材料的首次放电比容量分别为 337.5mAh $\cdot$ g^{-1} 和 328.2mAh $\cdot$ g^{-1}，循环 100 次后放电比容量和容量保持率分别为 261.8mAh $\cdot$ g^{-1}、225.6mAh $\cdot$ g^{-1}

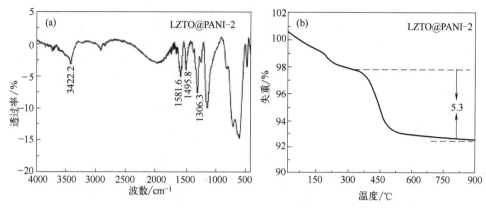

图 4.87　LZTO@PANI-2 样品的红外光谱图（a）和 TG 曲线（b）

和 108.4%、115.4%；而 LZTO@PANI-7 复合材料循环 1 和 100 圈后的放电比容
量分别为 362.0mAh·g^{-1} 和 283.4mAh·g^{-1}，且循环 100 圈相对应的容量保持
率为 114.3%。根据以上数据可知，当 n_{ANI}：n_{LZTO}＝1：7 时制备的 LZTO@PA-
NI-7 复合材料具有最高的放电比容量以及相对较高的容量保持率，因此初步判断，
1：7 为复合酸掺杂聚苯胺包覆钛酸锌锂负极材料的最佳摩尔比。

为再次探究 ANI 与 LZTO 的最佳摩尔比，将 LZTO@PANI-6、LZTO@PA-
NI-7 和 LZTO@PANI-8 三个样品在 0.5A·g^{-1} 的电流密度下进行了循环性能测
试，结果如图 4.88（b）所示。观察三个样品放电比容量的变化趋势，发现 LZTO
@PANI-6 和 LZTO@PANI-7 两个样品的放电比容量在 300 圈的循环中并未发生
严重衰减，且后者的放电比容量一直保持最高；而对于 0.1A·g^{-1} 时循环 100 圈
容量保持率最高的 LZTO@PANI-8 样品而言，在循环 200 次左右放电比容量出现
了严重的衰减。为更直观地表述三个样品放电比容量的变化趋势，将它们在相应电
流密度下循环 1、200 和 300 圈后测定的具体数值列于表 4.36。由表可知，LZTO
@PANI-6、LZTO@PANI-7 和 LZTO@PANI-8 三个样品在首次循环时放电比容
量分别为 228.8mAh·g^{-1}、283.8mAh·g^{-1} 和 221.5mAh·g^{-1}，循环 200 次后
放电比容量依次变为 215.5mAh·g^{-1}、239.3mAh·g^{-1} 和 208.1mAh·g^{-1}，循
环 300 次后放电比容量分别保持在 207.1mAh·g^{-1}、218.3mAh·g^{-1} 和
146.0mAh·g^{-1}。对比数据发现，相较 LZTO@PANI-6 和 LZTO@PANI-8 两个

表 4.36　LZTO@PANI-6、LZTO@PANI-7 和 LZTO@PANI-8 样品在
0.5A·g^{-1} 循环 1、200 和 300 圈的放电比容量

样　　品	放电比容量/mAh·g^{-1}		
	1 圈	200 圈	300 圈
LZTO@PANI-6	228.8	215.5	207.1
LZTO@PANI-7	283.8	239.3	218.3
LZTO@PANI-8	221.5	208.1	146.0

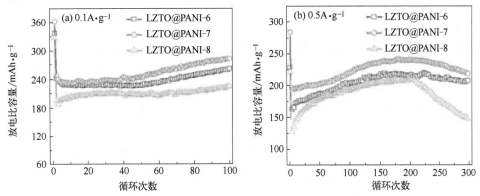

图 4.88　不同苯胺与 $Li_2ZnTi_3O_8$ 的摩尔比合成的样品在 0.1A · g^{-1}（a）

和 0.5A · g^{-1}（b）电流密度下的循环性能曲线

样品，LZTO@PANI-7 始终具有最高的放电比容量，且循环稳定性能优异。因此，当以苯胺与 $Li_2ZnTi_3O_8$ 的摩尔比为 1 : 7 时制备的复合材料具有最优异的电化学性能。

图 4.89（a）～（c）分别为 LZTO@PANI-6、LZTO@PANI-7 和 LZTO@PA-

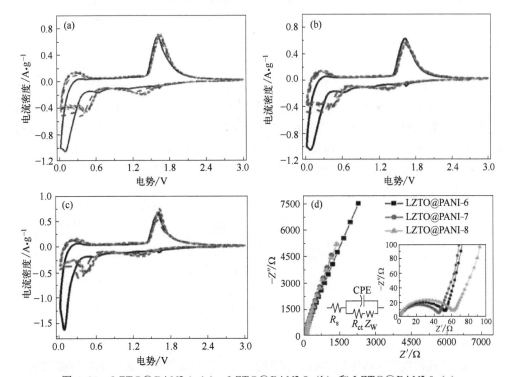

图 4.89　LZTO@PANI-6（a）、LZTO@PANI-7（b）和 LZTO@PANI-8（c）

样品 1～6 次的循环伏安曲线，电势范围 0.02～3.0V，扫描速度 0.5mV · s^{-1}；

不同苯胺与 $Li_2ZnTi_3O_8$ 的摩尔比合成样品的交流阻抗图谱（d）

NI-8 三个样品在 0.02～3.0V 的电势范围内，0.5mV·s^{-1} 的扫描速度下，扫描 6 圈测得的循环伏安曲线。从图中可观察到，三个样品的曲线形状相似，这说明三个样品具有相同的电化学反应。其次在首圈循环伏安曲线中，代表着 Ti^{4+}/Ti^{3+} 电对的氧化还原峰位置高度对称，位置分别位于 1.63/1.60V、1.63/1.62V 和 1.64/1.61V，这代表着锂离子在电极材料中的嵌入脱嵌高度可逆；而且 LZTO@PANI-7 电极材料相应的氧化还原峰电势差最小，这表明该材料工作过程中发生的极化程度最小。

图 4.89（d）是三个样品在充放电前进行交流阻抗测试获得的 Nyquist 图谱。根据前文描述，从图中可知 LZTO@PANI-7 的电荷转移电阻最小，LZTO@PA-NI-8 的电荷转移电阻最大，LZTO@PANI-6 的电荷转移电阻居中，即 LZTO@PANI-7 的动力学性能最好，更有利于钛酸锌锂负极材料电化学性能的提高。

为了验证采用复合酸为反应介质是否能成功掺杂聚苯胺以完成对 Li$_2$ZnTi$_3$O$_8$ 的包覆，将 LZTO@PANI-7 复合材料进行了 FT-IR 测试，测试结果呈现在图 4.90（a）中。根据聚苯胺的分子结构可知，它具有醌式（N＝Q＝N）和苯式（N—B—N）两个特征结构，分别对应着图 4.90 中 1585.4cm^{-1} 和 3419.0cm^{-1} 两处吸收峰；同时还包括 Ar—NH$_2$ 的存在，也在波数为 1302.9cm^{-1} 和 1492.9cm^{-1} 两处得到体现。即可证明材料中确实有聚苯胺的存在，复合酸为反应介质成功掺杂了聚苯胺。

为了进一步了解最佳复合材料的热分解产物以及材料中聚苯胺的含量，将其在 25～900℃ 的温度范围内，以 10℃·min^{-1} 的升温速率进行了 TG 测试，测试结果如图 4.90（b）所示。曲线主要发生了两次大幅度的质量下降：第一次质量下降是在 25～300℃ 之间，主要是因为材料中吸附水和结晶水的挥发，以及小分子酸（盐酸）和大分子酸（5-磺基水杨酸）的脱除；第二次质量的大幅度下降是发生在 300～500℃ 之间，这是因为聚苯胺在高温状态下发生了氧化分解。因此，复合材料中聚苯胺的含量大约为 2.3%。

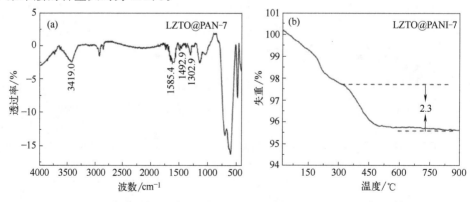

图 4.90　LZTO@PANI-7 样品的 FT-IR 谱图（a）和 TG 曲线（b）

4.2.2.3 两种酸掺杂的最佳样品与纯相样品的对比

由前两小节内容可知，采用单一酸和复合酸掺杂聚苯胺时分别以 ANI 与 LZ-TO 的摩尔比为 1∶2 和 1∶7 时能制备出电化学性能最佳的钛酸锌锂负极材料，将两种酸制备的最佳样品与最佳纯相样品（最佳条件：总金属离子与柠檬酸的摩尔比为 2∶1.50，700℃煅烧 3h）分别进行物理表征及电化学性能测试，来判断聚苯胺包覆后是否引入杂质、形貌变化以及性能是否提高。

为了直观地观察样品的微观形貌，对纯相（LZTO-2-1.50）、单一酸（LZTO@PANI-2）和复合酸（LZTO@PANI-7）最佳样品进行了形貌表征，表征结果如图 4.91 所示。相比 LZTO-2-1.50，LZTO@PANI-2 和 LZTO@PANI-7 中颗粒并未发生明显的团聚。这可能是因为材料表面聚苯胺包覆层的存在，阻碍了颗粒的进一步接触生长。同时发现 LZTO@PANI-7 样品的颗粒比 LZTO@PANI-2 的颗粒分散更均匀且粒径尺寸更小。

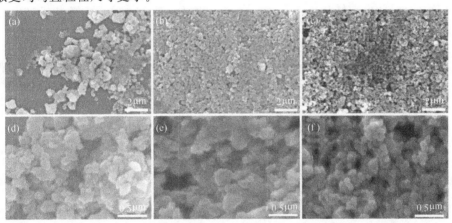

图 4.91　LZTO-2-1.50（a）、（d），LZTO@PANI-2（b）、（e）和 LZTO@PANI-7（c）、（f）样品在不同放大倍数下的 SEM 图

为了进一步了解 LZTO-2-1.50、LZTO@PANI-2 和 LZTO@PANI-7 三个样品的粒径尺寸及分布情况，采用 Nanomeasure 软件进行测量并绘制成图 4.92（a）。由图可知，测量结果与 SEM 图片中的观察结果一致。即 LZTO@PANI-2 样品的粒径尺寸最小且分布最为均匀，分布在 0.05～0.2μm（50～200nm）之间。这表明该活性电极材料与电解液之间具有更大的接触面积，从而为锂离子提供更多的反应活性位点；另外材料颗粒大小更加均匀，这可能使材料在充放电过程中具有更好的循环稳定性。

图 4.92（b）是 LZTO-2-1.50、LZTO@PANI-2 和 LZTO@PANI-7 的粉末 X 射线衍射图。由图可知，三个样品均检测出 9 个明显的衍射峰，与 JCPDS　86-1512 标准卡片中的衍射峰的位置完全对应，说明三个样品均为所需的目标产物——立方尖晶石结构的 $Li_2ZnTi_3O_8$；且相比 LZTO-2-1.50，LZTO@PANI-2 和

LZTO@PANI-7 两个样品中均并未检测到聚苯胺的相关衍射峰，这可能是因为聚苯胺是以无定形的形式存在或者含量较低（5.3% 和 2.3%），所以并不会对 $Li_2ZnTi_3O_8$ 的晶型结构产生影响。表 4.37 列出了三个样品的晶胞参数及空间群。由表可知，由上到下三个样品的晶胞参数逐渐变大，大的晶胞参数更有利于锂离子的快速扩散，因此 LZTO@PANI-7 样品可能具有更优异的电化学性能。此外，三个样品都隶属于 $P4_332$ 空间群，进一步表明聚苯胺的包覆并不会破坏 $Li_2ZnTi_3O_8$ 的晶型结构。

图 4.92（c）是 LZTO-2-1.50、LZTO@PANI-2 和 LZTO@PANI-7 三个样品在充放电循环前的交流阻抗谱图及等效电路图。其中等效电路图中的 R_{ct} 与 EIS 谱图中的中频半圆相对应，代表的是电解液和电极界面的电荷转移电阻。电荷转移电阻越小，对应电极材料的电化学性能越优异。由图可知，LZTO@PANI-7 负极材料电荷转移电阻最小，LZTO@PANI-2 负极材料的电荷转移电阻居中，LZTO-2-1.50 负极材料的电荷转移电阻最大。因此可断定，LZTO@PANI-7 负极材料的动力学性能更加优异。

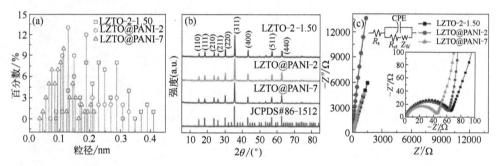

图 4.92　LZTO-2-1.50、LZTO@PANI-2 和 LZTO@PANI-7 样品的粒径分布图（a），X 射线衍射图（b）和交流阻抗图谱（c）

表 4.37　LZTO-2-1.50、LZTO@PANI-2 和 LZTO@PANI-7 的晶胞参数及空间群

样　　品	晶胞参数/Å	晶胞体积/Å³	空间群
LZTO-2-1.50	8.371(6)	586.7(1)	$P4_332$
LZTO@PANI-2	8.371(8)	586.7(5)	$P4_332$
LZTO@PANI-7	8.377(8)	588.0(1)	$P4_332$

如图 4.93（a）所示，是三个样品在 $1.0A \cdot g^{-1}$ 的电流密度下的循环性能。在首次循环时，LZTO-2-1.50、LZTO@PANI-2 和 LZTO@PANI-7 三个样品的放电比容量分别为 $179.7mAh \cdot g^{-1}$、$211.7mAh \cdot g^{-1}$ 和 $238.4mAh \cdot g^{-1}$，恒流充放电 100 次后放电比容量又分别变为 $166.4mAh \cdot g^{-1}$、$176.2mAh \cdot g^{-1}$ 和 $185.3mAh \cdot g^{-1}$。可见 LZTO@PANI-2 和 LZTO@PANI-7 两个样品与 LZTO-2-1.50 样品相比，放电比容量都有一定程度的提高，其中采用复合酸掺杂聚苯胺制备的 LZTO@PANI-7 样品放电比容量提高最多，在第 1 次和第 100 次的循环中分

别比 LZTO-2-1.50 高出 59.0mAh·g^{-1} 和 18.9mAh·g^{-1}。这可能是因为导电聚苯胺的包覆有效提高了钛酸锌锂的电子电导率，且明显改善了颗粒的分散性，使其获得更大的比表面积，为锂离子的脱嵌提供更多的反应活性位点，从而使材料的放电比容量得到提升；而复合酸掺杂聚苯胺包覆的 Li$_2$ZnTi$_3$O$_8$ 负极材料相比单一酸掺杂的材料颗粒更加均匀细小，锂离子的迁移速率更快，从而具有更高的放电比容量。所以，采用复合酸掺杂聚苯胺包覆钛酸锌锂负极材料具有更优异的电化学性能。

倍率性能是判断电极材料性能是否优越的一个重要指标，将电极材料组装成半电池使其从小电流密度循环到大电流密度最后再循环回小电流密度，然后根据放电比容量的变化，判断出材料的倍率性能好坏。图 4.93（b）是 LZTO-2-1.50、LZTO@PANI-2 和 LZTO@PANI-7 三个样品在 0.5A·g^{-1}、0.8A·g^{-1}、1.0A·g^{-1}、1.5A·g^{-1}、2.0A·g^{-1} 和 0.5A·g^{-1} 的电流密度下进行的倍率性能测试。在小电流密度 0.5A·g^{-1} 时，循环 20 圈后放电比容量分别为 162.8mAh·g^{-1}、172.7mAh·g^{-1} 和 180.1mAh·g^{-1}；当电流密度增加至 2.0A·g^{-1} 时，放电比容量分别减小至 134.4mAh·g^{-1}、141.6mAh·g^{-1} 和 153.9mAh·g^{-1}；当电流密度再次减小至 0.5A·g^{-1} 时，三种材料的放电比容量又重新增加到 176.8mAh·g^{-1}、185.4mAh·g^{-1} 和 202.4mAh·g^{-1}。由此可见，在不同的电流密度下，LZTO@PANI-7 样品始终具有最高的放电比容量，倍率性能更加优异。综合上述表征，这可能是因为：①适宜的聚苯胺包覆量可提供材料所需的电子电导率，加速电子迁移速率，改善电化学性能；②较小的颗粒尺寸，增大钛酸锌锂与电解液的接触面积，为锂离子提供了更多的反应活性位点，大大提高材料的放电比容量；③聚苯胺包覆层的存在避免了活性材料与电解液的直接接触，有效降低了电池副反应的产生。

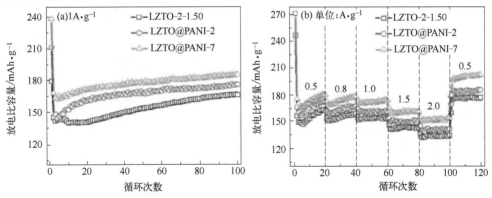

图 4.93　LZTO-2-1.50、LZTO@PANI-2 和 LZTO@PANI-7 样品在 1.0A·g^{-1} 时的循环性能曲线（a）以及 0.5～2.0A·g^{-1} 电流密度下的倍率性能曲线（b）

4.2.2.4　总结

本部分工作通过化学氧化聚合的方法对钛酸锌锂负极材料进行聚苯胺表面包

覆，且分别探索了单一酸（盐酸）和复合酸（盐酸和 5-磺基水杨酸）两种掺杂方式对材料性能的影响，具体结论如下：

① 采用单一酸掺杂聚苯胺时，当 $n_{ANI}:n_{LZTO}=1:2$ 时制备的钛酸锌锂/聚苯胺复合材料电化学性能较为优异：在 $0.1A \cdot g^{-1}$ 时，首次放电比容量为 $330.0mAh \cdot g^{-1}$，恒流充放电 100 圈以后，仍可保持 $281.3mAh \cdot g^{-1}$ 的高放电比容量。

② 采用复合酸掺杂聚苯胺时，当 $n_{ANI}:n_{LZTO}=1:7$ 时制备的 $Li_2ZnTi_3O_8$ 负极材料具有较为优异的倍率性能：在 $0.5A \cdot g^{-1}$、$0.8A \cdot g^{-1}$、$1.0A \cdot g^{-1}$、$1.5A \cdot g^{-1}$ 和 $2.0A \cdot g^{-1}$ 电流密度下，循环 20 圈后放电比容量分别为 $180.1mAh \cdot g^{-1}$、$177.5mAh \cdot g^{-1}$、$174.0mAh \cdot g^{-1}$、$161.2mAh \cdot g^{-1}$ 和 $153.9mAh \cdot g^{-1}$，且当电流密度再次回到 $0.5A \cdot g^{-1}$ 时，放电比容量可迅速升至 $202.4mAh \cdot g^{-1}$。

③ 将两种掺杂方式制备的最佳样品与纯相样品进行物理表征和电化学测试，发现聚苯胺只是包覆在材料表面，对钛酸锌锂的晶体结构并不会产生影响；聚苯胺包覆改善了颗粒的生长情况，其中复合酸最佳样品颗粒分散最为均匀且粒径尺寸最小，大约分布在 $50 \sim 200nm$ 之间；将纯相、单一酸和复合酸三个最佳样品在 $1.0A \cdot g^{-1}$ 的电流密度下进行充放电测试，循环 100 圈后放电比容量分别为 $166.4mAh \cdot g^{-1}$、$176.2mAh \cdot g^{-1}$ 和 $183.5mAh \cdot g^{-1}$，包覆后材料放电比容量均高于纯相，且复合酸最佳样品高出最多，即复合酸掺杂聚苯胺对钛酸锌锂的改性效果更为显著。

第 5 章

掺杂改性钛酸锌锂

5.1 单掺杂改性钛酸锌锂

5.1.1 Mo 掺杂钛酸锌锂

钛酸锌锂低的电子电导率致使其倍率性能不佳，进而限制了其实际应用。碳包覆、异种元素掺杂和减小材料颗粒尺寸是常用的改性方法。

碳包覆是有效提高 LZTO 表面电子电导率和制备纳米尺寸 LZTO 的有效方法。石墨烯由于其优良的电子电导率被认为是修饰锂离子电池或者超级电容器电极材料的理想碳源[128-133]。掺杂可以稳定材料结构，提高材料的内部电子电导率。据报道，Mo 元素可以极大提高电极材料的电化学性能[184-186]。

在本部分工作中，我们首次采用简单固相法使用 Mo 对 $Li_2ZnTi_3O_8$@石墨烯（LZTMO@G）进行掺杂 [图 5.1 (a)]。Mo 掺杂和石墨烯包覆共掺杂的 LZTO 表现出优异的倍率和循环性能。

LZTO 和 LZTMO@G 的衍射峰都可以归属于尖晶石型 LZTO（JCPDS♯86-1512）[图 5.1 (b)]，表明 Mo 掺杂并没有改变 LZTO 的晶体结构。另外，从 LZTMO@G 中检测出了 MoO_3 的相关衍射峰，说明 Mo 元素并没有完全进入 LZTO 的晶格中。此外，$2\theta=28.4°$ 的衍射峰归属于石墨烯，表明在还原性气氛中氧化石墨烯（GO）被还原为石墨烯（G）。G 在 LZTMO@G 的含量为 8.95% [图 5.1 (d)]。LZTMO 与 GO 的质量比为 1：0.31，LZTMO 与 G 的质量比变为 1：0.098，这是因为在 700℃热处理下 GO 上的羟基、羧基和环氧基失去，进一步说明 GO 被还原为 G。另外，与 LZTO 相比，LZTMO@G 的衍射峰移向高角度，表明 LZTMO@G 的晶格参数变小（表 5.1）。为了更清楚地观察角度位移，将（311）衍射峰放大，如图 5.1 (c) 所示。很显然，Mo 掺杂后 LZTO 晶胞体积变小，这是因为 Mo^{4+} 的离子半径（$r=0.065nm$）比 Zn^{2+}（$r=0.074nm$）的小，这表明 Mo^{4+} 已经成功掺杂到 LZTO 的晶格中。G 的存在可以提高 LZTO 的表面电子电导率，Mo 掺杂可以稳定 LZTO 的结构提高材料的内部电子电导率。这样可以预测 G 包覆和 Mo 掺杂共修饰可以极大提高 LZTO 的倍率和循环性能。

表 5.1 LZTO 和 LZTMO@G 的晶格参数

样品	$a/Å$	$V/Å^3$
LZTO	8.373(6)	587.1(5)
LZTMO@G	8.369(1)	586.2

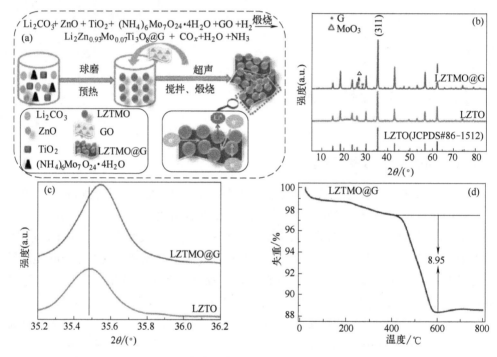

图 5.1 LZTMO@G 的合成示意图（a）；LZTO 和 LZTMO@G 的 XRD 图（b）和（311）衍射晶面放大图（c）；LZTMO@G 的 TG 图（d）

LZTMO@G 的 XPS 图谱如图 5.2（a）所示，可以看出其中含有 Zn、Ti、O、C 和 Mo 元素。C 1s 的高分辨 XPS 图谱可以拟合出三个峰 [图 5.2（b）]，位于 284.7eV、286.2eV 和 288.7eV，分别对应于 sp^2（C—C）、sp^3（C—OH）和 sp^3（O—C=C）。其中 C—C 占 76.6%，这表明大部分 GO 被还原成 G。Mo 3d 的高分辨 XPS 图谱 [图 5.2（c）] 可以拟合出来两个位于 233.8eV 和 230.8eV 的峰，分别对应于 Mo^{4+}（$3d_{3/2}$）和 Mo^{4+}（$3d_{5/2}$），这表明 Mo 元素以 Mo^{4+} 的形式存在于 LZTO 中。将 LZTMO@G 在空气中煅烧去除其中的碳之后的 Mo 3d 的高分辨 XPS 图谱如图 5.2（d）所示。可以看出空气中煅烧之后 Mo^{4+} 被氧化为 Mo^{6+}。

GO 和 LZTMO@G 的拉曼图如图 5.2（e）所示。每个图谱在 $1357cm^{-1}$（D

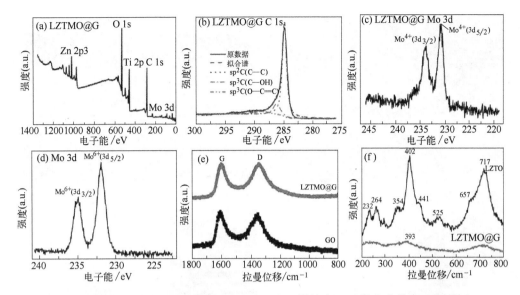

图 5.2　LZTMO@G 的 XPS 图（a），LZTMO@G 样品中 C 1s 的高分辨 XPS 图谱（b），
LZTMO@G 样品中 Mo 3d 的高分辨 XPS 图谱（c），将 LZTMO@G 在空气中煅烧去
除其中的碳之后的 Mo 3d 的高分辨 XPS 图谱（d），GO 和 LZTMO@G 的
拉曼图（e）和 LZTO 和 LZTMO@G 的拉曼图（f）

峰）和 1605cm^{-1}（G 峰）出现了两个峰。I_D/I_G 比值可以反映出 G 的无序性，可以用作确认还原反应的发生。GO 和 LZTMO@G 的 I_D/I_G 分别为 0.945 和 0.998。LZTMO@G 的 I_D/I_G 比 GO 的大，表明 GO 被还原。

　　LZTO 和 LZTMO@G 的拉曼图如图 5.2（f）所示。LZTO 的峰主要位于 232cm^{-1}、264cm^{-1}、354cm^{-1}、402cm^{-1}、441cm^{-1}、525cm^{-1}、657cm^{-1} 和 717cm^{-1}。在 402cm^{-1} 处的峰属于 ZnO_4 四面体中的 Zn—O 对称伸缩振动和 A1 g 模；441cm^{-1} 处的能带对应于 LiO_4 四面体中 Li—O 键的伸缩振动；717cm^{-1} 处的峰对应于 TiO_6 八面体基团中 Ti—O 键的对称伸缩振动。可以看出，在 LZTO 中的 402cm^{-1} 处的峰在 LZTMO@G 中移动到 393cm^{-1}，这说明 Mo^{4+} 掺杂在 ZnO_4 四面体位。据报道，材料的电子电导率随着 A 1g 半峰宽的增加而增加[21]。与 LZTO 相比，LZTMO@G 具有更宽的半峰宽，也就是说 LZTMO@G 的电子电导率比 LZTO 的高。另外，与 LZTO 相比，LZTMO@G 的峰强度明显变低，这可能是因为 Mo 掺杂和 G 包覆引起 LZTMO@G 的晶体结构无序造成的。

　　LZTO 和 LZTMO@G 的 SEM 图如图 5.3（a）、（b）所示，结果表明两个样品都是由很小的一次颗粒聚集而成的。从 TEM 图［图 5.3（c）、（d）］可以看到 LZTMO@G 样品中存在 G，并且 LZTMO@G 的颗粒比 LZTO 的小，仅有 32nm，小的颗粒使其具有较大的比表面积 17.2m^2·g^{-1}［图 5.3（e）、（f）和表 5.2］，大的比表面积有利于材料的比容量释放。另外，与 LZTO 相比，LZTMO@G 具有较

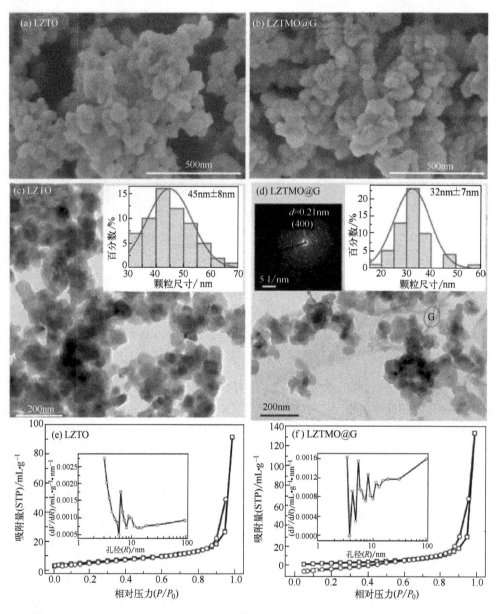

图 5.3 LZTO（a）和 LZTMO@G（b）的 SEM 图；LZTO（c）和 LZTMO@G（d）的 TEM 图；LZTO（e）和 LZTMO@G（f）的 N_2 吸附-脱附等温曲线

大的孔容和孔径。

表 5.2 LZTO 和 LZTMO@G 的比表面积、总孔容和平均孔径

样品	比表面积/$m^2 \cdot g^{-1}$	总孔容/$mL \cdot g^{-1}$	平均孔径/nm
LZTO	15.1	0.138	27.7
LZTMO@G	17.2	0.21	71.3

采用充放电测试材料的电化学反应。LZTO 和 LZTMO@G 在 $1A \cdot g^{-1}$ 电流密度下的首次充放电曲线如图 5.4（a）所示。对每个样品而言，在 1.48V 有一个充电平台，在 0.95V 和 0.38V 出现了放电平台。与 LZTO 相比，LZTMO@G 具有较大的放电比容量（$285mAh \cdot g^{-1}$）和较高的初始库仑效率（71.2%）。循环几圈之后两个样品的库仑效率都接近 100%，在整个循环过程中，LZTMO@G 的库仑效率比 LZTO 的高［图 5.4（b）］，这表明锂离子在 LZTMO@G 中脱嵌高度可逆。

另外，LZTMO@G 的循环性能比 LZTO 的好。例如，在 $1A \cdot g^{-1}$ 下，LZTMO@G 在第二圈的放电比容量为 $240mAh \cdot g^{-1}$，循环 600 圈后的容量保持率为 82.4%［相对于第二圈而言，图 5.4（b）］。然而，Mo 掺杂对 LZTO 倍率性能的提升并不明显。例如，在 $2A \cdot g^{-1}$ 电流密度下 Mo 掺杂的 LZTO（LZTMO）循环 200 次后的放电比容量仅有 $147mAh \cdot g^{-1}$。所以，在接下来的工作中主要研究 LZTO 和 LZTMO@G 的电化学性能。在 $2A \cdot g^{-1}$ 和 $3A \cdot g^{-1}$ 下，LZTO 和 LZTMO@G 第二圈的放电比容量分别为 $234mAh \cdot g^{-1}$ 和 $217mAh \cdot g^{-1}$，循环 300 次的容量保持率分别为 89.7% 和 82.4%［图 5.4（c）］。甚至在 55℃，与 LZTO 相比，LZTMO@G 在 $1A \cdot g^{-1}$ 下循环 100 圈的容量保持率较高为 96.9%［相对于第二圈而言，图 5.4（d）］。LZTMO@G 提升的电化学性能可能与以下原因有关：①G 的存在可以提高 LZTMO 的表面电子电导率；②G 的存在可以抑制 LZTMO 颗粒的生长；③商业化电解液中的锂盐 $LiPF_6$ 能跟痕量的水反应产生 HF，HF 能腐蚀电极材料中的金属元素，从而造成材料容量衰减，G 包覆在 LZTMO 颗粒表面，将活性物质和电解液物理性隔开，这样可以减弱 HF 对活性材料的侵蚀；④Mo 掺杂可以稳定 LZTMO 的结构，同时提高材料的内部电子电导率。图 5.4（e）、（f）为 LZTO 和 LZTMO@G 电极在 $3A \cdot g^{-1}$ 电流密度下循环 200 次后的 XRD 图。LZTMO@G 电极循环后的 XRD 峰仍很尖锐，晶胞体积循环前后变化很小（表 5.3），表明在锂离子脱嵌过程中，LZTMO@G 的结构很稳定。然而，LZTO 电极循环后的 XRD 衍射峰变宽且模糊，晶胞体积循环前后变化大，表明 LZTO 在锂离子脱嵌过程中结构遭到了部分破坏。

表 5.3 LZTO 和 LZTMO@G 电极在 $3A \cdot g^{-1}$ 电流密度下循环 200 次前后的晶胞参数

样　品	晶胞体积/Å^3	
	循环前	循环后
LZTO	588.3(2)	586.3(8)
LZTMO@G	587.4(2)	587.4(7)

研究了 LZTO 和 LZTMO@G 的动力学。两个电极在 $1A \cdot g^{-1}$ 下循环 10 圈，测试了交流阻抗，结果如图 5.5（a）所示，插图为等效电路图。R_b 为电解液和电池组件的接触电阻，对应图上的截距；C_{SEI} 和 R_{SEI} 对应图上的第一个半圆，分别表示固体电解质膜的电容和阻抗；C_{dl} 和 R_{ct} 对应第二个半圆，分别表示双电层电

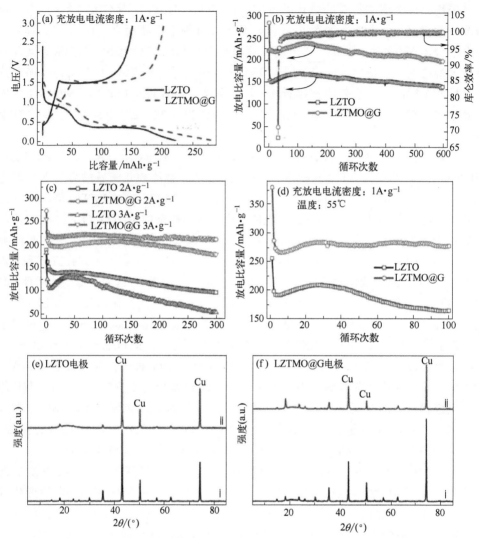

图 5.4 LZTO 和 LZTMO@G 在 1A·g^{-1} 下的首次充放电曲线（a）及循
环性能和库仑效率（b）；LZTO 和 LZTMO@G 在 2A·g^{-1} 和 3A·g^{-1} 下的
循环性能（c）；LZTO 和 LZTMO@G 在 55℃和 1A·g^{-1} 下的循环
性能（d）；LZTO 和 LZTMO@G 电极在 3A·g^{-1} 电流密度
下循环 200 次后的 XRD 图（e）、（f）

容和电荷转移阻抗；Z_W 代表 Warburg 阻抗。与 LZTO 电极相比，LZTMO@G 具
有较小的电荷转移阻抗 47.66Ω（表 5.4），这有利于其电化学性能。

图 5.5（b）为 Z_{re} 和 $\omega^{-1/2}$ 的关系图。基于低频区的 Warburg 阻抗采用式
（3.1）和式（3.2）计算了 LZTO 和 LZTMO@G 的锂离子扩散系数，分别为
2.39×10^{-16} cm^2·s^{-1} 和 2.60×10^{-15} cm^2·s^{-1}。与 LZTO 相比，LZTMO@G 的

锂离子扩散系数较高，这表明锂离子扩散速率快，有利于其倍率性能。LZTMO@G 在 $4A \cdot g^{-1}$ 和 $5A \cdot g^{-1}$ 下循环 200 次后的放电比容量分别为 $164mAh \cdot g^{-1}$ 和 $153mAh \cdot g^{-1}$ [图 5.5（c）]，表现出良好的倍率性能。

为了评估 LZTO 和 LZTMO@G 的容量恢复性，将两个电极在不同电流密度下循环，结果如图 5.5（d）所示。在 $0.4A \cdot g^{-1}$ 下循环 10 次后，LZTO 和 LZTMO@G 的放电比容量分别为 $171mAh \cdot g^{-1}$ 和 $254mAh \cdot g^{-1}$。甚至在高电流密度 $2.8A \cdot g^{-1}$ 下循环 10 次，LZTO 和 LZTMO@G 的放电比容量分别为 $133mAh \cdot g^{-1}$ 和 $219mAh \cdot g^{-1}$。当电流密度重新降到 $0.4A \cdot g^{-1}$ 循环 10 次，LZTO 和 LZTMO@G 的放电比容量分别为 $193mAh \cdot g^{-1}$ 和 $294mAh \cdot g^{-1}$，两个电极都获得了大的比容量。这可能是因为，在小的电流密度 $0.4A \cdot g^{-1}$ 下循环 10 次后电极得到了活化，在接下来的循环中可以获得大的比容量。另外，与 LZTO 相比，LZTMO@G 在整个循环中都具有大的放电比容量。

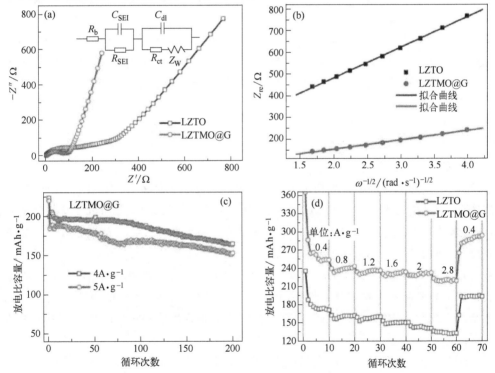

图 5.5　LZTO 和 LZTMO@G 的交流阻抗（a）及 Z_{re} 和 $\omega^{-1/2}$ 的关系图（b）；
LZTMO@G 在 $4A \cdot g^{-1}$ 和 $5A \cdot g^{-1}$ 下的循环性能（c）及 LZTO 和
LZTMO@G 在不同电流密度下的循环性能（d）

表 5.4　LZTO 和 LZTMO@G 的交流阻抗参数和锂离子扩散系数

样品	R_b/Ω	R_{SEI}/Ω	R_{ct}/Ω	$D_{Li^+}/cm^2 \cdot s^{-1}$
LZTO	3.510	31.67	118.5	2.39×10^{-16}
LZTMO@G	4.704	11.30	47.66	2.60×10^{-15}

采用简单的固相法制备了 Mo 掺杂的 $Li_2ZnTi_3O_8$@石墨烯（LZMTO@G）纳米材料。LZTO 纳米颗粒可以均匀地分散在石墨烯导电网络中。G 的存在可以提高 LZTO 的表面电子电导率，同时可以抑制 LZTO 的颗粒生长，将活性物质与电解液物理性隔开减弱副反应的发生。Mo 掺杂可以稳定 LZTO 的结构，同时提高材料的内部电子电导率。设计的 $Li_2Zn_{0.93}Mo_{0.07}Ti_3O_8$@G 导电网络表现出高的倍率性能和良好的循环性能。鉴于合成方法简单，电化学性能优异，Mo 掺杂的 $Li_2ZnTi_3O_8$@G 将很有应用前景。

5.1.2　Nb 掺杂钛酸锌锂

LZTO 的广泛应用很大程度上受到低导电性的阻碍。解决这一问题的办法有很多，包括形貌设计、导电材料包覆和金属离子掺杂。导电碳包覆可以极大改善 LZTO 的表面电子导电性，但是碳包覆也会降低锂离子电池的体积能量密度。掺杂是稳定 LZTO 结构和改善其晶体内部电子导电性的一种有效方式。Ce^{4+}[47]、Fe^{3+}[23] 和 Ti^{3+}[17] 掺杂极大地改善了 LZTO 的整体电化学性能。而 V^{5+}[21]、Ag^+[19]、Al^{3+}[20]、Cu^{2+}[18]、Na^+[46] 和 Zr^{4+}[48] 掺杂仅在一定程度上提高了 LZTO 的倍率和循环性能。因此，掺杂元素的选择对提高 LZTO 整体电化学性能具有重要的意义。Nb^{5+} 取代 LZTO 中的部分 Ti^{4+} 有望提高材料的整体电化学性能，主要有以下两个原因：①Nb^{5+} 和 Ti^{4+} 的离子半径接近，所以 Ti^{4+} 很容易被 Nb^{5+} 取代；②Nb^{5+} 取代 Ti^{4+} 将会出现晶格缺陷或者改变电子浓度，进而提升 LZTO 的电子电导率。Tian 等[187] 通过溶胶-凝胶法制备了 Nb^{5+} 掺杂的 $Li_4Ti_5O_{12}$。为了保持电荷平衡部分 Ti^{4+} 转变成 Ti^{3+} 从而使 $Li_4Ti_5O_{12}$ 的电子导电性增加，所以 $Li_4Ti_{4.95}Nb_{0.05}O_{12}$ 表现出良好的倍率性能。Lv 等研究了 Nb 掺杂对 1D 纳米结构 $LiNi_{1/3}Co_{1/3}Mn_{1/3}O_2$ 的影响[188]。为了电荷平衡，部分 Mn^{4+} 变成了 Mn^{3+}，改善了正极的电子导电性。然而，目前还没有关于 Nb 掺杂 LZTO 作为负极材料的相关报道。迄今为止，LZTO 的合成主要包括固相和液相路线，其中固相法易于大规模制备。本部分工作采用简单的一步固相法在 700℃煅烧 3h 合成了 Nb 掺杂的 LZTO。详细介绍了 Nb 掺杂的 LZTO 的物理性能和在半电池及全电池中的应用。

图 5.6（a）～（c）是 LZTN1O、LZTN3O 和 LZTN5O 的前驱体的热重（TG）曲线。300～500℃的失重与 Li_2CO_3 的分解有关。可以看出 TG 曲线在 550℃以上有一个平台，说明在此温度之后形成 LZTO。基于以上分析，本工作采用 700℃下烧结 3h 的一步煅烧工艺制备电极材料。图 5.6（d）是 LZTN1O、LZTN3O 和 LZTN5O 在不同电流密度下的阶梯循环性能，可以看出 LZTN5O 的倍率和循环性能明显劣于 LZTN1O 和 LZTN3O。过量的 Nb 掺杂不利于 LZTO 的电化学性能，因此，LZTN1O 和 LZTN3O 将是后面主要的研究对象。

LZTN1O、LZTN3O 和 LZTN5O 的 XRD 谱图如图 5.7（a）所示。并采用 Ri-

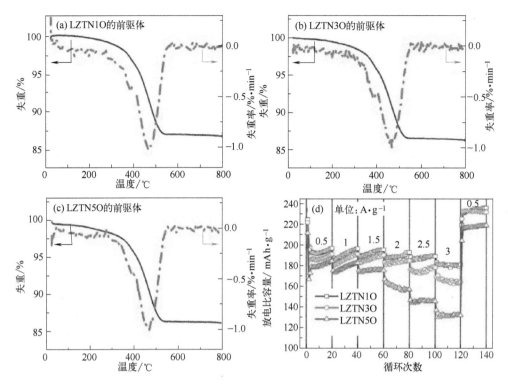

图 5.6　LZTN1O（a）、LZTN3O（b）和 LZTN5O（c）前驱体的 TG-DTG 曲线；
LZTN1O、LZTN3O 和 LZTN5O 在不同电流密度下的循环性能（d）

etveld 方法对 XRD 数据进行精修以分析材料的晶体结构和相组成，结果如图 5.7（b）～（d）和表 5.5 所示。根据 R_p（图形方差因子）、R_{wp}（加权图形方差因子）和 χ^2（拟合优度指标）这些评价参数，精修结果合理。LZTN1O 的衍射峰与 LZTO（JCPDS♯86-1512）的标准谱一致，表明 Nb 元素已经进入了 LZTN1O 的晶格中。然而，随着 Nb 元素量增加，LZTN3O 和 LZTN5O 中出现第二相 Ti_2O_3。LZTN3O 和 LZTN5O 中 Ti_2O_3 的含量分别为 0.2% 和 0.36%。在 Nb 掺杂的 LZTO 中没有出现与 Nb 相关的第二相，说明 Nb 元素进入了 LZTO 的晶格内。一方面，用半径为 0.064nm 的 Nb^{5+} 取代半径为 0.061nm 的 Ti^{4+}，部分 0.061nm 的 Ti^{4+} 会变为半径为 0.067nm 的 Ti^{3+}，这会使 LZTO 的晶格参数变大。另一方面，Nb^{5+}—O^{2-}（726.5kJ·mol^{-1}）的键能高于 Ti^{4+}—O^{2-}（666.5kJ·mol^{-1}）的，金属氧键增强，这会使 LZTO 的晶格参数减小。当 Nb 元素含量较低（$x=0.01$）时，第二个因素起主要作用。因此，LZTN1O 的晶格参数小于纯相 LZTO 的（表5.5）。在以往对其它电极材料的研究中也出现了类似结果。此外，Nb—O 键比 Ti—O 键强，在锂离子反复嵌入/脱出过程，Nb—O 键能稳定 LZTN1O 的结构。随着 Nb 元素含量的增加，Ti^{3+} 的含量增加，出现第二相 Ti_2O_3。因此，LZTN3O

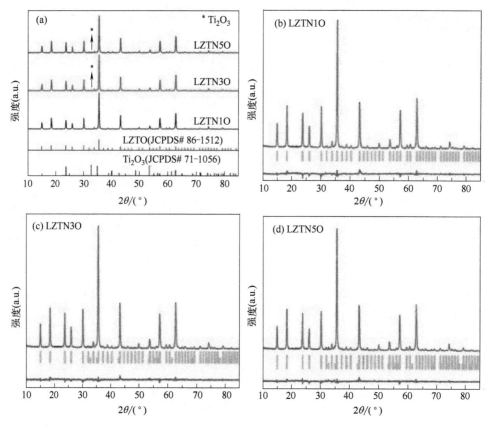

图 5.7　LZTN1O、LZTN3O 和 LZTN5O 的 XRD 图（a），LZTN1O、LZTN3O 和
LZTN5O 负极的 XRD 精修谱图（b）～（d）

和 LZTN5O 的晶格参数大于纯相 LZTO 的（表 5.5）。

表 5.5　LZTN1O、LZTN3O 和 LZTN5O 的晶格和评价参数

样品	第二相含量/%	$a=b=c$/Å	V/Å^3	R_{wp}/%	R_p/%	χ^2
LZTO	—	8.3730	587.01	11.5	8.37	1.87
LZTN1O	—	8.3714	586.662	11.1	8.06	2.00
LZTN3O	0.2	8.3731	587.013	11.1	7.84	1.70
LZTN5O	0.36	8.3736	587.138	11.3	7.90	1.82

LZTN1O、LZTN3O 和 LZTN5O 的 XPS 谱图如图 5.8（a）所示。可以看出，LZTN1O、LZTN3O 和 LZTN5O 中存在 Nb 元素，分别对应 Nb^{5+} 3d$_{5/2}$ 和 Nb^{5+} 3d$_{3/2}$ 两个自旋轨道 [图 5.8（b）]。Ti 2p 的高分辨 XPS 光谱表明位于 463.93eV（Ti 2p$_{1/2}$）和 458.25eV（Ti 2p$_{3/2}$）[图 5.8（c）] 的这两个峰对应于 LZTO 中的 Ti$^{4+[17]}$。Nb 掺杂 LZTO 的 XPS 谱图中没有检测出 Ti^{3+} 的相关峰。电子顺磁共振（EPR）更容易识别样品中 Ti^{3+} 的存在[189]。据报道，Ti^{3+} 的 g 值为 1.94～1.99[190]。如图 5.8（d）所示，LZTN1O、LZTN3O 和 LZTN5O 在 $g=1.99$ 时的

信号归属于 Ti^{3+}。因此，Nb^{5+} 的额外电荷应该由 Ti^{3+} 补偿，这表明 Nb 元素被掺杂到 LZTO 中。这与 XRD 的结果一致。

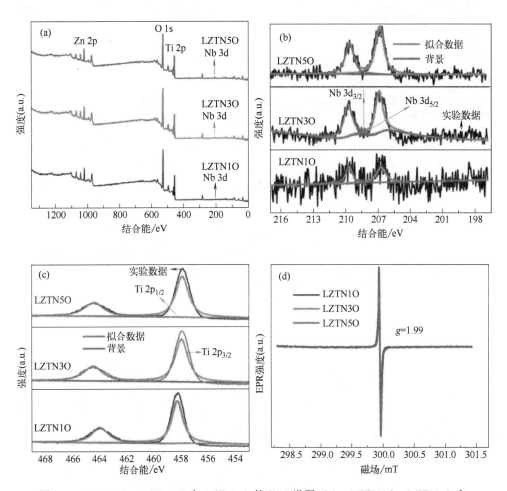

图 5.8　LZTN1O、LZTN3O 和 LZTN5O 的 XPS 谱图（a）；LZTN1O、LZTN3O 和 LZTN5O 的高分辨 Nb 3d XPS 谱图（b）；LZTN1O、LZTN3O 和 LZTN5O 的高分辨 Ti 2p XPS 谱图（c）；LZTN1O、LZTN3O 和 LZTN5O 的电子顺磁共振（EPR）谱图（d）

　　用扫描电镜观察了 LZTO、LZTN1O 和 LZTN3O 的形貌，如图 5.9（a）～（c）所示。可以看出，LZTN1O 和 LZTN3O 由纳米颗粒组成。与纯相 LZTO 相比，Nb 掺杂没有明显改变 LZTO 的形貌，但是减小了颗粒尺寸［图 5.9（d）～（f）］，提高了比表面积和总孔容（图 5.10 和表 5.6）。在这些样品中，LZTN1O 具有最小的颗粒尺寸（34nm）、最大的比表面积（21.4$m^2 \cdot g^{-1}$）和总孔容（0.49mL · g^{-1}），这有利于锂离子的快速扩散。掺杂使晶粒尺寸降低的原因可能是由于客体 Nb^{5+} 进入 LZTO 主体晶格中可以抑制晶粒长大。

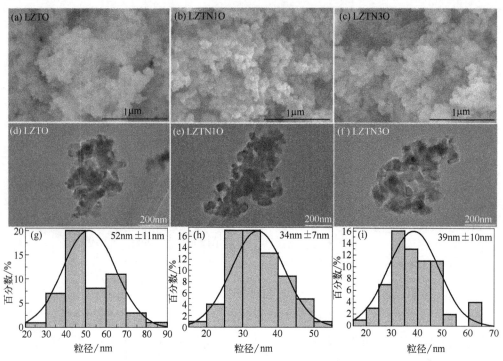

图 5.9 LZTO（a）、LZTN1O（b）和 LZTN3O（c）的 SEM 图；LZTO（d）、LZTN1O（e）和 LZTN3O（f）的 TEM 图；LZTO（g）、LZTN1O（h）和 LZTN3O（i）的粒度分布直方图

表 5.6 LZTO、LZTN1O 和 LZTN3O 的比表面积、总孔容和平均孔径

样品	比表面积/m² · g⁻¹	总孔容/mL · g⁻¹	平均孔径/nm
LZTO	18.1	0.17	2.52
LZTN1O	21.4	0.49	2.46
LZTN3O	20.6	0.40	2.65

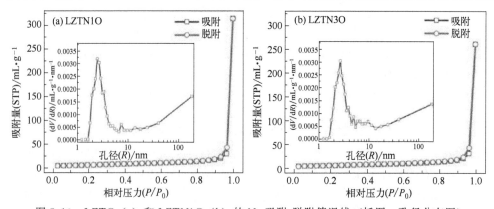

图 5.10 LZTO（a）和 LZTN1O（b）的 N₂ 吸附-脱附等温线（插图：孔径分布图）

LZTN1O 和 LZTN3O 的电化学反应过程通过充放电和循环伏安测试进行研究，结果如图 5.11 所示。每条曲线都有一个充电平台（约 1.44V）和两个放电平台（约 1.08V

和 0.48V），分别对应 CV 曲线一个阳极峰和两个阴极峰 [图 5.11 (a)～(c)]。锂离子的嵌入和脱出对应于 Ti^{4+}/Ti^{3+} 氧化还原。位于 0.5V 的阴极峰可能对应于 Ti^{4+} 的多次还原。对比第一个循环，阴极峰在随后的循环中移向了高电势。这个现象在锂离子电池中很普遍，可能与第一个循环中不可逆的嵌锂反应有关。对比 LZTO、LZTN1O 和 LZTN3O 的首圈 CV 曲线可知，Nb 掺杂可以降低极化，有利于锂离子的嵌入/脱出 [图 5.11 (d) 和表 5.7]。表 5.7 列出了 LZTO、LZTN1O 和 LZTN3O 电极在第一圈 CV 时的阴极峰和阳极峰之间的电势差。φ_{pa} 是阳极峰电势，φ_{pc} 是阴极峰电势，φ_p 是阳极峰电势和阴极峰电势之间的差值。在所有样品中 LZTN1O 表现出最小的电势差（$\varphi_p =$ 0.495V），表明样品具有最小的极化，锂离子嵌入/脱出电极高度可逆。

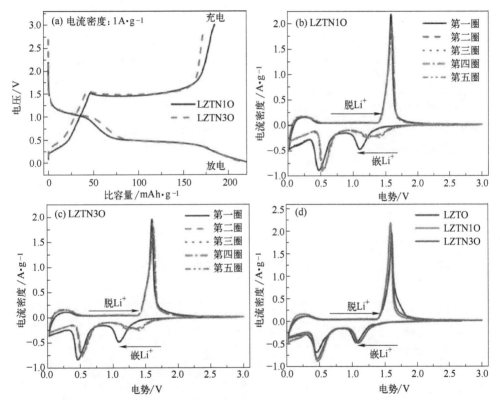

图 5.11　LZTN1O 和 LZTN3O 在 $1A \cdot g^{-1}$ 电流密度下第一圈的充放电曲线 (a)；
LZTN1O (b) 和 LZTN3O (c) 在 $0.5mV \cdot s^{-1}$ 下第 1～5 圈循环伏安图；LZTO、
LZTN1O 和 LZTN3O 在 $0.5mV \cdot s^{-1}$ 下首圈循环伏安比较图 (d)（电势范围 0.02～3V）

表 5.7　LZTO、LZTN1O 和 LZTN3O 电极在第一圈 CV 中各峰的电势

样品	φ_{pa}/V	φ_{pc}/V	$(\varphi_p = \varphi_{pa} - \varphi_{pc})/V$
LZTO	1.605	1.054	0.551
LZTN1O	1.591	1.096	0.495
LZTN3O	1.605	1.082	0.523

在 $1A \cdot g^{-1}$ 的电流密度下，LZTO、LZTN1O 和 LZTN3O 的循环性能如图 5.12（a）所示。LZTO、LZTN1O 和 LZTN3O 第一圈放电比容量分别达到 216.8mAh $\cdot$ g^{-1}、219.8mAh $\cdot$ g^{-1} 和 215.5mAh $\cdot$ g^{-1}，库仑效率分别为 83.5%、84.3% 和 80.4%。一方面，Nb 取代 Ti 会导致活性 Ti 减少，降低 Nb 掺杂 LZTO 的放电比容量。另一方面，大的比表面积和总孔容将提高 Nb 掺杂 LZTO 的比容量。在前三圈循环中，LZTN3O 的放电比容量低于 LZTO，这与活性 Ti 的减少有关。当具有大比表面积和总孔容的 LZTN3O 完全被电解液浸润后可以提供更多的活性位点用作锂离子嵌入和脱出，所以，LZTN3O 的放电比容量在后续的循环中超过 LZTO 的。与 LZTO 相比，LZTN1O 具有较高的放电比容量。这可能是活性 Ti 的减少量小，而且 LZTN1O 在三个样品中具有最大的比表面积（21.4m^2 $\cdot$ g^{-1}）和总孔容（0.49mL $\cdot$ g^{-1}）。一方面，大的比表面积会引发更多活性材料和电解液之间的副反应，导致低的库仑效率。另一方面，大比表面积可以为锂离子的嵌入和脱出提供更多的活性位点，从而提高可逆比容量。此外，第二相

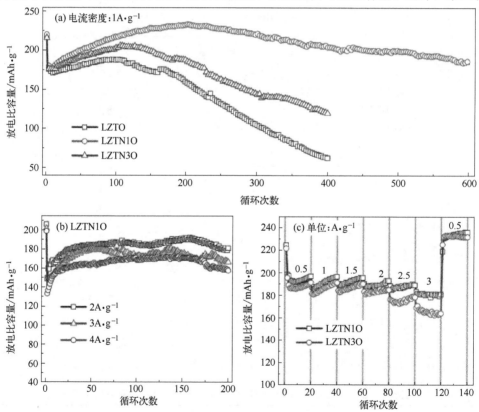

图 5.12 LZTO、LZTN1O 和 LZTN3O 在 $1A \cdot g^{-1}$（a）和 LZTN1O 在不同电流密度（b）下的循环性能；LZTN1O 和 LZTN3O 在不同电流密度下的循环性能（c）（电压范围 0.02～3V）

的存在可能会影响首次循环中锂离子的脱嵌。在这些因素的共同作用下，与纯 LZTO 相比，在 1A·g⁻¹ 下，LZTN1O 的库仑效率略高于纯 LZTO 的，LZTN3O 的库仑效率略低于 LZTO 的。循环 400 圈后，LZTO 和 LZTN3O 的容量保持率分别为 34.6％和 68.4％（对比第二圈的比容量）。LZTN1O 的放电比容量几乎没有下降（对比第二圈的比容量），循环 600 次后，LZTN1O 的容量保持率高达 99.1％。LZTN1O 在 2A·g⁻¹、3A·g⁻¹ 和 4A·g⁻¹ 的电流密度下循环 200 圈，放电比容量分别达到 181mAh·g⁻¹、166.4mAh·g⁻¹ 和 157.6mAh·g⁻¹［图 5.12（b）］。LZTN1O 和 LZTN3O 的倍率性能如图 5.12（c）所示。对于 LZTN1O，在 2A·g⁻¹、2.5A·g⁻¹ 和 3A·g⁻¹ 时的放电比容量分别为 192.7mAh·g⁻¹（第 80 圈）、188.9mAh·g⁻¹（第 100 圈）和 180.8mAh·g⁻¹（第 120 圈）。

此外，在初始的 100～200 圈循环中放电比容量逐渐增加，可能源于活性材料与电解液之间的副反应。众所周知，大多数有机电解液可在 1～0.5V 内还原，形成固体电解质界面膜（SEI）。对循环不同次数的极片进行 FT-IR 测试［图 5.13（a）、（b）］，1624cm⁻¹ 对应于 (CH₂OCO₂Li)₂，1500cm⁻¹ 对应于 Li₂CO₃，这属于 SEI 膜的成分，说明 LZTO 和 LZTN1O 表面出现了 SEI 膜。从 TEM 图［图 5.13（c）～（j）］可以看出，SEI 层在循环过程中逐渐变厚，表明在第一次循环后，LZTO 和 LZTN1O 电极上的电解液不断分解。LTO 负极也有类似现象[191,192]。有报道称包覆可以抑制电解液的持续还原分解[191,192]。因此，掺杂和包覆的共修饰方法可以进一步提高 LZTO 的电化学性能。

对图 5.12（c）中不同电流密度下循环后的电池进行电化学交流阻抗测试，结果如图 5.14（a）所示。两个电极的曲线相似，每条曲线由一个小截距、两个半圆和一条直线组成。等效电路如图 5.14（a）所示（插图）。R_b 是电解液和电池组件的接触阻抗；C_{SEI} 和 R_{SEI} 对应于第一个半圆，分别表示 SEI 膜的电容和阻抗；C_{dl} 和 R_{ct} 分别为第二个半圆的双电层电容和电荷转移阻抗；Z_W 代表 Warburg 阻抗。LZTO、LZTN1O 和 LZTN3O 的电荷转移阻抗分别是 27.13Ω、12.62Ω 和 26.32Ω（表 5.8）。可以看出，掺杂后的电荷转移阻抗减小，小的电荷转移阻抗有利于电化学性能的发挥。为了进一步研究电极动力学，两个样品的锂离子扩散系数根据低频段的 Warburg 扩散进行计算，图 5.14（b）给出了 Z_{re} 与 $\omega^{-1/2}$ 的关系。根据式（3.1）和式（3.2），可以计算出 LZTN1O 和 LZTN3O 的锂扩散系数（D_{Li}^+）分别为 $5.87 \times 10^{-10} cm^2·s^{-1}$ 和 $3.97 \times 10^{-10} cm^2·s^{-1}$。与 LZTO 电极相比，Nb 掺杂 LZTO 材料具有较高的 D_{Li}^+，表明锂离子的扩散速度快，从而保证了良好的倍率性能。

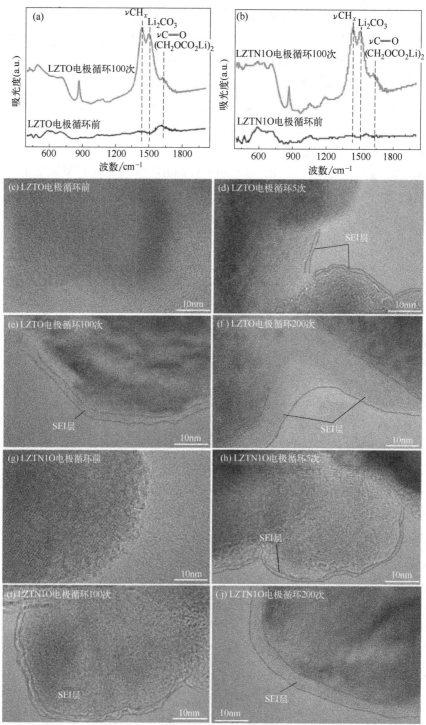

图 5.13　LZTO（a）和 LZTN1O（b）电极循环前后的 FT-IR 谱图；LZTO（c）～（f）
和 LZTN1O（g）～（j）电极循环前后的 HR-TEM 图

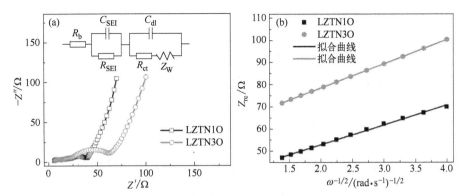

图 5.14 LZTN1O 和 LZTN3O 电极在不同电流密度下循环后的交流阻抗谱图及
其相应的等效电路（插图）（a）；Z_{re} 与 $\omega^{-1/2}$ 的关系（b）

图 5.15（c）、（d）显示了 LZTO 和 LZTN1O 电极在 1A·g^{-1} 电流密度下循环 100 和 200 次的电化学交流阻抗图。与 LZTO 电极相比，LZTN1O 电极的半圆

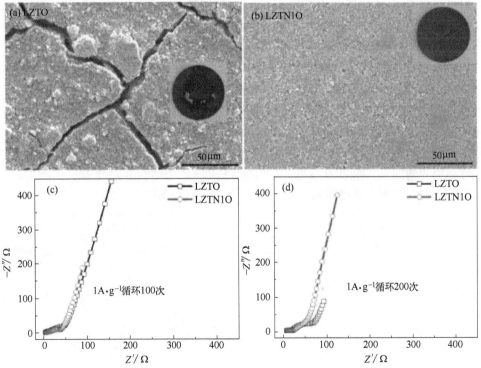

图 5.15 LZTO 电极（a）和 LZTN1O 电极（b）在 1A·g^{-1} 的电流密度下循环 200 圈后
的 SEM 图（插图：LZTO 和 LZTN1O 电极在 1A·g^{-1} 条件下循环 200 次后的照片）；
LZTO 和 LZTN1O 电极在 1A·g^{-1} 电流密度下循环 100 次（c）和 200 次
（d）的交流阻抗谱图

更小。也就是说，LZTN1O 电极的阻抗小于 LZTO 电极的，这进一步说明 LZ-TN1O 活性粒子之间具有良好的电接触。

表 5.8 基于等效电路模型计算的 LZTO、LZTN1O 和 LZTN3O 的
交流阻抗参数、锂扩散系数

样品	R_b/Ω	R_{SEI}/Ω	R_{ct}/Ω	$D_{Li^+}/cm^2 \cdot s^{-1}$	$\sigma/S \cdot cm^{-1}$
LZTO	6.55	12.52	27.13	5.39×10^{-11}	3.63×10^{-6}
LZTN1O	6.507	8.814	12.62	5.87×10^{-10}	3.95×10^{-6}
LZTN3O	8.662	10.36	26.32	3.97×10^{-10}	3.51×10^{-6}

综上所述可以看出，LZTN1O 的循环性能超过了许多以前报道的，可能源于以下几个原因。①Nb 掺杂可以降低 LZTN1O 电极的内阻（图 5.16）。当充电或放电切换到放电或充电时，内阻的大小可以通过电压降或 ΔIR 来表示。LZTO、LZTN1O 和 LZTN3O 中 LZTN1O 的 ΔIR 最小。②Nb 掺杂稳定了 LZTN1O 的结构。图 5.17 为 LZTO 和 LZTN1O 电极在 $1A \cdot g^{-1}$ 循环 200 次前后的 XRD 谱图，LZTN1O 电极循环后衍射峰仍然很尖锐，其晶胞体积在循环前后的变化很小（表5.9），这表明 LZTN1O 在锂离子嵌入和脱出过程中结构很稳定；然而，LZTO 电极的一些衍射峰变宽且模糊，循环前后晶胞体积变化较大（表 5.9），说明在循环过程中 LZTO 的结构部分遭到破坏。③LZTN1O 电极在整个循环过程中表面完整、电化学接触良好。LZTO 和 LZTN1O 电极在 $1A \cdot g^{-1}$ 条件下循环 200 次的 SEM 图如图 5.15 所示。LZTO 电极经过反复的锂离子嵌入/脱出后表面损伤严重，出现不同宽度和深度的裂纹［图 5.15（a）］，裂纹会阻碍电子的传输和锂离子的扩散，从而导致容量下降。而 LZTN1O 表面未发现明显裂纹［图 5.15（b）］，在整个循环过程中表面完整、电接触良好。LZTN1O 大的比表面积和总孔容、小的电荷转移阻抗和高的锂离子扩散系数（D_{Li^+}）都有利于材料的倍率性能。

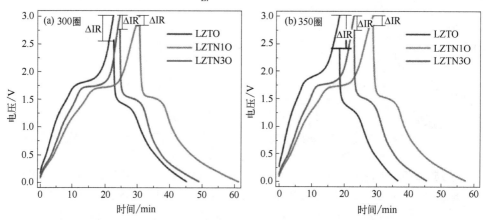

图 5.16 $0.5A \cdot g^{-1}$ 电流密度下，LZTO、LZTN1O 和 LZTN3O 电极在
第 300 圈（a）和第 350 圈（b）从充电转变成放电时的 ΔIR 数据

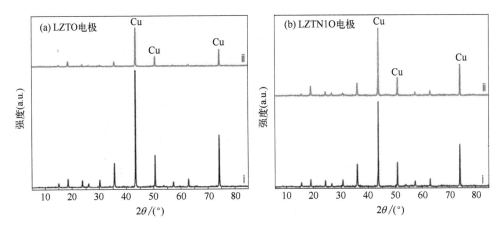

图 5.17　LZTO（a）和 LZTN1O（b）电极在 1A·g^{-1} 循环 200 次前（i）和
后（ii）的非原位 XRD 谱图

表 5.9　LZTO 和 LZTN1O 电极在 1A·g^{-1} 电流密度下循环 200 次前后的晶胞体积

样　品	晶胞体积/Å³	
	循环前	循环后
LZTO	587.8	586.1(6)
LZTN1O	586.0(2)	585.3(8)

　　如果正极或者负极材料要实现商业化，它必须在高温和低温下有良好的电化学性能。LZTN1O 和 LZTN3O 在 55℃ 和 0℃ 的循环性能如图 5.18 所示。在 55℃ 条件下，LZTN1O 和 LZTN3O 循环 100 圈后放电比容量分别为第二圈的 103.7% 和 97.5%［图 5.18（a）］，而纯相 LZTO 循环 100 圈后的放电比容量仅为第二圈的 60.9%。众所周知，高温下由于活性物质和电解液之间的副反应加剧，电极的循环性能会恶化。可以看出，Nb 掺杂大大提高了 LZTO 的高温循环性能，说明 Nb 掺杂极大地稳定了 LZTO 的结构。此外，Nb 掺杂明显提高了 LZTO 在 0℃ 的低温倍率性能［图 5.18（b）］。尤其是 LZTN1O，在 0.8A·g^{-1} 的电流密度下循环 60 次后放电比容量保持为 178.8mAh·g^{-1}，在 0.5A·g^{-1} 和 1A·g^{-1} 的电流密度下的首次放电比容量分别为 174.4mAh·g^{-1} 和 169.9mAh·g^{-1}［图 5.18（c）］。LZTN1O 在 0.5A·g^{-1} 的电流密度下经过 500 次循环后比容量没有衰减，放电比容量为 198.2mAh·g^{-1}。在 1A·g^{-1} 循环 400 圈后，LZTN1O 相比第二圈的容量保持率为 90.2%。LZTN1O 在高、低温条件下都表现出良好的电化学性能。

　　采用一种简单的固相路线制备了 Nb 掺杂 Li$_2$ZnTi$_3$O$_8$（LZTN1O）负极。Nb 元素掺杂提高了 Li$_2$ZnTi$_3$O$_8$ 的比表面积、总孔容和离子电导率，保证了 Li$_2$ZnTi$_3$O$_8$ 在 0～55℃ 范围内良好的倍率性能。此外，LZTN1O 具有小的转移阻抗、内阻和极化，良好的结构稳定性和电接触，极大地改善了在 0～55℃ 范围内的

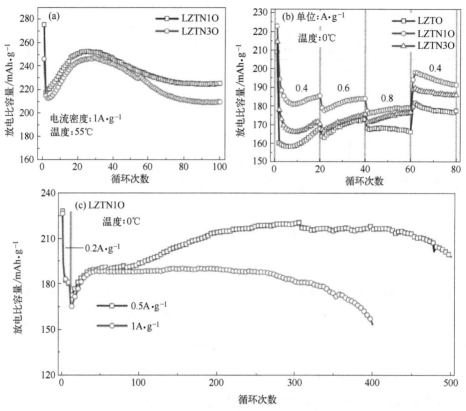

图 5.18　LZTN1O 和 LZTN3O 在 55℃ 1A・g⁻¹（a）和 0℃ 不同电流密度（b）
下的循环性能；0℃下，LZTN1O 在 0.5A・g⁻¹ 和 1A・g⁻¹ 电流密
度下的循环性能（电压范围：0.02～3V）

循环性能。由于合成路线简单以及在 0～55℃ 范围内具有良好的循环和倍率性能，
Nb 掺杂 LZTO 是一种有吸引力的锂离子电池负极候选材料。

5.1.3　La 掺杂钛酸锌锂

　　LZTO 导电性能差，限制了其倍率性能。掺杂是提高 LZTO 结构稳定性和本征电子电导率的有效方法。有报道，采用离子半径大的 La³⁺（0.103nm）取代离子半径小的 Li⁺（0.076nm）可以为锂离子的扩散提供宽的通道[193]。另外，具有大离子半径的 La³⁺ 类似柱子可以提高 LZTO 在锂离子脱嵌过程中的结构稳定性[194]。本部分工作使用一步固相法实现镧掺杂，以提高 LZTO 的倍率和循环性能。详细研究了 $Li_{2-x}La_xZnTi_3O_8$ 在 LIBs 中的储锂性能。

　　图 5.19（a）为掺杂不同 La 量制备的材料 LL3ZTO、LL5ZTO 和 LL7ZTO 在不同电流密度下的循环性能。从中可以看出 La 掺杂量最高的样品的电化学性能最差，因此，后续主要对 LL3ZTO 和 LL5ZTO 展开研究。

$Li_{2-x}La_xZnTi_3O_8$（$x=0.03$、0.05、0.07）的 XRD 谱图如图 5.19（b）所示。可以看出，$Li_{2-x}La_xZnTi_3O_8$ 存在 LZTO 相和其它相。然而，其它峰相对较弱，识别比较困难。为了推测 La 在 LZTO 中的位置，以 LL5ZTO 为例，分别基于 Li、Zn 和 Ti 位点上的 La 原子，采用 Rietveld 方法对 X 射线衍射谱图进行精修。精修结果（表 5.10）表明，La^{3+} 替换 8c 位点的锂离子是最好的和最合理的。R_{wp}（加权图形方差因子）、R_p（图形方差因子）和 χ^2（拟合优度指标）分别为 11.7%、8.82% 和 5.09%。La-O 键的键能（798kJ·mol^{-1}）比 Li-O 键的键能（340.5kJ·mol^{-1}）高，引入 La-O 键会使 LZTO 晶胞体积收缩。而离子半径为 0.103nm 的 La^{3+} 替代离子半径为 0.076nm 的锂离子会使 LZTO 的晶胞体积膨胀。当 $Li_{2-x}La_xZnTi_3O_8$ 中的 x 为 0.03 时，前者起主要作用，所以 LL3ZTO 的晶格参数略有下降（表 5.11）。随着大离子半径的 La^{3+} 的含量增加，LL5ZTO 的晶格参数增加（表 5.11）。此外，引入强的 La-O 键可以稳定 LZTO 的结构，有利于循环性能的提高。

表 5.10　LL5ZTO 的 Rietveld 精修数据

位置	原子	x	y	z	占位率
4b	Li	0.625	0.625	0.625	1
8c	Li	-0.00201	-0.00201	-0.00201	0.475
8c	Zn	-0.00201	-0.00201	-0.00201	0.5
8c	La	-0.00201	-0.00201	-0.00201	0.05
8c	O	0.38894	0.38894	0.38894	1
12d	Ti	0.36856	0.88144	0.125	1
24e	O	0.09486	0.12811	0.39344	1

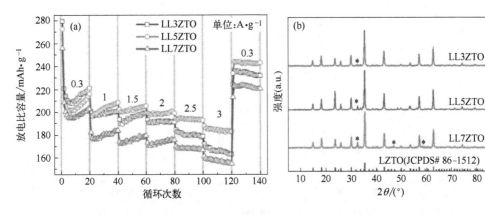

图 5.19　LL3ZTO、LL5ZTO 和 LL7ZTO 在不同电流密度下的循环性能（a）和 LL3ZTO、LL5ZTO 和 LL7ZTO 的 XRD 图（b）

表 5.11　LZTO、LL3ZTO 和 LL5ZTO 的晶格参数

样　品	$a=b=c/\text{Å}$	$V/\text{Å}^3$
LZTO	8.3730	587.01
LL3ZTO	8.3703	586.439
LL5ZTO	8.3732	587.049

　　LL3ZTO 和 LL5ZTO 的 XPS 谱图如图 5.20（a）所示。La 元素存在于

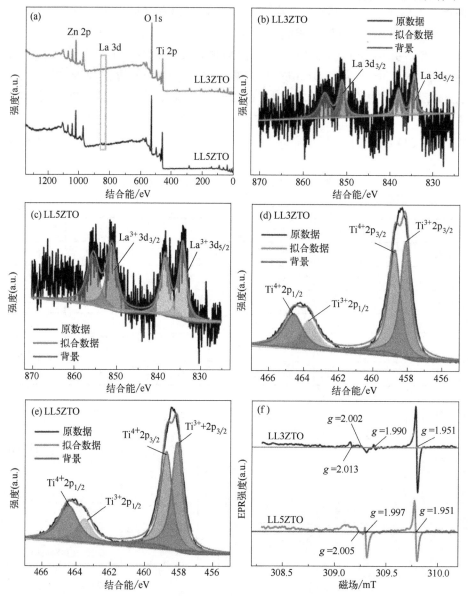

图 5.20　LL3ZTO 和 LL5ZTO 的 XPS 谱图（a）；LL3ZTO 和 LL5ZTO 的高分
辨率 La3dXPS 谱图（b）、（c）；LL3ZTO 和 LL5ZTO 的高分辨率 Ti 2p XPS
谱图（d）、（e）；LL3ZTO 和 LL5ZTO 的电子顺磁共振（EPR）谱图（f）

LL3ZTO 和 LL5ZTO 中，834.4eV 和 851.2eV 的特征峰分别归属于 $La^{3+} 3d_{5/2}$ 和 $La^{3+} 3d_{3/2}$[195] [图 5.20 （b）、（c）]。对于高分辨率 XPS 谱图 [图 5.20 （d）、（e）]，458.7eV（$Ti2p_{3/2}$）和 464.3eV（$Ti2p_{1/2}$）的峰归属于 Ti^{4+}。458.1eV 和 463.9eV 的峰分别归属于 $Ti^{3+} 2p_{3/2}$ 和 $Ti^{3+} 2p_{1/2}$。也就是说，LL3ZTO 和 LL5ZTO 表面存在 Ti^{3+}。电子顺磁共振（EPR）是表征顺磁性组分的有效工具，比如 Ti^{3+} 和缺陷结构[196]。Ti^{3+} 的 g 值为 $1.94 \sim 1.99$[197]。对于 LL3ZTO 和 LL5ZTO，Ti^{3+} 的 g 值分别是 1.99 和 1.95 [图 5.20 （f）]。较高的 g 值对应于晶格 Ti^{3+}，较低的 g 值对应于晶格表面的 Ti^{3+}[198]。此外，如以往的研究报道，g 值大约等于 2 的信号表明存在氧空位[197]。用高价态的 La^{3+} 替换低价态的锂离子可以产生额外的正电荷，为了维持电荷平衡，一部分 Ti^{4+} 转变成了 Ti^{3+}。这进一步证实了 La 元素被掺杂到 LZTO 中。Ti^{3+} 容易吸附空气中的 O_2 产生 O_2^{-}[199]。通常，样品中的氧空位是随着 Ti^{3+} 的产生而生成的[17]。Ti^{3+} 可以增加钛原子核周围的电子云密度，进而增加电子电导率[17]。大的离子半径的 La^{3+} 作为支柱可以扩宽和稳定 LZTO 中的锂离子扩散路径，从而增加离子电导率。

从 SEM 图可以看出，LL3ZTO 和 LL5ZTO 都是由纳米粒子组成的 [图 5.21 （a）、（b）]。两个样品的粒径约为 39nm [图 5.21 （c）、（d）]。La 元素的含量对比表面积没有明显影响 [图 5.21 （e）、（f）和表 5.12]。但随着 La 元素的增加，总孔容和平均孔径略有增加 [图 5.21 （e）、（f）和表 5.12]，这有利于 LL5ZTO 的倍率性能。

表 5.12　LL3ZTO 和 LL5ZTO 的比表面积、总孔容和平均孔径

样品	比表面积/$m^2 \cdot g^{-1}$	总孔容/$mL \cdot g^{-1}$	平均孔径/nm
LL3ZTO	25.4	0.40	2.28
LL5ZTO	25.2	0.45	2.464

LZTO 的电化学反应对应于 Ti^{4+}/Ti^{3+} 氧化还原电对。锂离子的嵌入对应放电曲线 [图 5.22 （a）] 上的两个平台（约 1.06V 和 0.42V）和 CV 曲线上的两个阴极峰 [图 5.22 （b）]，说明反应分两步进行。锂离子的脱出对应图 5.22 （a）中的一个约 1.44V 的充电平台和图 5.22 （b）中的阳极峰。LL3ZTO 和 LL5ZTO 第一次循环放电比容量分别达到 $211.9mAh \cdot g^{-1}$ 和 $207.7mAh \cdot g^{-1}$，库仑效率分别为 83.5% 和 89.1%，不可逆的容量损失与 SEI 膜的形成有关。与 LL3ZTO 相比，LL5ZTO 的比表面积略低；另外，LL5ZTO 中掺杂 La 元素的含量可能更合适，更有利于稳定 LL5ZTO 的结构。因此，减少了 LL5ZTO 与电解液之间的副反应从而获得较高的可逆比容量。在整个循环过程中，LL5ZTO 比 LL3ZTO 拥有更高的库仑效率 [图 5.22 （d）]。也就是说，锂离子在 LL5ZTO 中的嵌入与脱出是高度可逆的。此外，相比 LL3ZTO，LL5ZTO 具有较小的电势差 φ_p，进一步证明了锂离子在 LL5ZTO 中嵌入/脱出是高度可逆的。在 $1A \cdot g^{-1}$ 的电流密度下循环 250 圈后，两个样品与第二圈对比没有出现容量衰减 [图 5.22 （c）]。此外，LL5ZTO 电极在整个循环过程中拥有更高的比容量。

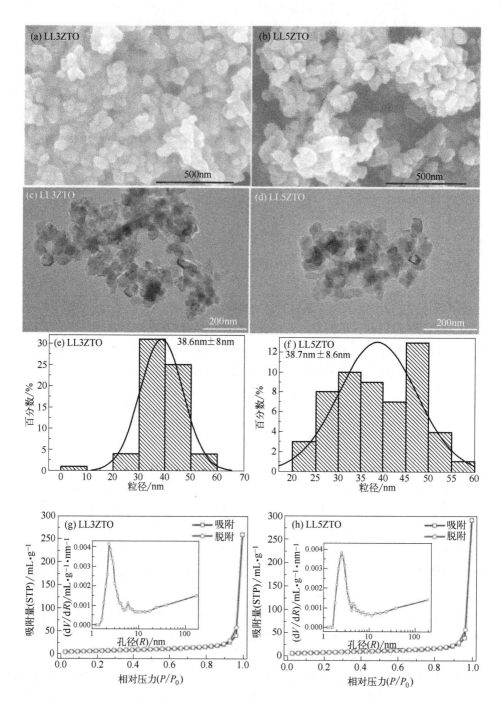

图 5.21　LL3ZTO（a）和 LL5ZTO（b）的 SEM 图；LL3ZTO（c）和 LL5ZTO（d）的 TEM
图像；粒径分布直方图（e）、（f）；LL3ZTO（g）和 LL5ZTO（h）的 N_2
吸附-脱附等温曲线（插图：孔径分布图）

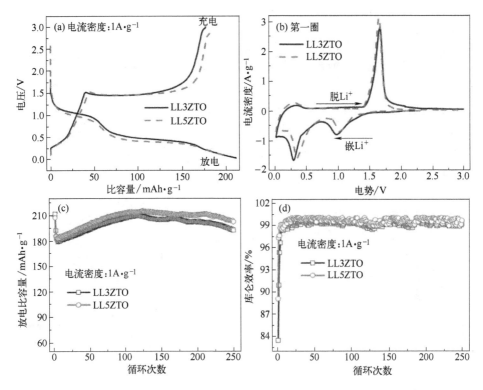

图 5.22　LL3ZTO 和 LL5ZTO 在 0.02~3V 内的首次充放电曲线（1A·g^{-1}）（a）和 1mV·s^{-1} 的循环伏安曲线（b）；LL3ZTO 和 LL5ZTO 在 1A·g^{-1} 电流密度下的循环性能（c）和库仑效率（d）

另外，LL5ZTO 相比 LL3ZTO 有更好的倍率性能［图 5.23（a）］。LL5ZTO 在 3A·g^{-1} 的电流密度下循环 120 圈后放电比容量达到 182.6mAh·g^{-1}。甚至在 4A·g^{-1} 的循环过程中可以获得 169mAh·g^{-1} 的最大比容量［图 5.23（b）］。此外，LL5ZTO 有好的低温电化学性能：0℃在 1A·g^{-1}，循环 600 圈后容量没有出现衰减［图 5.23（c）］；在 0.8A·g^{-1} 电流密度下循环 60 圈后，比容量为 197.7mAh·g^{-1}［图 5.23（d）］。

图 5.24（a）是在不同电流密度循环后的电池［图 5.23（a）］的电化学交流阻抗图谱，等效电路图如图 5.24（a）插图所示。LL3ZTO 和 LL5ZTO 的电荷转移阻抗分别为 46.86Ω 和 38.81Ω（表 5.13）。可以看出 LL5ZTO 电极的电荷转移阻抗较小，这有利于其电化学性能。根据式（3.1）和式（3.2），计算锂离子扩散系数进一步研究电极动力学。LL3ZTO 和 LL5ZTO 的锂离子扩散系数（D_{Li^+}）分别是 $2.39\times10^{-10}cm^2·s^{-1}$ 和 $4.61\times10^{-10}cm^2·s^{-1}$，相比 LL3ZTO 电极，LL5ZTO 有更高的 D_{Li^+}，表明锂离子的扩散速度快，保证了良好的倍率性能。

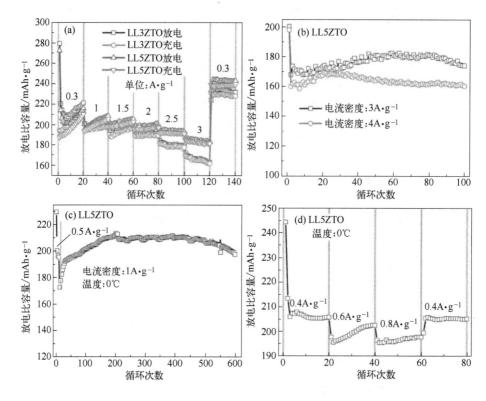

图 5.23　LL3ZTO 和 LL5ZTO 在不同电流密度下的循环性能（a）；LL5ZTO 在 3A · g⁻¹
和 4A · g⁻¹ 电流密度下 25℃时的循环性能（b）；LL5ZTO 在 1A · g⁻¹
电流密度下 0℃时的循环性能（c）；LL5ZTO 在不同电流密度下 0℃
时的循环性能（d）

表 5.13　基于等效电路模型计算的阻抗参数及 LL3ZTO 和 LL5ZTO
的锂离子扩散系数（D_{Li^+}）

样品	R_b/Ω	R_{SEI}/Ω	R_{ct}/Ω	$D_{Li^+}/cm^2 \cdot s^{-1}$
LL3ZTO	8.701	38.19	46.86	2.39×10^{-10}
LL5ZTO	6.788	35.32	38.81	4.61×10^{-10}

　　LL5ZTO 电极优异的循环性能超越了许多先前报道的，可能是源于以下原因。
①La 掺杂可以稳定 LL5ZTO 的结构（图 5.25 和表 5.14）。图 5.25 给出了 LZTO
和 LL5ZTO 电极在 1A · g⁻¹ 下循环前后的 XRD 谱图，表 5.14 给出了相应的晶胞
体积大小。与 LZTO 电极相比，LL5ZTO 电极的晶胞体积变化较小，说明 La 掺杂
可以稳定 LZTO 的结构。②与 LZTO 相比，LL5ZTO 通过 La 掺杂降低了内阻
（图 5.26）。与 LZTO 相比，LL5ZTO 在循环过程中有较小的 ΔIR，因此有较小的
内阻。据报道，电解液可以在钛基材料表面持续分解，通过改性可以得到一定程度

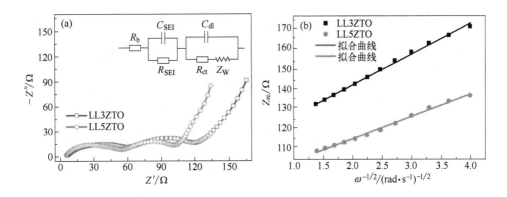

图 5.24 LL3ZTO 和 LL5ZTO 电极在不同电流密度下循环后 ［图 5.23（a）］的电化学交流阻抗图和相应的等效电路（插图）（a）；Z_{re} 和 $\omega^{-1/2}$ 的关系（b）

抑制[192,200]。从图 5.22（c）可以看出，在 $1A \cdot g^{-1}$ 的电流密度下，LL5ZTO 在初始的 125 圈循环中放电比容量持续增加，这可能是电解液的持续分解所致。与之前的研究相比（表 5.15），La 掺杂可以缩短副反应的时间，但是抑制电解液持续分解的效果有限。因此，为了进一步削弱 LL5ZTO 与电解质之间的副反应，可以对 LL5ZTO 进行包覆，精确控制包覆层的均匀性和厚度可能是一种有效的方法，这也是今后的工作方向。

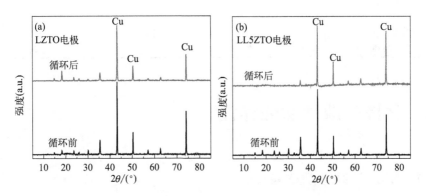

图 5.25 LZTO（a）和 LL5ZTO（b）电极在 $1A \cdot g^{-1}$ 下未循环和循环 100 次后的非原位 XRD 图

表 5.14 LZTO 和 LL5ZTO 电极在 $1A \cdot g^{-1}$ 的电流密度下循环 100 圈前后的晶胞体积

样　　品	晶胞体积/$Å^3$	
	循环前	循环后
LZTO	587.6	587.0(5)
LL5ZTO	588.1	588.0(7)

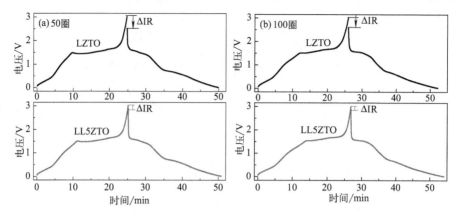

图 5.26 在 0.5A·g^{-1} 的电流密度下 LZTO 和 LL5ZTO 电极从充电状态切换到放电状态时第 50 圈（a）和第 100 圈（b）的 ΔIR 数据

表 5.15 最近报道的 LZTO 达到最高放电比容量的循环圈数

材　　料	电流密度/A·g^{-1}	循环次数	文献
LZTO@Graphene	1	＞200	[201]
FA2	0.5	＞1000	[157]
Li$_2$ZnTi$_3$O$_8$/TiO$_2$	1	200	[22]
Li$_2$ZnFe$_{0.05}$Ti$_{2.95}$O$_8$	1	200	[23]
LZTO	0.458	＞200	[138]
NC-LZTO	0.458	＞200	[138]
NC-LZTO2	1.145	160	[35]
LZTO/LZO	0.5	300	[48]
f-Li$_2$ZnTi$_3$O$_8$	0.8	＞200	[33]
LL5ZTO	1	125	本研究

5.2 共掺杂改性钛酸锌锂

5.2.1 Mg-W 共掺杂钛酸锌锂

与单一元素掺杂相比，选择合适的元素共掺杂应能进一步改善电极材料的电化学性能。如 Wang 等[202] 使用固相法合成了 LiNi$_{0.45}$M$_{0.05}$Mn$_{1.5}$O$_4$（M＝Cr、Ti 和 Cr$_{0.5}$Ti$_{0.5}$）正极。在三种样品中 LiNi$_{0.45}$Cr$_{0.025}$Ti$_{0.025}$Mn$_{1.5}$O$_4$ 表现出最好的整体电化学性能。Bai 等[203] 通过固相反应制备了 Mg^{2+}/F$^-$ 掺杂和 Mg^{2+}—F$^-$ 共掺杂的 LTO。共掺杂的 LTO 的电化学性能超过了单一掺杂样品。至今尚未有关于共掺杂改性 LZTO 的相关报道。

Mg^{2+} 的离子半径和 LZTO 结构中锂离子的相近，W^{6+} 的离子半径与 LZTO

结构中 Ti^{4+} 的相近。采用高价态阳离子取代部分 Li^+ 和 Ti^{4+} 可以增加材料的本征电子电导率，因为额外的正电荷需要通过晶格缺陷或者增加电子浓度来补偿。本部分工作采用 Mg^{2+}—W^{6+} 对 LZTO 共掺杂，此方法提高了材料的导电性和稳定了 LZTO 的结构。因此，Mg^{2+}—W^{6+} 共掺杂的 LZTO 在高电流密度下表现出良好的电化学性能。

图 5.27 给出了 LZTO、LZTW3O、LM6ZTO 和 LM6ZTW3O 在空气中升温速率为 $10℃\ min^{-1}$ 时的热重（TG）曲线。在 550℃ 之前，LZTO、LZTW3O、LM6ZTO 和 LM6ZTW3O 前驱体的失重分别对应于 Li_2CO_3、Li_2CO_3 和 H_2WO_4、Li_2CO_3 和 $Mg(Ac)_2 \cdot 4H_2O$ 以及 Li_2CO_3、H_2WO_4 和 $Mg(Ac)_2 \cdot 4H_2O$ 的分解。可以看出，550℃ 以上的 TG 曲线上有一个平台，表明该温度之后 LZTO 形成。在上述分析的基础上，本工作采用 700℃ 煅烧 3h 来制备电极材料。

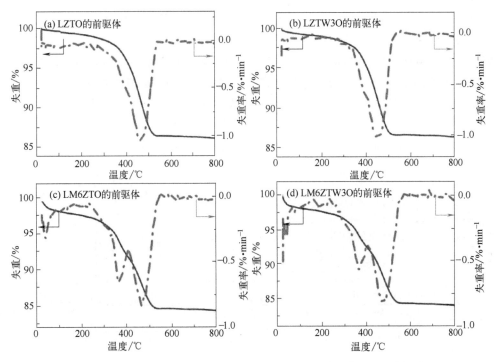

图 5.27 LZTO（a）、LZTW3O（b）、LM6ZTO（c）和 LM6ZTW3O
（d）前驱体的 TG-DT 曲线

图 5.28 给 出 了 $Li_2ZnTi_{3-x}W_xO_8$（$x=0$、0.01、0.03 和 0.05），$Li_{2-y}Mg_yZnTi_3O_8$（$y=0.03$、0.06 和 0.09）在不同电流密度下的循环性能图。可以看出 LZTW3O 和 LM6ZTO 分别在 W 掺杂和 Mg 掺杂负极中表现出最好的电化学性能。所以，$x=0.03$ 和 $y=0.06$ 分别为 W 和 Mg 的最优掺杂量。

LZTO、LZTW3O、LM6ZTO 和 LM6ZTW3O 的衍射峰可以很好地对应于尖

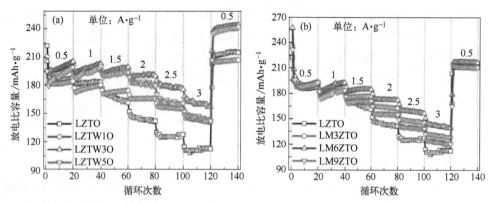

图 5.28　LZTO、LZTW1O、LZTW3O 和 LZTW5O（a），LZTO、LM3ZTO、LM6ZTO
和 LM9ZTO（b）在不同电流密度下的循环性能

晶石结构的 LZTO（JCPDS#86-1512）[图 5.29（a）]，表明掺杂没有改变 LZTO 的晶体结构。从四个样品的 PXRD 图中没有观察到其它相，说明 Mg^{2+}/W^{6+} 和 Mg^{2+}—W^{6+} 已经掺杂到 LZTO 的晶格内。为了进一步了解所制四个样的晶体结构，对 XRD 数据进行了 Rietveld 精修。精修结果和评价精修的特征因子见图 5.29（b）～（e）和表 5.16～表 5.20。可以看出 Mg^{2+} 倾向于在 8c 位置取代部分 Li^+，W^{6+} 倾向于在 12d 位置取代部分 Ti^{4+}。掺杂后的 LZTO 相比纯相 LZTO 具有更小的晶格参数，进一步证明了离子半径小的 Mg^{2+}（0.066nm）替换了部分离子半径大的 Li^+（0.068nm），离子半径小的 W^{6+}（0.060nm）替换了部分离子半径大的 Ti^{4+}（0.068nm）。

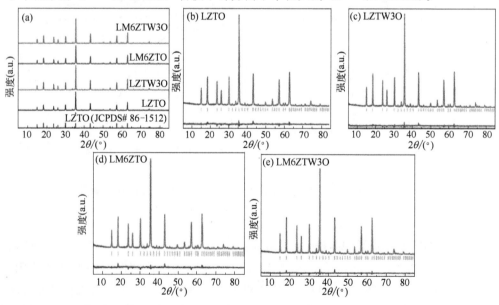

图 5.29　LZTO、LZTW3O、LM6ZTO 和 LM6ZTW3O 的 XRD 图（a），以及 LZTO（b）、
LZTW3O（c）、LM6ZTO（d）和 LM6ZTW3O（e）的 X 射线衍射图的 Rietveld 精修

表 5.16　LZTO 的 Rietveld 精修数据

位置	原子	x	y	z	占位率
4b	Li	0.625	0.625	0.625	1
8c	Li	−0.0015	−0.0015	−0.0015	0.5
8c	Zn	−0.0015	−0.0015	−0.0015	0.5
8c	O	0.390	0.390	0.390	1
12d	Ti	0.3678	0.88272	0.125	1
24e	O	0.1038	0.125	0.3927	1

表 5.17　LZTW3O 的 Rietveld 精修数据

位置	原子	x	y	z	占位率
4b	Li	0.625	0.625	0.625	1
8c	Li	−0.00148	−0.00148	−0.00148	0.5
8c	Zn	−0.00148	−0.00148	−0.00148	0.5
8c	O	0.3901	0.3901	0.3901	1
12d	Ti	0.3673	0.88273	0.125	0.9696
12d	W	0.3673	0.88273	0.125	0.0304
24e	O	0.1038	0.125	0.3927	1

表 5.18　LM6ZTO 的 Rietveld 精修数据

位置	原子	x	y	z	占位率
4b	Li	0.625	0.625	0.625	1
8c	Li	−0.00145	−0.00145	−0.00145	0.465
8c	Mg	−0.00145	−0.00145	−0.00145	0.035
8c	Zn	−0.00145	−0.00145	−0.00145	0.5
8c	O	0.38855	0.38855	0.38855	1
12d	Ti	0.36761	0.88239	0.125	1
24e	O	0.10262	0.12439	0.39250	1

表 5.19　LM6ZTW3O 的 Rietveld 精修数据

位置	原子	x	y	z	占位率
4b	Li	0.625	0.625	0.625	1
8c	Li	−0.00171	−0.00171	−0.00171	0.48324
8c	Mg	−0.00171	−0.00171	−0.00171	0.01676
8c	Zn	−0.00171	−0.00171	−0.00171	0.5
8c	O	0.39078	0.39078	0.39078	1
12d	Ti	0.36739	0.88262	0.125	0.96504
12d	W	0.36739	0.88262	0.125	0.03496
24e	O	0.10522	0.12589	0.39144	1

表 5.20　LZTO、LZTW3O、LM6ZTO 和 LM6ZTW3O 的晶格参数和精修评价参数

样品	$a=b=c/Å$	$V/Å^3$	$R_{wp}/\%$	$R_p/\%$	χ^2
LZTO	8.3730	587.01	11.5	8.37	1.87
LZTW3O	8.3724	586.882	12.1	8.71	2.40
LM6ZTO	8.3721	586.874	11.5	8.65	2.09
LM6ZTW3O	8.3716	586.741	10.6	7.86	1.81

　　LZTO、LZTW3O、LM6ZTO 和 LM6ZTW3O 的 XPS 谱图如图 5.30（a）所示。结果表明 Mg/W 和 Mg-W 存在于 LM6ZTO、LZTW3O 和 LM6ZTW3O 中，Zn、Ti 和 O 均存在于四个样品中。此外，LZTW3O 和 LM6ZTW3O 中存在 W 元

素，35.43eV 和 37.55eV 两个峰分别归属于 W^{6+} $4f_{7/2}$ 和 W^{6+} $4f_{5/2}$ 两个自旋轨道 [图 5.30（b）]。Ti2p 高分辨率 XPS 光谱出现两个峰分别位于 463.93eV（Ti $2p_{1/2}$）和 458.25eV（Ti $2p_{3/2}$）[图 5.30（d）]，即 Ti^{4+} 在 LZTO 中的结合能。Ti $2p_{1/2}$ 和 Ti $2p_{3/2}$ 在 LZTW3O 和 LM6ZTO 中的结合能均高于 LZTO，表明离子掺杂增强了 Ti 的电子云密度。W^{6+} 或者 Mg^{2+} 提供的额外正电荷应是由晶格缺陷补偿，如 Li 空位。因此，离子电导率相比 LZTO 有望增加。与纯 LZTO 相比，Ti $2p_{1/2}$ 和 Ti $2p_{3/2}$ 在 LM6ZTW3O 中的峰均没有明显的位移。Mg^{2+} 和 W^{6+} 提供的额外正电荷可能通过 LM6ZTW3O 中 Li 空位的产生而得到补偿，这有利于锂离子的扩散。因此，Mg^{2+}/W^{6+} 和 Mg^{2+}-W^{6+} 掺杂分别对 LM6ZTO、LZTW3O 和 LM6ZTW3O 离子电导率有改善作用。

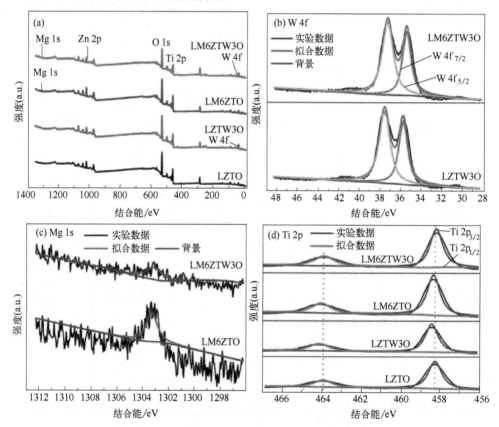

图 5.30　LZTO、LZTW3O、LM6ZTO 和 LM6ZTW3O 的 XPS 谱图（a）；LZTW3O 和 LM6ZTW3O 的高分辨率 W 4f XPS 谱图（b）；LM6ZTO 和 LM6ZTW3O 的高分辨率 Mg 1s XPS 谱图（c）；LZTO、LZTW3O、LM6ZTO 和 LM6ZTW3O 的 高分辨率 Ti 2p XPS 谱图（d）

　　LZTO、LZTW3O、LM6ZTO 和 LM6ZTW3O 的 SEM 图如图 5.31 所示。LZTO 是细小颗粒的聚集体 [图 5.31（a）]。W 的引入使颗粒出现了熔合 [图

5.31（b）]，LZTW3O 有较大的颗粒尺寸，为 56nm [图 5.32（j）]。Mg^{2+} 掺杂没有明显影响 LM6ZTO 的形貌 [图 5.31（c）]，但是使 LZTO 具有更小的颗粒尺寸（27nm）[图 5.32（k）]。同样，由于 W 的存在，LM6ZTW3O 颗粒出现了熔合。因此，LM6ZTW3O 的颗粒尺寸仅略小于 LZTO 的 [图 5.32（l）]。小的粒径可以缩短锂离子在 LM6ZTW3O 中的扩散距离，有利于提高其倍率性能。此外，四个样品的结晶良好 [图 5.32（e）～（h）]，这有利于它们的电化学性能。

图 5.31　LZTO（a）、LZTW3O（b）、LM6ZTO（c）和 LM6ZTW3O（d）的 SEM 图

LZTO、LZTW3O、LM6ZTO 和 LM6ZTW3O 的 CV 曲线如图 5.33 所示。每个样品的曲线上都有一个阳极峰和两个阴极峰，对应 Ti^{4+}/Ti^{3+} 的氧化还原电对。此外，每个电极的首次阴极扫描和后续不同，可以归因于电极的活化和（或）极化。LZTO、LZTW3O、LM6ZTO 和 LM6ZTW3O 在第一圈时的阳极和阴极峰电势差（φ_p）分别为 0.551V、0.489V、0.517V 和 0.483V（表 5.21）。在四个电极中，LM6ZTW3O 表现出最小的电势差，表明这个样品的极化最小，锂离子的脱出/嵌入可逆性高。

表 5.21　LZTO、LZTW3O、LM6ZTO 和 LM6ZTW3O 电极首圈的 CV 峰电势值

样品	φ_{pa}/V	φ_{pc}/V	$(\varphi_p = \varphi_{pa} - \varphi_{pc})/V$
LZTO	1.605	1.054	0.551
LZTW3O	1.619	1.13	0.489
LM6ZTO	1.605	1.088	0.517
LM6ZTW3O	1.612	1.129	0.483

LZTO、LZTW3O、LM6ZTO 和 LM6ZTW3O 在不同电流密度下的循环性能如图 5.34（a）所示。在 $0.5A \cdot g^{-1}$ 时，LM6ZTO 在首圈时表现出最高的放电比

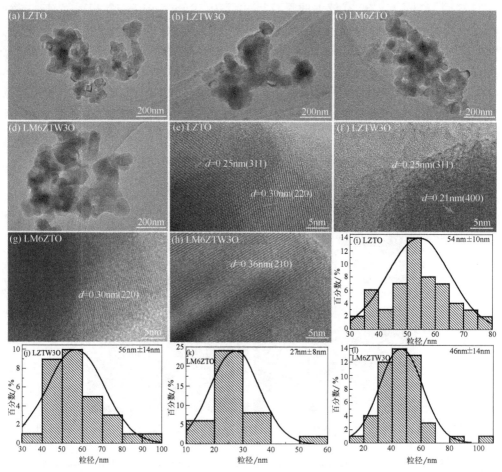

图 5.32 LZTO（a）、LZTW3O（b）、LM6ZTO（c）和 LM6ZTW3O（d）的 TEM 图；
LZTO（e）、LZTW3O（f）、LM6ZTO（g）和 LM6ZTW3O（h）的 HR-TEM 图；
粒径分布直方图（i）～（l）

容量，这可能与小的颗粒尺寸可以增加活性材料和电解液的接触面积有关。LZ-
TW3O 的初始放电比容量最低，主要是由于其粒径较大和 W 取代了部分 Ti 导致
活性 Ti 量减少。粒径小会使材料比表面积增大，也增加了活性颗粒与电解质之间
的副反应，因此在四个样品中粒径最小的 LM6ZTO 比容量衰减最快。与 LZTO 相
比，Mg^{2+}/W^{6+} 和 Mg^{2+}-W^{6+} 掺杂的 LZTO 材料在 $1.5\sim3A\cdot g^{-1}$ 的电流密度下
具有较好的倍率性能，表明通过掺杂材料的电导率得到提高。尤其对于
LM6ZTW3O，在 $2A\cdot g^{-1}$ 的放电比容量为 $199mAh\cdot g^{-1}$（80 圈），$2.5A\cdot g^{-1}$
的电流密度下的放电比容量为 $191.7mAh\cdot g^{-1}$（100 圈），$3A\cdot g^{-1}$ 的电流密度下
的放电比容量为 $177.9mAh\cdot g^{-1}$（120 圈）。

测试不同电流密度下循环后的电池［图 5.34（a）］的电化学交流阻抗如图

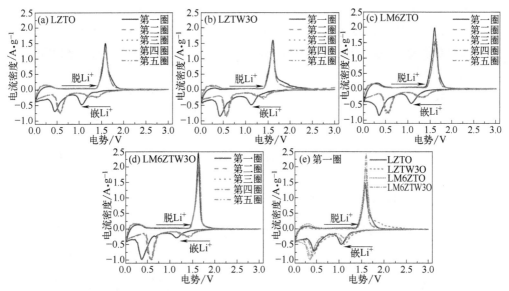

图 5.33　LZTO（a）、LZTW3O（b）、LM6ZTO（c）和 LM6ZTW3O（d）
电极第 1~5 圈 CV 图，四个电极在 0.02~3V（vs. Li/Li$^+$）
范围内 0.5mV · s^{-1} 扫速下第一圈 CV 比较图（e）

5.34（b）所示，四条曲线形状类似。等效电路模型如图 5.34（b）插图所示。LZ-
TO、LZTW3O、LM6ZTO 和 LM6ZTW3O 的电荷转移阻抗分别为 27.13Ω、
18.11Ω、22.48Ω 和 10.47Ω（表 5.22）。可以看出掺杂后电荷转移阻抗减小，有利
于材料电化学性能的提高。

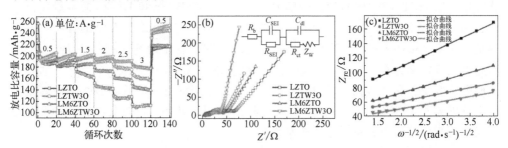

图 5.34　LZTO、LZTW3O、LM6ZTO 和 LM6ZTW3O 在不同电流密度下的循环性能（a），
交流阻抗（b）和 Z_{re} 与 $\omega^{-1/2}$ 的关系（c）

LZTO、LZTW3O、LM6ZTO 和 LM6ZTW3O 的锂离子扩散系数（D_{Li^+}）根
据式（3.1）、式（3.2）得到，分别为 $5.39 \times 10^{-11} cm^2 \cdot s^{-1}$、$2.94 \times 10^{-10} cm^2 \cdot$
s^{-1}、$1.37 \times 10^{-10} cm^2 \cdot s^{-1}$ 和 $3.73 \times 10^{-10} cm^2 \cdot s^{-1}$。与 LZTO 电极相比，
Mg^{2+}/W^{6+} 和 Mg^{2+}-W^{6+} 掺杂的 LZTO 材料具有较小的电荷转移电阻和较高的锂
扩散系数（D_{Li^+}）（表 5.22），这有利于它们的倍率性能。可以看出，掺杂对 LZ-

TO 的电子电导率没有明显影响（表 5.22）。因此，通过掺杂可以改善倍率性能主要是因为离子电导率的改善。与 Mg^{2+} 掺杂 LZTO 相比，W^{6+} 和 Mg^{2+}-W^{6+} 共掺杂对 LZTO 倍率性能提升显著，在接下来的工作中主要研究 LZTO、LZTW3O 和 LM6ZTW3O 的电化学性能。

为了进一步阐述 LZTO、LZTW3O 和 LM6ZTW3O 的电化学反应机制，在 $1A \cdot g^{-1}$、$0.02 \sim 3V$ 下进行恒电流充放电测试，曲线如图 5.35（a）所示。对于每个电极，在 1.45V 时观察到一个充电平台，在 1.06V 和 0.41V 时有两个放电平台，对应 Ti^{4+}/Ti^{3+} 氧化还原电对。这两个放电平台表明锂离子的嵌入是通过两步进行的。这与 CV 结果一致（图 5.33）。

表 5.22 根据等效电路模型计算得到 LZTO、LZTW3O、LM6ZTO 和 LM6ZTW3O 的阻抗参数、锂离子扩散系数（D_{Li}^+）和电子电导率

样品	R_b/Ω	R_{SEI}/Ω	R_{ct}/Ω	$D_{Li}^+/cm^2 \cdot s^{-1}$	$\sigma/S \cdot cm^{-1}$
LZTO	6.55	12.52	27.13	5.39×10^{-11}	3.63×10^{-6}
LZTW3O	4.964	8.237	18.11	2.94×10^{-10}	2.83×10^{-6}
LM6ZTO	3.857	8.052	22.48	1.37×10^{-10}	3.89×10^{-6}
LM6ZTW3O	7.524	5.433	10.47	3.73×10^{-10}	3.76×10^{-6}

在三个样品中，LM6ZTW3O 由于小的颗粒尺寸和高的离子电导率，所以具有最高的初始放电比容量。LZTW3O 的初始放电比容量最低是由于其粒径较大。LZTW3O 的首次库仑效率最高（84.8%），这是因为 LZTW3O 的粒径较大，使得活性颗粒与电解液之间的副反应较少。由于 LM6ZTW3O 粒径小，出现了许多副反应，因此在初始循环中其容量迅速衰减 [图 5.35（b）]。但在后续循环过程中，LM6ZTW3O 具有最高的比容量和最佳的循环性能。在第 400 圈，相对于第 2 圈的比容量，LM6ZTW3O 的容量保持率为 94.7%，LZTW3O 和 LZTO 的容量保持率分别为 93.1% 和 34.6%。在 $2A \cdot g^{-1}$ 的电流密度下，LM6ZTW3O 的首次放电比容量为 $196.7mAh \cdot g^{-1}$，循环 300 圈相对于首圈比容量的容量保持率为 91.3%。当充电电流密度为 $0.5A \cdot g^{-1}$，放电电流密度分别为 $3A \cdot g^{-1}$ 和 $4A \cdot g^{-1}$ 时，初始放电比容量分别为 $193.3mAh \cdot g^{-1}$ 和 $187.1mAh \cdot g^{-1}$，循环 300 圈后容量保持率分别为 96.8% 和 91.4% [图 5.35（c）、（d）]。另外，可以看出，由于电极活化循环数圈后材料比容量可以达到最高值。

对比很多先前报道，LM6ZTW3O 的循环性能良好，这可能与下列因素有关。①Mg^{2+}-W^{6+} 共掺杂改善了 LZTO 的离子电导率。②通过掺杂可以稳定 LZTO 的结构。图 5.36 和表 5.23 分别是 LZTO、LZTW3O、LM6ZTO 和 LM6ZTW3O 电极在 $1A \cdot g^{-1}$ 下循环 200 圈的非原位 XRD 谱图和相应的晶胞体积。从中可以看出 LM6ZTW3O 循环前后体积变化率较小，说明材料结构稳定。③在循环过程中 LM6ZTW3O 良好的表面完整性可以保证良好的电化学接触。LZTO、LZTW3O、LM6ZTO 和 LM6ZTW3O 电极在 $1A \cdot g^{-1}$ 下循环 200 圈的 SEM 图如图 5.37 所示。锂离子反复嵌入/脱出后，LZTO 电极表面损伤严重，出现了不同宽度和深度

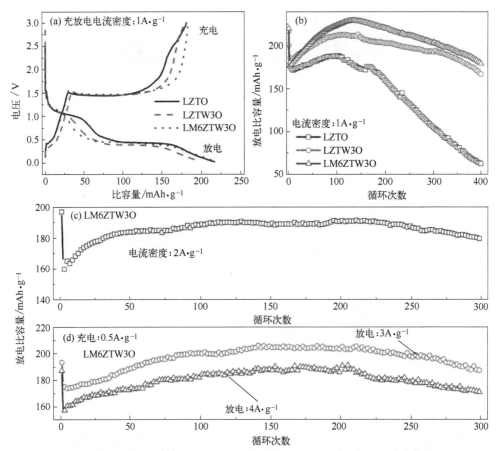

图 5.35　LZTO、LZTW3O 和 LM6ZTW3O 在 1A·g⁻¹ 的首次充放电曲线（a）、

循环性能（b）；LM6ZTW3O 在 2A·g⁻¹（c）及 3A·g⁻¹ 和 4A·g⁻¹

放电电流密度和 0.5A·g⁻¹ 充电电流密度下的循环性能（d）

的裂缝［图 5.37（a）、（b）］。裂缝将会阻碍电子的传输和锂离子的扩散，然后导致容量衰减。LM6ZTO 电极表面裂纹细小［图 5.37（e）、（f）］，LZTW3O 和 LM6ZTW3O 电极表面无明显裂纹［图 5.37（c）、（d）和图 5.37（g）、（h）］，完整的表面能保持活性粒子之间良好的电接触。但是，为了实现商业化，LM6ZTW3O 的循环性能需要进一步改善。导致容量下降的主要原因之一是电解液中痕量的水与锂盐 LiPF₆ 反应产生了少量 HF，LZTO 中的过渡金属元素受到 HF 攻击而溶解。表面包覆被认为

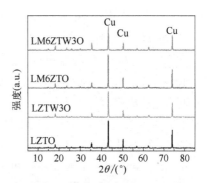

图 5.36　LZTO、LZTW3O、LM6ZTO 和 LM6ZTW3O 电极在 1A·g⁻¹ 下循环 200 圈的非原位 XRD 谱图

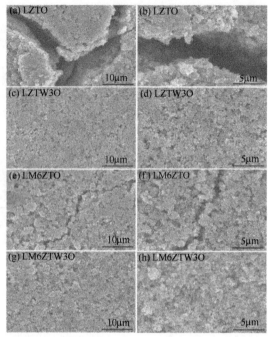

图 5.37　LZTO（a）、（b），LZTW3O（c）、（d），LM6ZTO（e）、（f）和 LM6ZTW3O（g）、（h）在 $1A \cdot g^{-1}$ 条件下循环 200 圈后的表面 SEM 图

是解决这一问题的有效方法。因此，表面包覆可能可以进一步提高 LM6ZTW3O 的循环性能。

表 5.23　LZTO、LZTW3O、LM6ZTO 和 LM6ZTW3O 电极在 $1A \cdot g^{-1}$ 下循环 200 圈前后的晶胞体积

样　品	晶胞体积/$Å^3$	
	循环前	循环后
LZTO	586.3(9)	591.7
LZTW3O	586.1(8)	587.8(7)
LM6ZTO	586.4(3)	585.5(4)
LM6ZTW3O	586.2(3)	587.9(1)

　　高低温性能对于商用锂离子电池来说非常重要，LZTO、LZTW3O 和 LM6ZTW3O 在 55℃高温和 0℃低温下的测试结果如图 5.38 所示。在 55℃下循环 100 圈后，LZTO、LZTW3O 和 LM6ZTW3O 分别获得了第二圈 60.9%、81.8% 和 88.3% 的比容量［图 5.38（a）］，LM6ZTW3O 表现出最好的循环性能。在 0℃时，LM6ZTW3O 在三个样品中表现出最好的倍率性能［图 5.38（b）］。在 $0.6A \cdot g^{-1}$ 的电流密度下仍可以获得 $192.9mAh \cdot g^{-1}$ 的放电比容量（60 圈）。在 $0.2A \cdot g^{-1}$ 和 $0.5A \cdot g^{-1}$ 电流密度下循环 200 和 300 圈后，相对于第 2 圈而言比容量没有衰减［图 5.38（c）］。当 LM6ZTW3O 电极在 $0.1 \sim 0.6A \cdot g^{-1}$ 下循环 80 圈后［图 5.38（b）］，然后在 $1A \cdot g^{-1}$ 下循环 300 圈，最高放电比容量可达 $189.3mAh \cdot g^{-1}$，第 200 圈时没有出现容量衰减。LM6ZTW3O 电极表现出良好的高低温电化学性能。

本部分工作采用一步固相法成功制备了 Mg^{2+}-W^{6+} 共掺杂的 $Li_2ZnTi_3O_8$。Mg^{2+}-W^{6+} 共掺杂可提高 $Li_2ZnTi_3O_8$ 的离子电导率，进而提高其倍率和低温电化学性能。此外，Mg^{2+}-W^{6+} 共掺杂使 LZTO 具有较小的电荷转移阻抗和极化，能够稳定材料结构，有利于其循环性能。所设计的 Mg^{2+}-W^{6+} 共掺杂 $Li_2ZnTi_3O_8$ 负极在室温、高温和低温下均具有良好的循环和倍率性能。由于合成方法简单，电化学性能优良，Mg^{2+}-W^{6+} 共掺杂的 $Li_2ZnTi_3O_8$ 被认为是一种很有前景的锂离子电池负极候选材料。

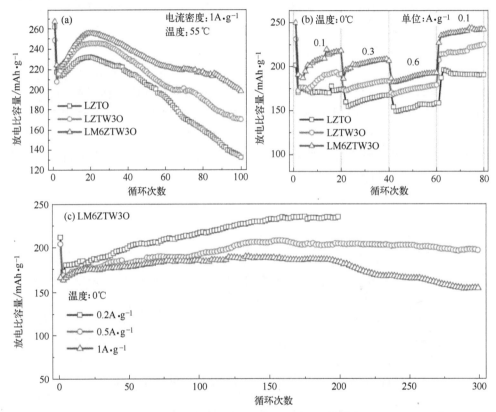

图 5.38　LZTO、LZTW3O 和 LM6ZTW3O 在 0.02～3V 范围内 55℃、$1A \cdot g^{-1}$（a）和 0℃、不同电流密度（b）下的循环性能；在 0℃下 0.02～3.0V 范围内 LM6ZTW3O 在 $0.2A \cdot g^{-1}$、$0.5A \cdot g^{-1}$ 和 $1A \cdot g^{-1}$ 的循环性能（c）

5.2.2　Mo-P 共掺杂钛酸锌锂

在之前的研究中，Mo^{6+} 成功取代 Zn^{2+} 并改善了 LZTO 的整体电化学性能。P^{5+} 的价态较高，用 P^{5+} 替代 Ti^{4+} 也是可行的。Yan 等[204] 合成了 P^{5+} 掺杂的 $Li_4Ti_5O_{12}$。由于 Ti^{3+}/Ti^{4+} 混合态的存在，$Li_4Ti_{4.8}P_{0.2}O_{12}$ 的电子电导率提高，材料表现出良好的电化学性能。Long 等成功地将 P 引入了锂离子电池 Si 负极[205]。在 0.2A·g^{-1} 时，P 掺杂的 Si 负极表现出 2460.4mAh·g^{-1} 的大比容量。即使在 16A·g^{-1} 的高电流密度下，仍然可以放出 911mAh·g^{-1} 的比容量。此外，在 2A·g^{-1} 下循环 100 圈后，得到 1564mAh·g^{-1} 的比容量。P 掺杂改善了硅负极的氧化还原动力学。Mo^{6+} 和 P^{5+} 的半径分别小于 Zn^{2+} 和 Ti^{4+}。因此，Mo^{6+} 和 P^{5+} 很容易进入 LZTO 的晶格。此外，高价态 Mo^{6+} 和 P^{5+} 取代低价态 Zn^{2+} 和 Ti^{4+}，为了保持电荷平衡，会引入 Ti^{3+}，从而可以增加 LZTO 的电子导电性。因此，Mo^{6+}-P^{5+} 共掺杂 LZTO 的电化学性能有望得到显著改善。然而，Mo^{6+}-P^{5+} 共掺杂 LZTO 尚未见报道。在本部分工作中，首次采用 Mo^{6+}-P^{5+} 对 LZTO 共掺杂以提高其整体电化学性能。此外，研究了 Mo^{6+}-P^{5+} 共掺杂的 LZTO 在半电池和全电池中的储锂性能。

LZTO 和 LZM7TP3O 前驱体在空气中升温速率为 10℃·min^{-1} 时的热重（TG）曲线如图 5.39 所示。150℃ 之前的失重是由于两种前驱体吸附的水蒸发。200～530℃ 的失重与 LZTO 前驱体中 Li$_2$CO$_3$ 或者 LZM7TP3O 前驱体中 Li$_2$CO$_3$、(NH$_4$)$_6$Mo$_7$O$_{24}$·4H$_2$O 和 NH$_4$H$_2$PO$_4$ 的分解有关。TG 曲线上 530℃ 以上有一个平台，表明在此温度之后形成了 LZTO 或 LZM7TP3O。基于以上分析，本工作采用 700℃ 煅烧 4h 制备电极材料。

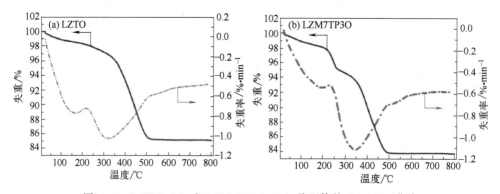

图 5.39　LZTO（a）和 LZM7TP3O（b）前驱体的 TG-DTG 曲线

LZTO 和 Mo^{6+} 掺杂 LZTO 的倍率性能如图 5.40（a）所示。LZTO、LZM5TO、LZM7TO 和 LZM9TO 在 3A·g^{-1}（110 圈）时分别得到 129.3mAh·g^{-1}、154.7mAh·g^{-1}、174.0mAh·g^{-1} 和 132.3mAh·g^{-1} 的放电比容量。因此，LZM7TO 具有最好的倍率性能。在 1A·g^{-1} 时，LZTO 与 P^{5+} 掺杂的 LZTO 的循环结果如图 5.40（b）所示。P 掺杂提高了 LZTO 的放电比容量。在 1A·g^{-1} 下 200 圈时，LZTO、LZTP1O、LZTP3O 和 LZTP5O 分别放出了 159.8mAh·g^{-1}、168.2mAh·g^{-1}、186.6mAh·g^{-1} 和 178.6mAh·g^{-1} 的比容量。LZTP3O 在整个循环中放电比容量最高。因此，Mo^{6+}-P^{5+} 共掺杂 LZTO 中 Mo 和 P 元素的最佳用量分别为 0.07 和 0.03（LZM7TP3O）。Mo 和 P 在 LZM7TP3O 中的理论含量分别为 1.90% 和 0.26%，ICP（电感耦合等离子体发射光谱）测试的实

际值分别为 1.77％ 和 0.25％，Mo 和 P 元素的实际值与理论值接近。

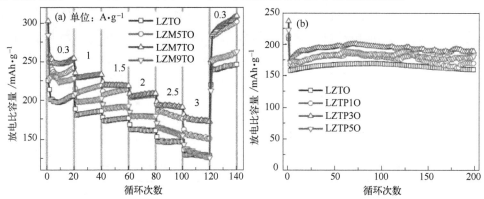

图 5.40　LZTO 和 Mo 掺杂 LZTO 的倍率性能（a）；LZTO 和 P 掺杂的
LZTO 在 1A·g^{-1} 下的循环性能（b）

图 5.41（a）为 LZTO 和 LZM7TP3O 的 XRD 谱图。从 LZM7TP3O 的图谱中没有检测到其它相，表明 Mo 和 P 元素已经进入 LZTO 的晶格中。Mo^{6+}、Zn^{2+}、

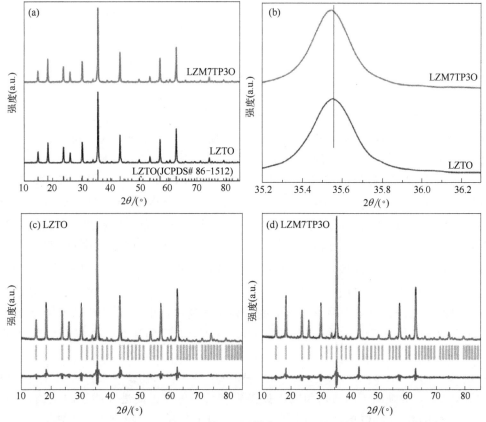

图 5.41　LZTO 和 LZM7TP3O 的 XRD 谱图（a），LZTO 和 LZM7TP3O 放大
后的（311）峰（b），LZTO（c）和 LZM7TP3O（d）的 XRD 精修图

P^{5+} 和 Ti^{4+} 的半径分别为 0.062nm、0.074nm、0.034nm 和 0.061nm。一方面，LZTO 的晶格参数因小半径离子取代大半径离子而减小。另一方面，对于 LZTO，由于 Ti^{3+} 的出现，晶格参数会增加。因为 Ti^{3+} 的半径（$r=0.067nm$）大于 Ti^{4+} 的半径（$r=0.061nm$）。放大后的 (311) 晶面稍微向低角度移动 [图 5.41 (b)]，表明晶格常数变大，后者是主要因素。为了研究 Mo 和 P 在 LZTO 中的位置，采用 Rietveld 法对 LZM7TP3O 的 X 射线衍射谱图进行了精修。精修结果 [表 5.24、表 5.25 和图 5.41 (d)] 表明，8c 位置的部分 Zn^{2+} 被 Mo^{6+} 取代，12d 位置的部分 Ti^{4+} 被 P^{5+} 取代。另外，精修结果进一步证明了晶格参数变大（表 5.24）。

表 5.24　LZTO 和 LZM7TP3O 的精修评价参数和晶格参数

样品	$a=b=c/Å$	$V/Å^3$	$R_{wp}/\%$	$R_p/\%$	χ^2
LZTO	8.369	586.176	11.8	8.75	2.00
LZM7TP3O	8.369(2)	586.203	11.6	8.41	1.89

表 5.25　LZM7TP3O 的精修数据

位置	原子	x	y	z	占位率
4b	Li	0.625	0.625	0.625	1
8c	Li	−0.00160	−0.00160	−0.00160	0.5
8c	Zn	−0.00160	−0.00160	−0.00160	0.465
8c	Mo	−0.00160	−0.00160	−0.00160	0.035
8c	O	0.39203	0.39203	0.39203	1
12d	Ti	0.36759	0.88241	0.125	0.99
12d	P	0.36759	0.88241	0.125	0.01
24e	O	0.10668	0.12222	0.39118	1

LZM7TP3O 的 XPS 谱图如图 5.42 (a) 所示。可以看出，Mo 和 P 元素存在于 LZM7TP3O 中。Zn 2p 的高分辨谱图由 Zn $2p_{3/2}$（1021.5eV）和 Zn $2p_{1/2}$（1044.6eV）两个峰组成 [图 5.42 (b)]。在 235.6eV 和 232.4eV 处的峰 [图 5.42 (c)] 分别属于 Mo^{6+} $3d_{3/2}$ 和 Mo^{6+} $3d_{5/2}$。位于 139.5eV 的峰 [图 5.42 (d)] 归属于 P^{5+} 2p。Ti 2p 的高分辨率 XPS 谱图显示了两个峰，分别位于 464.9（Ti $2p_{1/2}$）和 458.7eV（Ti $2p_{3/2}$）[图 5.42 (e)]，归属于 LZTO 中的 Ti^{4+}。在 458.1eV 和 463.9eV 处的峰分别属于 Ti^{3+} $2p_{3/2}$ 和 Ti^{3+} $2p_{1/2}$。XPS 结果表明，Mo 和 P 分别以 Mo^{6+} 和 P^{5+} 的形式存在于 LZM7TP3O 中，LZM7TP3O 表面存在一些 Ti^{3+}。因此，Mo^{6+} 和 P^{5+} 提供的额外正电荷应该由 Ti^{3+} 的引入来补偿，进一步证明 Mo 和 P 元素被掺杂到 LZTO 中。Ti^{4+}/Ti^{3+} 的混合价能提高 LZTO 的电子电导率。

Mo^{6+}-P^{5+} 共掺杂可以减小 LZTO 的颗粒尺寸，增大孔径和比表面积（图 5.43 和表 5.26），为锂离子的嵌入和脱出提供更多活性位点，促进锂离子的快速扩散。LZTO 和 LZM7TP3O 的形貌如图 5.44 (a)、(b) 所示。可以看出，两种样品均由纳米颗粒组成，且两种样品的形貌没有明显差异。LZTO 和 LZM7TP3O 的粒径分

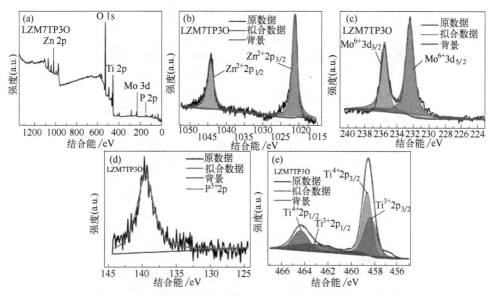

图 5.42　LZM7TP3O 的 XPS 谱图（a）；LZM7TP3O 中 Zn 2p（b）、
Mo 3d（c）、P 2p（d）和 Ti 2p（e）的高分辨 XPS 谱图

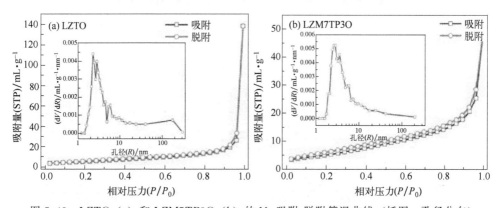

图 5.43　LZTO（a）和 LZM7TP3O（b）的 N_2 吸附-脱附等温曲线（插图：孔径分布）

表 5.26　LZTO 和 LZM7TP3O 的比表面积和平均孔径

样品	比表面积/$m^2 \cdot g^{-1}$	平均孔径/nm
LZTO	21.4	2.28
LZM7TP3O	23.4	2.84

别为 38nm 和 28nm ［图 5.44（c）、（d）］。由于异种元素 Mo 和 P 进入 LZTO 晶格中可以抑制 LZTO 晶粒过度生长，所以可以降低 LZM7TP3O 的粒径。此外，从 HR-TEM 图 ［图 5.44（e）、（f）］可以看出，两种样品结晶良好，这有利于其电化学性能。

　　采用充放电和循环伏安技术研究了电化学反应机理（图 5.45）。在锂离子嵌入

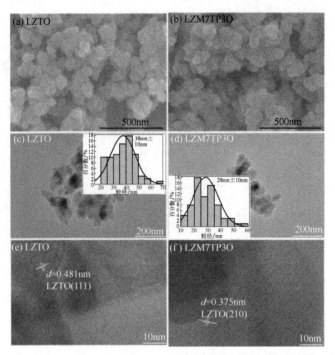

图 5.44　LZTO（a）和 LZM7TP3O（b）的 SEM 图像，LZTO（c）和 LZM7TP3O（d）
的 TEM 图像（插图：粒径分布直方图），LZTO（e）和 LZM7TP3O（f）的 HR-TEM 图像

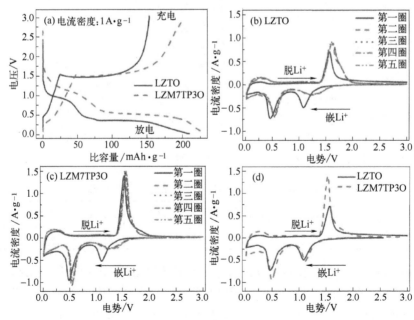

图 5.45　LZTO 和 LZM7TP3O 在 1A・g^{-1} 时首圈充放电曲线（a），LZTO（b）和
LZM7TP3O（c）的 CV 曲线，LZTO 和 LZM7TP3O 在 0.5mV・s^{-1} 的
第一圈循环伏安比较图（电势：0.02~3V）(d)

时，每条放电曲线在约 1.06V 和 0.46V 处出现两个平台，对应的每条 CV 曲线出现两个阴极峰。在锂离子脱出过程中，每条充电曲线在约 1.47V 时出现一个平台，对应的每条 CV 曲线出现一个阳极峰。锂离子的嵌入/脱出基于 Ti^{4+}/Ti^{3+} 氧化还原电对。在 0.5V 左右的平台/峰可能与 Ti^{4+} 的多次还原有关。从第 2 圈 CV 曲线开始，两个阴极峰向高电势移动，这可能源于首圈的不可逆嵌锂。图 5.45（d）比较了 LZTO 和 LZM7TP3O 首圈 CV 曲线。可见，Mo^{6+}-P^{5+} 共掺杂可以提高锂离子嵌入/脱出的可逆性［图 5.45（d）］。

LZTO 和 LZM7TP3O 在 $1A \cdot g^{-1}$ 时的循环性能如图 5.46（a）所示。对于 LZTO 和 LZM7TP3O，第 600 圈仍然得到 $113.8mAh \cdot g^{-1}$ 和 $208.1mAh \cdot g^{-1}$。相对于第二圈的比容量而言，LZTO 的容量保留率仅为 69%；然而，LZM7TP3O 没出现容量衰减。显然，通过 Mo^{6+}-P^{5+} 共掺杂，LZTO 的循环性能大大提高。在首次循环过程中 LZTO 和 LZM7TP3O 分别释放出 $209.3mAh \cdot g^{-1}$ 和 $237.7mAh \cdot g^{-1}$ 的比容量，库仑效率（CE）分别为 73.2% 和 87.3%。经过三个循环后两个样品的 CE 接近 100%，而 LZM7TP3O 的 CE 更高［图 5.46（b）］，说明锂离子嵌

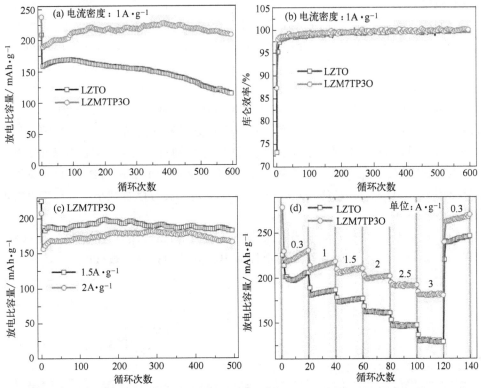

图 5.46　LZTO 和 LZM7TP3O 在 $1A \cdot g^{-1}$ 时的循环性能（a）和库仑效率（b），
LZM7TP3O 在 $1.5A \cdot g^{-1}$ 和 $2A \cdot g^{-1}$ 下的循环性能（c），
LZTO 和 LZM7TP3O 在不同电流密度下的循环性能（d）

入和脱出的可逆性较高。对于两个电极来说，不可逆初始容量损失来源于 SEI 膜的形成，这将减少 LZTO/LZM7TP3O 与电解液之间的副反应，进而有助于后续的循环性能。

当电流密度增大时，LZM7TP3O 仍具有良好的循环性能。在 $1.5A \cdot g^{-1}$ 下循环 500 圈后，相对于第二圈而言没有容量损失。在 $2A \cdot g^{-1}$ 下循环 500 圈后，保留了第 2 圈比容量的 98.2% ［图 5.46 (c)］。LZM7TP3O 的循环性能超过了许多文献报道的 LZTO。在之前的研究中发现，LZTO 电极的比容量在初始循环中不断增加，这是由于电解液的不断分解造成的。类似的现象也出现在其它 Ti 基负极材料中，如 LTO 负极[191,192]。如前所述，包覆可以减少电解液在 Ti 基负极上分解。因此，包覆与掺杂相结合可以进一步提高 Ti 基负极的循环性能。

在 $0.3 \sim 3A \cdot g^{-1}$ 时 LZTO 和 LZM7TP3O 的倍率性能如图 5.46 (d) 所示。很明显，Mo^{6+}-P^{5+} 共掺杂大大提高了 LZM7TP3O 的倍率性能。在 $2A \cdot g^{-1}$、$2.5A \cdot g^{-1}$ 和 $3A \cdot g^{-1}$ 的电流密度下，LZM7TP3O 分别放出 $201.8mAh \cdot g^{-1}$、$191.9mAh \cdot g^{-1}$ 和 $180.5mAh \cdot g^{-1}$ 的比容量。性能优于 LZTO 和文献报道的一些其它负极。

不同电流密度下循环前后的电池 ［图 5.46 (d)］的电化学交流阻抗数据如图 5.47 (a)、(b) 所示。两个电极在循环前的 EIS 曲线相似，由一个小截距、一个半圆和一条直线组成，等效电路模型如图 5.47 (a) 插图所示。R_b 是电解液和电池部件接触的总阻抗，C_{dl} 和 R_{ct} 是双电层电容和电荷转移阻抗，Z_W 代表 Warburg 阻抗。LZTO 和 LZM7TP3O 的电荷转移阻抗分别为 29.95Ω 和 21.99Ω（表 5.27）。两个电极在不同的电流密度下循环后的交流阻抗谱图上有两个半圆。等效电路模型如图 5.47 (b) 插图所示。C_{SEI} 和 R_{SEI} 分别对应第一个半圆代表的是 SEI 膜的电容和阻抗。C_{dl} 和 R_{ct} 对应第二个半圆。LZTO 和 LZM7TP3O 的电荷转移阻抗分别为 155Ω 和 28.73Ω（表 5.27）。掺杂后电荷转移阻抗减小，有利于材料电化学性能的提高。

为了进一步研究电极动力学，根据低频下的 Warburg 扩散 ［图 5.47 (b)］使用式 (3.1)、式 (3.2) 计算了两个样品中锂离子的扩散系数 (D_{Li^+})，分别为

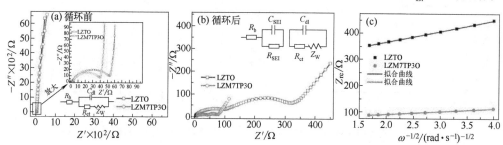

图 5.47 LZTO 和 LZM7TP3O 电极在图 5.46 (d) 中不同电流密度下循环前 (a) 和循环后 (b) 的电化学交流阻抗谱及相应的等效电路（插图），Z_{re} 和 $\omega^{-1/2}$ 的关系 (c)

表 5.27 根据等效电路模型计算得到的阻抗参数、LZTO 和 LZM7TP3O 的锂离子扩散系数（D_{Li^+}）和电子电导率

样品	循环前		循环后			$D_{Li^+}/cm^2 \cdot s^{-1}$	$\sigma/S \cdot cm^{-1}$
	R_b/Ω	R_{ct}/Ω	R_b/Ω	R_{SEI}/Ω	R_{ct}/Ω		
LZTO	3.411	29.95	6.079	78.64	155	1.12×10^{-10}	3.89×10^{-5}
LZM7TP3O	3.838	21.99	11.421	17.74	28.73	1.47×10^{-9}	6.91×10^{-5}

$1.12 \times 10^{-10} cm^2 \cdot s^{-1}$ 和 $1.47 \times 10^{-9} cm^2 \cdot s^{-1}$。与 LZTO 电极相比，$Mo^{6+}$-$P^{5+}$ 共掺杂 LZTO 材料具有较高的 D_{Li^+}，说明锂离子的扩散速度快，保证了良好的倍率性能。

LZM7TP3O 的倍率性能和循环性能的提高可能是由于以下原因。① Mo^{6+}-P^{5+} 共掺杂可以降低内阻。如图 5.48（a）、（b）所示，与 LZTO 相比，LZM7TP3O 在循环过程中具有较小的 ΔIR。② Mo^{6+}-P^{5+} 共掺杂可以提高 LZM7TP3O 的结构稳定性。LZTO 和 LZM7TP3O 两电极在 $1A \cdot g^{-1}$ 循环 200 圈后的 XRD 谱图如图 5.48（c）所示。LZM7TP3O 电极的衍射峰依然尖锐，说明 LZM7TP3O 的结构在锂离子嵌入/脱出过程中保持了良好的稳定性，LZTO 电极的部分衍射峰模糊，表明循环过程中 LZTO 的结构发生了部分改变。③LZM7TP3O 电极在循环过程中表面完整、电接触良好。LZTO 和 LZM7TP3O 电极在 $1A \cdot g^{-1}$ 下循环 200 圈前后的 SEM 图像如图 5.49 所示。LZTO 电极经过多次锂离子嵌入/脱出后，电极表面损坏严重，出现一些裂纹 [图 5.49（b）]。裂纹会阻碍电子的传输和锂离子的扩散，导致容量下降。而 LZM7TP3O 表面没有出现明显的裂纹 [图 5.49（d）]，完整的表面保证活性粒子之间良好的电接触。从截面 SEM 图 5.49（e）、（f）可知：与 LZM7TP3O 电极相比，LZTO 电极的活性材料层与 Cu 基底的分离更为明显，说明 LZM7TP3O 与集流体的黏附性更好。这种强附着力有助于保持集流体和 LZM7TP3O 之间良好的电接触。④ LZM7TP3O 具有较大的比表面积，为锂离子的嵌入/脱出提供了更多的活性位点（图 5.43 和表 5.26）。LZTO 和 LZM7TP3O 的比表面积分别为 $21.4 m^2 \cdot g^{-1}$ 和 $23.4 m^2 \cdot g^{-1}$。⑤LZM7TP3O 的大孔径可以加速锂离子的扩散（图 5.43 和表 5.26）。⑥小的 R_{ct}、高的 D_{Li^+} 和电

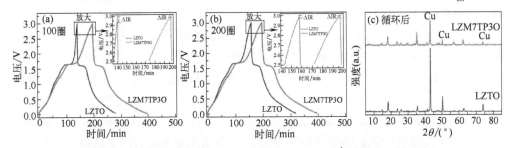

图 5.48 LZTO 和 LZM7TP3O 电极在 $0.1A \cdot g^{-1}$ 时第 100 圈（a）和第 200 圈（b）充电切换到放电时的 IR 数据；LZTO 和 LZM7TP3O 电极在 $1A \cdot g^{-1}$ 条件下循环 200 次后的非原位 XRD 图（c）

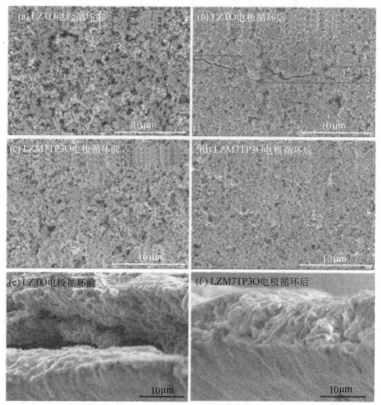

图 5.49 LZTO（a）、（b）和 LZM7TP3O（c）、（d）在 1A·g^{-1}
条件下循环 200 圈前后的表面 SEM 图，LZTO（e）和 LZM7TP3O
（f）在 1A·g^{-1} 处循环 200 圈后的截面 SEM 图

子电导率（图 5.47 和表 5.27）有利于 LZM7TP3O 的倍率性能。LZTO 和 LZM7TP3O 电极在不同电流密度下循环的 R_{ct} 分别为 155Ω 和 28.73Ω（表 5.27）。LZTO 和 LZM7TP3O 电极的 D_{Li}^+ 分别为 $1.12 \times 10^{-10} cm^2 \cdot s^{-1}$ 和 $1.47 \times 10^{-9} cm^2 \cdot s^{-1}$。LZTO 和 LZM7TP3O 电极的电子电导率分别为 $3.89 \times 10^{-5} S \cdot cm^{-1}$ 和 $6.91 \times 10^{-5} S \cdot cm^{-1}$（表 5.27）。

在宽温度范围内，电极材料拥有良好的电化学性能是非常重要的。图 5.50（a）为 LZTO 和 LZM7TP3O 在 55℃ 下的循环性能。在 1A·g^{-1} 电流密度下循环 100 圈后，LZTO 和 LZM7TP3O 相对于第 2 圈比容量而言的容量保持率分别达到 89.6% 和 115.8%。众所周知，在高温下，电解液与活性物质之间的副反应会加剧，从而使电极的循环性能变差。而 LZM7TP3O 在 55℃ 下表现出优异的循环性能，超过了先前的研究，说明 Mo^{6+}-P^{5+} 共掺杂极大地稳定了 LZTO 的结构。此外，在 0℃ 低温下，LZM7TP3O 仍具有优异的循环和倍率性能。0℃ 在 0.5A·g^{-1} 下循环 1000 圈，LZM7TP3O 也没有出现容量衰减 [图 5.50（b）]。低温下 0.6A·g^{-1}

时，LZM7TP3O 的放电比容量为 196.2mAh·g^{-1} [图 5.50（c）]。

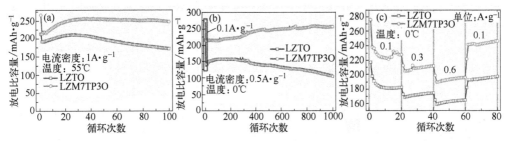

图 5.50　LZTO 和 LZM7TP3O 在 55℃、1A·g^{-1}（a）及 0℃、0.5A·g^{-1}（b）的
循环性能，LZTO 和 LZM7TP3O 在 0℃下的倍率性能（c）

5.3　氧缺陷改性钛酸锌锂

低的电子电导率是 LZTO 实际应用的最大障碍。研究者对 LZTO 的改性做了大量工作。碳或者导电材料包覆可以提高 LZTO 的表面电子电导率，同时可以缩小粒子颗粒尺寸。金属离子掺杂可以提高材料的内部电子电导率，稳定材料的结构。制备纳米尺寸的 LZTO 可以缩短锂离子扩散距离。

据报道往电极材料里引入氧缺陷（OVs）可以提高其表面电容[206,207]，进而有利于材料的脱嵌锂性能。研究者已经采取各种方法引入 OVs，例如等离子体法[208]、微波煅烧法[209]。另外，OVs 的浓度需要合适，过量的 OVs 将引起晶格扭曲，阻碍锂离子扩散，进而恶化材料的比容量[210]。引入 OVs 一般是在缺氧的气氛或者采用掺杂的方式进行的[211]，然而，这些过程复杂或者成本高。

据我们所知，往 LZTO 中引入 OVs 进而改性其电化学性能的研究不多。Tang 等通过在氮气中煅烧合成 LZTO 引入了 OVs[160]，但是合成过程复杂。另外，OVs 的储锂机理以及 LZTO 的长循环寿命需要进一步研究。

从理论上讲，在流动的 N$_2$、空气和 O$_2$ 中煅烧制备的 LZTO-FN、LZTO-FA 和 LZTO-FO 随着煅烧气氛中氧含量逐渐

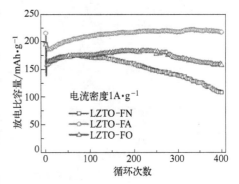

图 5.51　LZTO-FN、LZTO-FA 和 LZTO-FO
在 1A·g^{-1} 电流密度下的循环性能

降低 OVs 逐渐增加。图 5.51 为三个样品在 1A·g^{-1} 电流密度下的循环性能，可以看出 OVs 含量对样品的电化学性能有重大影响。其中，LZTO-FA 在整个循环过程中具有最大的放电比容量，并且没出现容量衰减。对于 LZTO-FN，从第 130

圈开始容量衰减严重。对于 LZTO-FO，从第 280 圈开始出现了轻微的容量衰减。LZTO-FN 和 LZTO-FA 之间的电化学性能差别很大。所以在接下来的工作中，主要研究 LZTO-FN 和 LZTO-FA 的性能。

LZTO-FN 和 LZTO-FA 的高分辨 Ti 2p 和 O 1s XPS 图谱如图 5.52 所示。464.2eV 和 458.4eV 的峰分别对应于 Ti $2p_{1/2}$ 和 Ti $2p_{3/2}$。457.1eV 和 463.2eV 的峰分别归属于 Ti^{3+} $2p_{3/2}$ 和 Ti^{3+} $2p_{1/2}$。所以，Ti^{3+} 存在于 LZTO-FN 和 LZTO-FA 表面。另外，LZTO-FN 中 Ti^{3+} 的含量比 LZTO-FA 中的高。Ti^{3+} 的出现可能与热处理过程中氧缺陷的出现有关[212]。对于 LZTO-FN 和 LZTO-FA 的高分辨 O 1s XPS 谱图，529.7eV、531.1eV 和 532.6eV 的峰分别归属于晶格氧（O_L）、氧缺陷（O_V）和材料表面的吸附氧（表面氧，O_S）[212-214]。LZTO-FN 中的 OVs 含量比 LZTO-FA 中的高（表 5.28）。

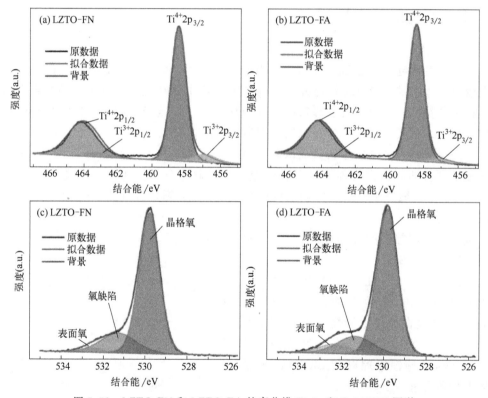

图 5.52　LZTO-FN 和 LZTO-FA 的高分辨 Ti 2p 和 O 1s XPS 图谱

表 5.28　LZTO-FN 和 LZTO-FA 的 XPS 比较结果及电子电导率

样品	XPS/%					$\sigma/S \cdot cm^{-1}$
	Ti^{4+}	Ti^{3+}	O_L	O_V	O_S	
LZTO-FN	92.21	7.79	78.79	19.03	2.18	1.70×10^{-5}
LZTO-FA	96.27	3.73	77.33	15.78	6.89	1.36×10^{-5}

LZTO-FN 和 LZTO-FA 的 XRD 图谱如图 5.53（a）所示。两个样品的所有衍射峰都可以归属于尖晶石型 LZTO（JCPDS♯86-1512）。精修结果显示 LZTO-FN 和 LZTO-FA 中不存在其它相 [图 5.53（b）、（c）]，这表明煅烧气氛不会影响产品的相。XPS 结果显示有 Ti^{3+} 存在于 LZTO-FN 和 LZTO-FA 的表面（图 5.52），混合价态 Ti^{4+}/Ti^{3+} 的存在可以提高材料的电子电导率。LZTO-FN 中 Ti^{3+} 的含量比 LZTO-FA 中的高。所以，LZTO-FN 的电子电导率比 LZTO-FA 的高。采用四探针法测得的 LZTO-FN 和 LZTO-FA 的电子电导率分别为 1.70×10^{-5} S·cm^{-1} 和 1.36×10^{-5} S·cm^{-1}（表 5.28）。Ti^{3+} 的出现可能与热处理过程中氧缺陷的出现有关。LZTO-FN 中的 OVs 含量比 LZTO-FA 中的高（表 5.28）。过量的 OVs 将引起晶格扭曲，阻碍锂离子扩散，进而恶化 LZTO-FN 材料的比容量。

Ti^{4+}、Ti^{3+} 和 O^{2-} 的离子半径分别为 0.061nm、0.067nm 和 0.140nm。由于具有大半径的 Ti^{3+} 和 OVs 的出现，将会使 LZTO-FN 和 LZTO-FA 的晶格参数变大。与 LZTO-FA 相比，LZTO-FN 的衍射峰移向低角度，表明 LZTO-FN 的晶格参数比

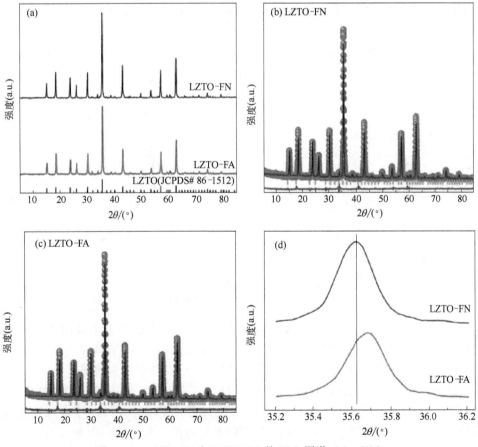

图 5.53　LZTO-FN 和 LZTO-FA 的 XRD 图谱（a），XRD
精修图（b）、（c）和（311）晶面放大图（d）

LZTO-FA 的大，这是因为 LZTO-FN 中 Ti^{3+} 和 OVs 的含量更高。从放大的（311）晶面可以更清楚地看到 LZTO-FN 的衍射峰移向低角度 [图 5.53（d）]。精修结果进一步显示，与 LZTO-FA 相比，LZTO-FN 具有更大的晶格参数（表 5.29）。

表 5.29　LZTO-FN 和 LZTO-FA 的晶格参数

样品	$a=b=c/\text{Å}$	$V/\text{Å}^3$
LZTO-FN	8.364(1)	585.14
LZTO-FA	8.358(4)	583.96

电子顺磁共振（EPR）是表征顺磁性组分的有效工具，比如 Ti^{3+} 和缺陷结构[196]。Ti^{3+} 的 g 值为 1.94～1.99[197]，$g=2.0$ 归属于 OVs[207]。所以，LZTO-FN 和 LZTO-FA 中都存在 Ti^{3+} 和 OVs [图 5.54（a）]。另外，LZTO-FN 中 Ti^{3+} 和 OVs 的含量都高于 LZTO-FA 中的。

LZTO-FN 和 LZTO-FA 的拉曼图如图 5.54（b）所示。224cm^{-1}、256cm^{-1}、343cm^{-1}、392cm^{-1}、434cm^{-1}、514cm^{-1}、649cm^{-1} 和 709cm^{-1} 归属于 LZTO。在 392cm^{-1} 处的峰属于 ZnO$_4$ 四面体中的 Zn-O 对称伸缩振动和 A 1g 模；434cm^{-1} 处的能带对应于 LiO$_4$ 四面体中 Li-O 键的伸缩振动；709cm^{-1} 处的峰对应于 TiO$_6$ 八面体基团中 Ti-O 键的对称伸缩振动。与 LZTO-FA 相比，LZTO-FN 的拉曼峰的强度变低，这表明在 LZTO-FN 中 Ti^{3+}/Ti^{4+} 比例和 OVs 含量增加[209]。

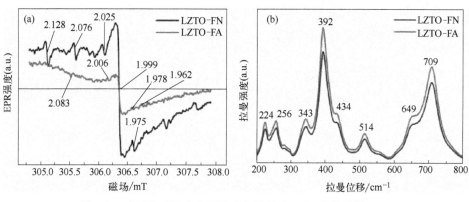

图 5.54　LZTO-FN 和 LZTO-FA 的 EPR（a）和拉曼图（b）

从 SEM 图 [图 5.55（a）～（d）] 可以看出 OVs 对 LZTO-FN 和 LZTO-FA 的形貌产生了一定影响。对于 LZTO-FN，二次颗粒由一次纳米颗粒组成。与 LZTO-FN 相比，LZTO-FA 的颗粒分散性较好。进一步采用高分辨透射电镜对材料的微观纳米结构进行观察，与 LZTO-FN 相比，LZTO-FA 具有较小的颗粒尺寸约为 35nm [图 5.55（e）～（h）]，这可能是因为制备 LZTO-FA 过程中空气流速大、降温快。另外，与 LZTO-FN 相比，LZTO-FA 具有较大的比表面积（图 5.56 和表 5.30）。所以，LZTO-FA 可以为锂离子扩散提供更多的活性位。然而，当煅烧气氛为流动空气时 LZTO-FA 的平均孔径和总孔容降低（图 5.56 和表 5.30）。

HR-TEM 结果 [图 5.55 (i)～(l)] 表明 LZTO-FN 和 LZTO-FA 具有良好的结晶性，这将有利于材料的电化学性能。

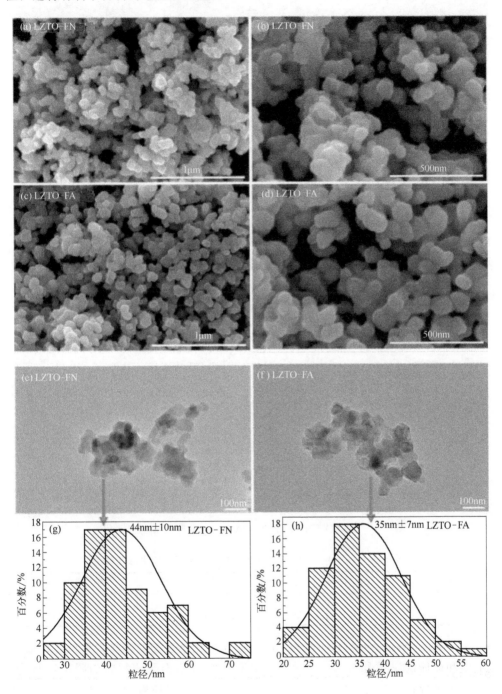

图 5.55

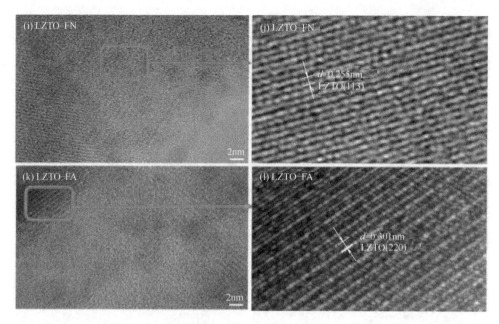

图 5.55　LZTO-FN 和 LZTO-FA 的 SEM 图 (a)～(d)，
TEM 图 (e)、(f)，粒径分布图 (g)、(h) 和 HR-TEM 图 (i)～(l)

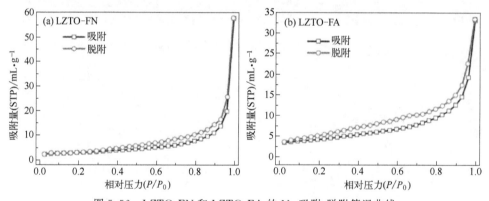

图 5.56　LZTO-FN 和 LZTO-FA 的 N_2 吸附-脱附等温曲线

表 5.30　LZTO-FN 和 LZTO-FA 的面积、总孔容和平均孔径

样品	比表面积/$m^2 \cdot g^{-1}$	总孔容/$mL \cdot g^{-1}$	平均孔径/nm
LZTO-FN	10.5	0.089	3.06
LZTO-FA	11.6	0.05	2.64

　　为了研究 OVs 对 LZTO-FN 和 LZTO-FA 电化学性能的影响，测试了两者的充放电和循环伏安（图 5.57）。从中可以看出 OVs 不会影响材料的脱嵌锂行为。两个放电平台和两个还原峰出现在 1.19V 和 0.55V，对应着锂离子的嵌入。一个充电平台和一个氧化峰出现在 1.6V，对应于锂离子的脱出。电化学反应基于

Ti^{4+}/Ti^{3+} 氧化还原电对。其中 0.5V 左右的峰对应于 Ti^{4+} 的多次还原。首圈的副反应会使第二圈开始还原峰移向高电位。当 OVs 浓度较低时，LZTO-FA 的电化学反应的可逆性提高 [图 5.57（d）和表 5.31]。

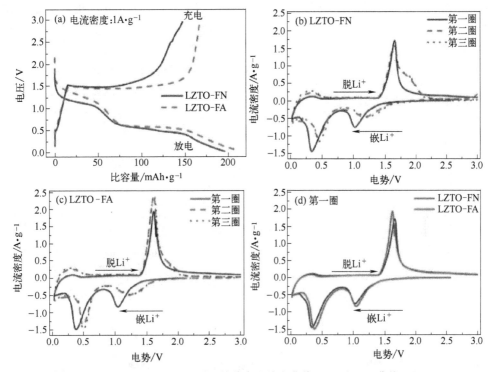

图 5.57　LZTO-FN 和 LZTO-FA 的首次充放电曲线（a）和 CV 曲线（b）～（d）

表 5.31　LZTO-FN 和 LZTO-FA 第一圈 CV 的峰电势及电势差

样品	φ_{pa}/V	φ_{pc}/V	$(\varphi_p = \varphi_{pa} - \varphi_{pc})/V$
LZTO-FN	1.661	1.019	0.642
LZTO-FA	1.621	1.043	0.578

在 $1A \cdot g^{-1}$ 电流密度下，LZTO-FN 和 LZTO-FA 的首次放电比容量分别为 $196mAh \cdot g^{-1}$ 和 $216.2mAh \cdot g^{-1}$ [图 5.58（a）]，循环 400 次后相对于第二次的放电比容量而言，LZTO-FN 的容量保持率为 69.1%，LZTO-FA 的容量并未出现衰减。LZTO-FN 和 LZTO-FA 的首次库仑效率分别为 75.6% 和 77.4%，首次高的不可逆比容量源于 SEI 膜的形成。这层保护膜可以减弱活性物质和电解液之间的副反应，进而有利于材料接下来的循环性能。在前几圈，LZTO-FA 的库仑效率比 LZTO-FN 的高，在接下来的循环中两者的库仑效率都接近 100% [图 5.58（b）]。很显然，过量的 OVs 恶化了 LZTO-FN 的循环性能，降低了其首次库仑效率。据报道首次库仑效率可以通过掺杂或者包覆减弱活性物质和电解液之间的副反应得以提升[157]。当电流密度达到 $2A \cdot g^{-1}$，LZTO-FA 仍表现出良好的循环性

能，循环 400 圈后并未出现容量衰减［图 5.58（c）］。

为了进一步研究 LZTO-FN 和 LZTO-FA 的倍率性能，将电极在 $0.3 \sim 3A \cdot g^{-1}$ 每个电流密度下各循环 20 圈，然后将电流密度降为 $0.3A \cdot g^{-1}$ 再循环 20 圈，结果如图 5.58（d）所示。很明显，过量的 OVs 降低了 LZTO-FN 的比容量，在整个循环过程中 LZTO-FA 都具有较大的比容量。当电流密度高达 $3A \cdot g^{-1}$，LZTO-FA 的放电比容量高达 $173.2mAh \cdot g^{-1}$（第 120 圈）；但是，LZTO-FN 的放电比容量仅有 $139.9mAh \cdot g^{-1}$，LZTO-FA 表现出良好的倍率性能。

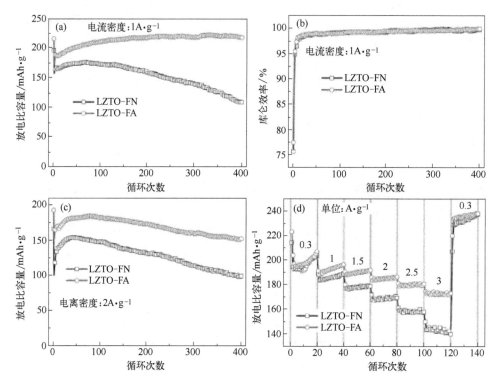

图 5.58　LZTO-FN 和 LZTO-FA 在 $1A \cdot g^{-1}$ 电流密度下的循环性能（a）和库仑效率（b）；LZTO-FN 和 LZTO-FA 在 $2A \cdot g^{-1}$ 电流密度下的循环性能（c）和不同电流密度下的循环性能（d）

LZTO-FA 良好的电化学性能可以归因于以下几点。①具有合适量 OVs 的 LZTO-FA 在整个循环过程中具有小的内阻（图 5.59）。②具有合适量 OVs 的 LZTO-FA 在循环过程中具有稳定的结构（图 5.60 和表 5.32）。在 55℃ 和 $1.5A \cdot g^{-1}$ 电流密度下，LZTO-FN 和 LZTO-FA 循环 100 圈后的 XRD 如图 5.60 所示。XRD 结果显示，循环 100 圈后 LZTO-FN 和 LZTO-FA 的体积变化率分别为 0.259% 和 0.092%，这表明具有合适量 OVs 的 LZTO-FA 在整个循环过程中具有稳定的结构。但是，具有过量 OVs 的 LZTO-FN 在锂离子脱嵌过程中结构遭到部分破坏。③LZTO-FN 和 LZTO-FA 的比表面积分别为 $10.5m^2 \cdot g^{-1}$ 和 $11.6m^2 \cdot g^{-1}$（图

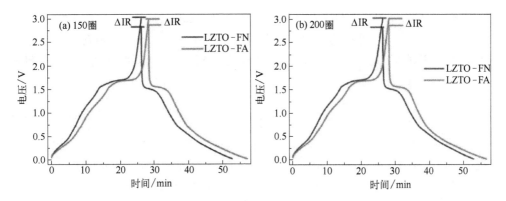

图 5.59　LZTO-FN 和 LZTO-FA 在 0.5A·g^{-1} 电流密度下循环
第 150 圈 (a) 和 200 圈 (b) 的 ΔIR

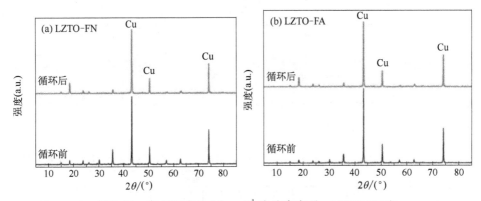

图 5.60　在 55℃ 和 1.5A·g^{-1} 电流密度下，LZTO-FN 和
LZTO-FA 循环 100 圈后的非原位 XRD

表 5.32　在 55℃ 和 1.5A·g^{-1} 电流密度下 LZTO-FN 和 LZTO-FA 循环 100 圈前后的晶胞体积

样品	晶胞体积/Å³	
	循环前	循环后
LZTO-FN	586.6	585.0(8)
LZTO-FA	586.8(4)	587.3(8)

5.56 和表 5.30）。与 LZTO-FN 相比，LZTO-FA 大的比表面积可以为锂离子的脱嵌提供更多的活性位置。④LZTO-FA 小的电荷转移电阻 R_{ct} 和高的锂离子扩散系数 D_{Li^+} 可以保证其良好的倍率性能。在 2A·g^{-1} 电流密度下循环 400 圈后，LZTO-FN 和 LZTO-FA 的 R_{ct} 分别为 42.23Ω 和 25.54Ω（图 5.61 和表 5.33）。在不同电流密度下循环的电极 [图 5.58 (d)] 的 R_{ct} 分别为 95.09Ω 和 25.97Ω。可以看出具有合适量 OVs 的 LZTO-FA 的电荷转移阻抗比具有过量 OVs 的 LZTO-FN 的小。LZTO-FN 和 LZTO-FA 的锂离子扩散系数分别为 6.6×10^{-11} cm^2·s^{-1} 和 4.85×10^{-10} cm^2·s^{-1}。⑤LZTO-FA 氧化还原过程包含部分的赝电容行为，这有

利于其倍率性能（图 5.62）。LZTO-FA 在 $0.2\sim2.0\text{mV}\cdot\text{s}^{-1}$ 扫速下的 CV 如图 5.62（a）所示，随着扫速的增加峰电流逐渐增加。一般来讲，电荷储存包括法拉第嵌入（离子扩散）和非法拉第（赝电容）行为，可以通过式（5.1）和式（5.2）进行分析：

$$i=av^b \tag{5.1}$$

$$\lg i=b\lg v+\lg a \tag{5.2}$$

其中，a 和 b 为调节参数。可以从 $\lg i$-$\lg v$ 的曲线斜率得到 b。当 b 为 $0.5\sim1.0$，电化学反应由离子扩散和赝电容共同控制[215]。LZTO-FA 氧化还原峰的 b 位于 $0.5\sim1.0$，这表明其电化学反应中扩散和赝电容行为共存 [图 5.62（b）]。

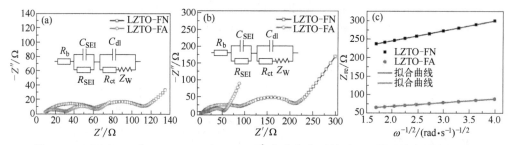

图 5.61　LZTO-FN 和 LZTO-FA 在 $2\text{A}\cdot\text{g}^{-1}$ 电流密度下循环 400 圈后的交流阻抗（a）和不同电流密度下循环后 [图 5.58（d）] 的交流阻抗（b）；Z_{re} 和 $\omega^{-1/2}$ 之间的关系（c）

表 5.33　基于等效电路图得到的 LZTO-FN 和 LZTO-FA 的交流阻抗参数和锂离子扩散系数

样品	循环 400 圈			循环 120 圈			$D_{Li^+}/\text{cm}^2\cdot\text{s}^{-1}$
	R_b/Ω	R_{SEI}/Ω	R_{ct}/Ω	R_b/Ω	R_{SEI}/Ω	R_{ct}/Ω	
LZTO-FN	13.95	40.4	42.23	10.32	65.9	95.09	6.6×10^{-11}
LZTO-FA	11.4	18.13	25.54	5.955	9.661	25.97	4.85×10^{-10}

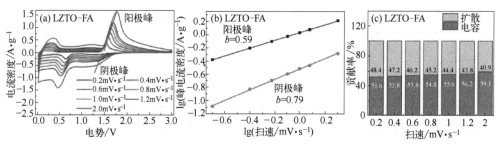

图 5.62　LZTO-FA 在 $0.2\sim2.0\text{mV}\cdot\text{s}^{-1}$ 扫速下的 CV 曲线（a），在氧化还原峰处相应的 $\lg i$-$\lg v$ 曲线（b）和 LZTO-FA 在不同扫速下的赝电容贡献（c）

赝电容（k_1v）和嵌入式（$k_2v^{1/2}$）在不同扫速下的贡献用式（5.3）计算得到[216]：

$$i=k_1v+k_2v^{1/2} \tag{5.3}$$

其中，k_1 和 k_2 分别代表电容控制和扩散控制过程的贡献。随着扫描速率的增加电容控制过程所占的比例增加，所以，在整个容量中赝电容储电占主导地位，这有利于材料的倍率性能。

从以上的研究可以看出,在循环的初始阶段,LZTO-FN 和 LZTO-FA 的放电比容量逐渐攀升,这在 LZTO 的研究中很常见[157],这可能与电解液的持续分解有

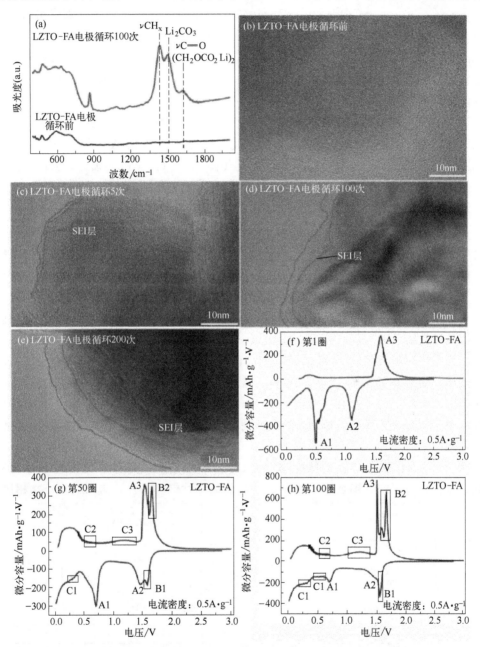

图 5.63 LZTO-FA 电极在 1A·g^{-1} 电流密度下循环前后的 FT-IR 图谱 (a) 和循环不同圈数的 HR-TEM 图 (b)~(e),LZTO-FA 在 0.5A·g^{-1}电流密度下循环不同圈数的微分容量曲线 (f)~(h)

关。以 LZTO-FA 为例，图 5.63（a）为 LZTO-FA 电极在 $1A \cdot g^{-1}$ 电流密度下循环前后的 FT-IR 图谱。检测到了 $(CH_2OCO_2Li)_2$（$1623cm^{-1}$）和 Li_2CO_3（$1500cm^{-1}$）的相关衍射峰，这表明电解液发生了分解，形成了 SEI 膜。另外，HR-TEM 结果显示［图 5.63（b）~（e）］随着循环圈数的增加 SEI 膜厚度增加，这表明初始循环阶段电解液在 LZTO-FA 表面持续分解。类似的现象也在锂离子电池负极材料 $Li_4Ti_5O_{12}$ 中出现过[191,192]，He 等人报道碳包覆可以阻止活性物质和电解液的直接接触，从而弱化电解液的持续分解[191,192]。所以，包覆可能是提高 LZTO 循环性能的一种方法。

为了进一步理解 LZTO 在初始循环中容量持续攀升的行为，研究了 LZTO-FA 在 $0.5A \cdot g^{-1}$ 电流密度下不同圈数的电化学性能。LZTO-FA 在第一圈、第五十圈和第一百圈的微分容量曲线（dQ/dV）如图 5.63（f）~（h）所示。A1、A2 和 A3 峰归属于 LZTO-FA，A3 峰分裂成两个峰分别位于 1.54V 和 1.66V（B2），相应地在 1.6V（B1）出现了一个还原峰，并且峰电流越来越强。另外，0.5~0.7V（C2）和 1.2V（C3）的氧化峰以及 0.3~0.5V（C1）的还原峰随着循环的进行变得越来越强。1.6/1.66V 的峰与 $Li_2Ti_3O_7$ 负极中的类似[217,218]。C1、C2 和 C3 峰可能归属于 ZnO 负极[219,220]。所以，LZTO 在循环过程中可能逐渐分解为 $Li_2Ti_3O_7$ 和 ZnO。然而，很难通过 XRD 检测到这两个新物质，这可能是因为其结晶不好或者高度分散。因此，LZTO 在循环初期容量逐渐攀升与电解液的持续分解和新的活性物质的出现有关。

为了进一步研究 OVs 对 LZTO 的高低温电化学性能的影响，对其进行了充放电测试，结果如图 5.64 所示。在 55℃ 循环 100 次后，LZTO-FN 和 LZTO-FA 相对于第二圈而言的容量保持率分别为 82.5% 和 87.3%［图 5.64（a）］。从中可见高温下 LZTO-FN 和 LZTO-FA 的循环性能变差，这是因为高温下活性物质和电解液之间的副反应加剧。与具有过量 OVs 的 LZTO-FN 相比，具有合适量 OVs 的 LZTO-FA 具有较高的容量保持率；但是，LZTO-FA 在高温下也出现了容量衰减。据报道包覆或者掺杂能够提高 LZTO 的循环性能。另外，与 LZTO-FN 相比，

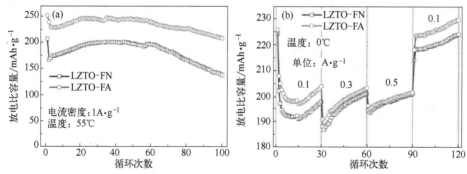

图 5.64　LZTO-FN 和 LZTO-FA 的高低温电化学性能

LZTO-FA 具有较好的低温倍率性能。当 LZTO-FA 在 $0.1\sim0.5A \cdot g^{-1}$ 电流密度下循环，在第 90 圈仍可以释放出 $201.3mAh \cdot g^{-1}$ 的比容量 [图 5.64 (b)]。

采用简单实用的方法制备了具有不同量氧缺陷（OVs）的 $Li_2ZnTi_3O_8$。研究结果显示在热处理过程中很容易出现 OVs。由于 OVs 的出现引入了一部分 Ti^{3+}，这可以增加 LZTO 的电子导电性。合适量 OVs 可以稳定 LZTO-FA 的结构，降低锂离子扩散能垒。所以，LZTO-FA 在宽温度范围内具有良好的电化学性能。在 25℃ 和 $1A \cdot g^{-1}$ 电流密度下循环 400 次后没出现容量衰减（相对于第二次比容量而言）。在 55℃ 和 $1A \cdot g^{-1}$ 电流密度下循环，相对于第二次的容量保持率为 87.3%。在 0℃ 阶梯循环到 90 次的放电比容量仍为 $201.3mAh \cdot g^{-1}$。

第6章

钛酸锌锂在全电池及锂离子电容中的应用、相关计算

6.1　$LiMn_2O_4$/LZTO 全电池

电极材料要实现商业化，其在全电池中具有良好的电化学性能是很重要的。使用 $LiMn_2O_4$ 作为正极材料，对 Nb 掺杂的 LZTO（LZTN1O）在 $LiMn_2O_4$/LZTN1O 全电池中的电化学性能进行了研究。$LiMn_2O_4$ 正极是纯相 [图 6.1 (a)]，颗粒分散良好 [图 6.1 (b)]。$LiMn_2O_4$ 和 LZTN1O 在 0.5C 的倍率下放电比容量分别为 107.8mAh·g^{-1} 和 216.7mAh·g^{-1} [图 6.1 (c)、(d)]。根据 $LiMn_2O_4$ 和 LZTN1O 电极在 0.5C 时的比容量，将 $LiMn_2O_4$ 正极和 LZTN1O 负极的容量比匹配为 1∶1[221,222]。在 2.1~3.8V 下测试了 $LiMn_2O_4$/LZTN1O 全电池的电化学性能。$LiMn_2O_4$/LZTN1O 全电池在 0.5C 下，首次放电比容量为 90.2mAh·g^{-1}（根据 $LiMn_2O_4$ 的质量计算），循环 400 次容量保持为 68% [图 6.1 (e)、(f)]。

全电池的电压测试范围是根据如图 6.2 (a)~(c) 所示的 $LiMn_2O_4$/Li、LZTN1O/Li 和 $LiMn_2O_4$/LZTN1O 的循环伏安曲线确定的。对于 $LiMn_2O_4$/Li [图 6.2 (a)]，两对氧化还原峰表明 $LiMn_2O_4$ 正极储存锂的过程分两步。对于 LZTN1O/Li [图 6.2 (b)]，出现在 1.23/1.59V 的一对氧化还原峰对应于 Ti^{4+}/Ti^{3+} 氧化还原电对。另外，在 0.5V 附近出现了一个还原峰。当 LZTN1O 作为负极时，$LiMn_2O_4$ 的两个氧化还原峰分别移至 2.59/2.63V 和 2.81/2.71V [图 6.2 (c)]。可以看出，在 2.1~3.8V 内，锂离子可以最大限度地在全电池 $LiMn_2O_4$/LZTN1O 内嵌入/脱出。此外，这个电压窗口不会引起活性物质和电解液之间的大量副反应。

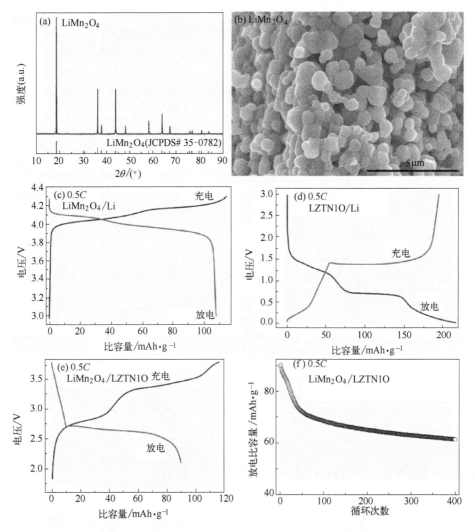

图 6.1 LiMn$_2$O$_4$ 的 XRD 图（a），SEM 图（b）和 0.5C 下的充放电曲线图（c）；
LZTN1O 在 0.5C 下的充放电曲线图（d）；LiMn$_2$O$_4$/LZTN1O 全电池在 0.5C 下
的充放电曲线（e）和循环性能曲线（f）

　　全电池的循环性能并不理想，这可能是由于以下原因：①电解液在 LZTN1O 电极上连续还原分解使 LZTN1O 的循环性能不稳定；②LiMn$_2$O$_4$ 正极的循环性能不好 [图 6.2（d）]。研究表明，包覆能抑制电解液的连续还原分解[191,192]。采用包覆的 LZTN1O 作为负极，其它具有良好循环性能的电极作为正极，组装的全电池有望具有良好的电化学性能。此外，LiMn$_2$O$_4$/LZTN1O 全电池输出电压较低，尖晶石型 LiNi$_{0.5}$Mn$_{1.5}$O$_4$ 脱嵌锂电势为 4.7V。采用 LZTO 作为负极 LiNi$_{0.5}$Mn$_{1.5}$O$_4$ 作为正极有望提高全电池的输出电压。

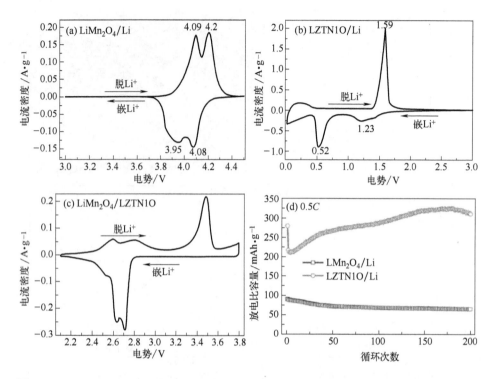

图 6.2　$LiMn_2O_4/Li$ （a）、LZTN1O/Li （b）和 $LiMn_2O_4/LZTN1O$ （c）的循环伏安曲线；
$LiMn_2O_4/Li$ 和 LZTN1O/Li 在 0.5C 的循环性能 （d）

6.2　$LiNi_{0.5}Mn_{1.5}O_4/LZTO$ 全电池

以 $LiNi_{0.5}Mn_{1.5}O_4$ 为正极，将 Mo-P 共掺杂的 LZTO （LZM7TP3O）作为负极构建了 $LiNi_{0.5}Mn_{1.5}O_4/LZM7TP3O$ 全电池。正如报道的，本研究中使用的 $LiNi_{0.5}Mn_{1.5}O_4$ 中有非常少量的岩盐相 ［图 6.3 （a）］。$LiNi_{0.5}Mn_{1.5}O_4$ 呈不规则形貌 ［图 6.3 （b）］。

通常情况下，设计一个全电池需要基于正极和负极在 0.5C 时的比容量。$LiNi_{0.5}Mn_{1.5}O_4$ 正极和 LZM7TP3O 负极在 0.5C 的放电比容量分别约为 130mAh·g^{-1} 和 280mAh·g^{-1} ［图 6.4 （a）、（b）］。LZM7TP3O 的放电比容量超过了理论值，这可能与 LZM7TP3O 和电解液之间的副反应有关。众所周知，在商业锂离子电池中，为了防止锂枝晶的形成，碳负极的容量会略高。也就是说，电池的容量受到正极容量的限制。当负极的嵌锂电位较高时，由正极限制电池容量是没必要的。对于 $LiNi_{0.5}Mn_{1.5}O_4/LTO$ 全电池，当电池接近或充满电状态时，有必要使 $Li_xNi_{0.5}Mn_{1.5}O_4$

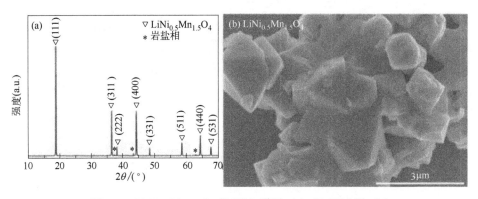

图 6.3　$LiNi_{0.5}Mn_{1.5}O_4$ 的 XRD 谱图（a）和 SEM 图（b）

中保持较大的 x 值，保证设计的电池具有过剩的正极容量，以减弱高电势区域电解液的氧化分解[223,224]。LZTO 负极的嵌锂电势较高，所以当全电池由 $LiNi_{0.5}Mn_{1.5}O_4$ 正极和 LZTO 负极组成时，正极的容量应该略微过量。在 2.0～4.55V 范围内测试了 $LiNi_{0.5}Mn_{1.5}O_4$/LZM7TP3O 全电池的电化学性能。当正极和负极的容量比（P/N）为 1.1∶1、1.2∶1 和 1.3∶1 时，$LiNi_{0.5}Mn_{1.5}O_4$/LZM7TP3O 全电池的首次放电比容量分别为 202.8mAh·g^{-1}、214.3mAh·g^{-1} 和 207.4mAh·g^{-1}。循环 30 圈后，容量保持率分别为 83.4%、86.8% 和 85%。因此，当正负极的容量比为 1.2∶1 时，$LiNi_{0.5}Mn_{1.5}O_4$/LZM7TP3O 全电池在 0.5C 时具有最大的放电比容量和最佳的循环性能 [图 6.4（c）]。图 6.4（d）为不同 P/N 比的 $LiNi_{0.5}Mn_{1.5}O_4$/LZM7TP3O 全电池在 0.5C 下循环 30 圈后的阻抗谱图。半圆代表全电池的电荷转移阻抗，较小的电荷转移阻抗有利于电池的电化学性能，在三种全电池中，P/N 为 1.2∶1 的 $LiNi_{0.5}Mn_{1.5}O_4$/LZM7TP3O 全电池电荷转移阻抗最小，保证了全电池大的比容量和良好的循环性能。然而，全电池的循环性能还需要进一步提高。

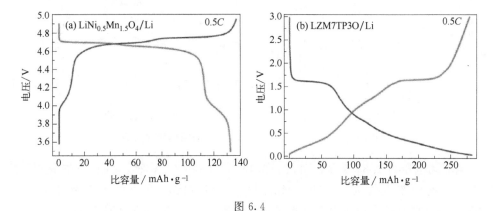

图 6.4

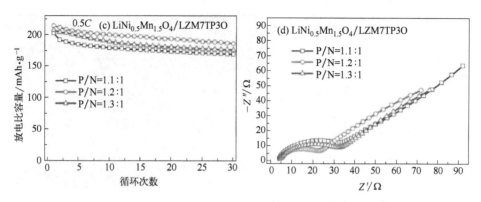

图 6.4　$LiNi_{0.5}Mn_{1.5}O_4/Li$（a）和 LZM7TP3O/Li（b）的充放电曲线；
不同 P/N 比的 $LiNi_{0.5}Mn_{1.5}O_4$/LZM7TP3O 全电池在 0.5C 下的循环
性能（c）以及在 0.5C 循环 30 次后的电化学交流阻抗谱（d）

$LiNi_{0.5}Mn_{1.5}O_4$/LZM7TP3O 全电池的电压范围的选择基于以下的 CV 结果（图 6.5）。图 6.5 分别是 $LiNi_{0.5}Mn_{1.5}O_4$/Li、LZM7TP3O/Li 和 $LiNi_{0.5}Mn_{1.5}O_4$/LZM7TP3O 在 3.5～5.0V、0.02～3.0V 和 2.0～4.55V 下的 CV 曲线。对于 $LiNi_{0.5}Mn_{1.5}O_4$/Li［图 6.5（a）］，4.03/3.97V 处的峰来自于 Mn^{4+}/Mn^{3+} 的氧化还原电对，4.75（4.80）/4.61V 处的峰分别来自于 Ni^{3+}/Ni^{2+} 和 Ni^{4+}/Ni^{3+} 氧化还原电对。对于 LZM7TP3O/Li［图 6.5（b）］，在 1.24/1.55V 处的一对氧化还原峰是来自于 Ti^{4+}/Ti^{3+} 氧化还原电对，此外，在 0.5V 处检测到一个阴极峰。对于 $LiNi_{0.5}Mn_{1.5}O_4$/LZM7TP3O 全电池，在 2.67V、3.46V 和 4V 处有三个氧化峰，在 3.24V 处有一个尖锐的还原峰［图 6.5（c）］。在 2.0～4.55V 范围内，$LiNi_{0.5}Mn_{1.5}O_4$/LZM7TP3O 全电池可最大限度地嵌入/脱出锂离子，同时这个电压范围不会引起电解液和活性材料之间过多的副反应。

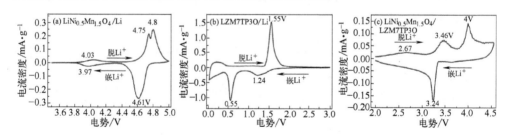

图 6.5　$LiNi_{0.5}Mn_{1.5}O_4$/Li（a）、LZM7TP3O/Li（b）和
$LiNi_{0.5}Mn_{1.5}O_4$/LZM7TP3O（c）的循环伏安曲线

当驱动电压为 1.8～2.2V、2.9～3.1V 和 3.0～3.2V 时，LED 灯泡分别发出红色、绿色和蓝色的光。$LiNi_{0.5}Mn_{1.5}O_4$/LZM7TP3O 全电池的工作电压超过 3.0V，因此它可以成功地为发出不同颜色光的 LED 灯泡供电（图 6.6）。

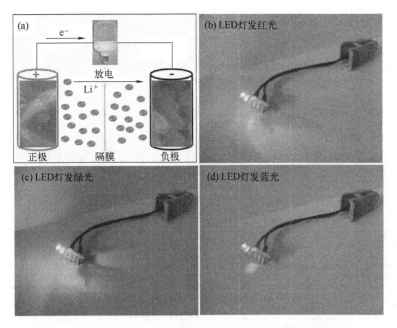

图 6.6　LiNi$_{0.5}$Mn$_{1.5}$O$_4$/LZM7TP3O 全电池工作原理示意图 （a），
全电池驱动 LED 灯发出红光 （b）、绿光 （c） 和蓝光 （d）

6.3　AC//LZTO 锂离子电容器

　　为了研究 La 掺杂的 LZTO （LL5ZTO） 作为高能量和高功率电极在电动汽车应用方面的潜力，使用活性炭 （AC） 作为正极和 LL5ZTO 作为负极组装了锂离子电容器 （LICs）。LICs 工作过程中 AC 电极经历了一个锂离子吸附-脱附过程，LL5ZTO 电极经历了锂离子嵌入-脱出过程 ［图 6.7 （a）］。超高比表面积的 AC 表现出典型的电容行为 ［图 6.8 （a）～（c）］。此外，AC 表现出好的循环性能 ［图 6.8 （d）］。根据经典方程：$Q^+ = Q^-$ 来优化正负极的质量比，以均衡 LICs 的容量。可以看出，LL5ZTO 与 AC 的质量比为 1:5.5 时，LICs 表现出最优的电化学性能 ［图 6.7 （b）］。从图 6.7 （c） 可以看出，正极和负极在不同的能量存储机制的相互作用下 ［图 6.7 （a）］，CV 曲线偏离矩形的形状。能量和功率密度通常用来衡量 LICs 的性能，AC//LL5ZTO 锂离子电容器的能量密度-功率密度关系图如图 6.7 （d） 所示。

　　对于锂离子电容器，比容量 q(mAh·g^{-1})、能量密度 E(Wh·kg^{-1}) 和功率密度 P （W·kg^{-1}） 的计算公式如下：

$$q = \frac{It}{m} \tag{6.1}$$

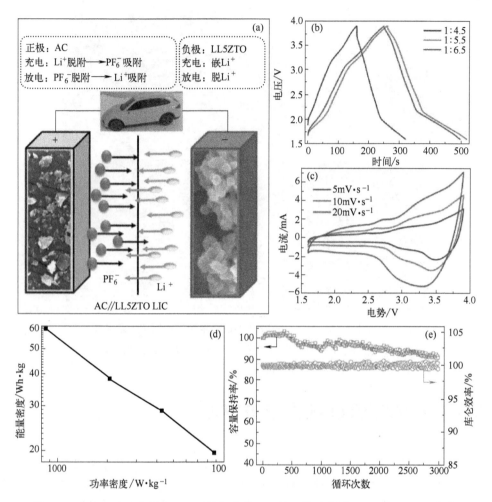

图 6.7 由 LL5ZTO 负极和 AC 正极组成的 LIC 的工作示意图（a）；在 1A·g^{-1} 的
电流密度下不同正负极质量比的 LICs 充放电图（b）；LIC 的 CV 曲线（c），
能量密度-功率密度关系图（d）和在 1A·g^{-1} 的循环性能和库仑效率（e）

$$E=\frac{1}{2}q(V_{\max}+V_{\min}) \tag{6.2}$$

$$p=\frac{E}{t} \tag{6.3}$$

I（A·g^{-1}）是持续放电电流密度，t（s）是放电时间，m（g）是正极和负极的
总质量，$V_{\max}$（V）和 $V_{\min}$（V）分别是放电过程的起始和结束电压。

LIC 在 846.4W·kg^{-1} 能提供 59.72Wh·kg^{-1} 的能量密度；甚至在 8771W·
kg^{-1} 的高功率密度下能量密度达到 19.49Wh·kg^{-1}，LIC 表现出良好的电化学
性能。如此高的能量密度归因于具有不同能量储存机制的正极和负极协同作用

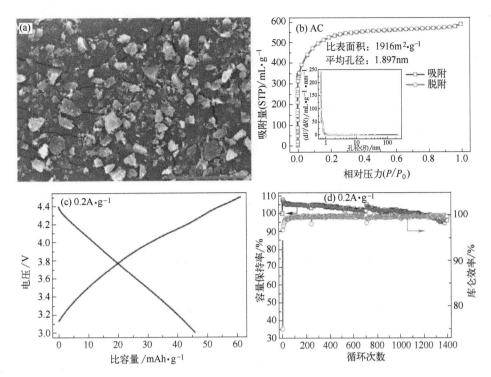

图 6.8　活性炭 AC 的 SEM 图（a），N_2 吸附-脱附等温曲线（插图：孔径分布）（b），

在 $0.2A \cdot g^{-1}$ 电流密度下的充放电曲线（c）和 AC 正极在 $0.2A \cdot g^{-1}$ 电

流密度下循环 1400 圈的循环性能和库仑效率（d）

［图 6.7（a）］。在 $2A \cdot g^{-1}$ 的电流密度下，LIC 循环 3000 圈后容量保持率超过
90％，库仑效率＞99％［图 6.7（e）］。这个结果优于很多先前报道的 LICs
（表 6.1）。

表 6.1　以 AC 为正极，LL5ZTO 为负极组装的 LIC 与其它最近报道的
具有类似结构的 LICs 的电化学性能的比较

体系（负极//正极）	电压窗口	能量密度 /Wh·kg^{-1}	功率密度 /W·kg^{-1}	文献
TiO$_{2-x}$-30//AC	0～3	44.21	150	[225]
TiO$_{2-x}$-30//AC	0～3	3.1	7500	[225]
TMSs/Ni/C-NFs//AC	0～4	19	3512.5	[226]
OAC/SnO$_2$//NAC	2～4.5	13	7753	[227]
NiGa$_2$O$_4$//AC	0～4	25.44	3999	[228]
DHCFR-LTO//DHCFR-AC	0.5～2.5	18.75	7500	[229]
γ-Li$_x$V$_2$O$_5$//AC-Bare	0～2.3	33.69	230	[230]
γ-Li$_x$V$_2$O$_5$//AC-BM50	0～2.3	33.91	230	[230]
γ-Li$_x$V$_2$O$_5$//AC-BM70	0～2.3	43.59	230	[230]
AC//LVP-T2	0～2.7	44.28	405	[231]

体系(负极//正极)	电压窗口	能量密度 /Wh·kg^{-1}	功率密度 /W·kg^{-1}	文献
AC//LVP-T2	0~2.7	16.32	3110	[231]
TiO$_2$//AC	0~3.5	45.2	175	[232]
TiO$_2$//AC	0~3.5	8.7	7500	[232]
B-TiO$_{2-x}$/G aerogel//MPC	1~4	17.1	7900	[233]
LVO//AC	0~4	21	1180	[234]
LL5ZTO//AC	1.6~3.9	59.72	846.4	本研究
LL5ZTO//AC	1.6~3.9	28.6	4289	本研究
LL5ZTO//AC	1.6~3.9	19.49	8771	本研究

6.4 第一性原理计算氧缺陷改性钛酸锌锂

前面阐述了氧缺陷对 LZTO 物理和电化学性能的影响，并采用第一性原理进行了相关计算，进一步理解具有 OVs 的 LZTO 的氧空位、电子结构、嵌锂电位和锂离子迁移能垒。

从化学计量比的 LZTO 中失去一个 O 会形成一个中性的氧缺陷，失去的 O 可以是 LZTO 中的 24e 或者 8c 位（图 6.9）。24e 位周围连有一个 Zn 和两个 Ti 原子，8c 位周围连有三个 Ti 原子。对于在 24e 和 8c 位形成一个氧缺陷的形成能分别为 -410.64eV 和 -409.51eV，所以，易在 24e 位形成氧缺陷。在接下来的计算中，在 24e 位失去一个 O 作为一个氧缺陷模型。对于两个氧缺陷模型，失去的 O 分别在 24e（OV1）和 8c（OV2）位。

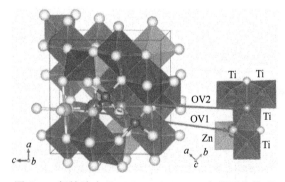

图 6.9　氧缺陷在 P4$_3$32 Li$_2$ZnTi$_3$O$_8$ 中的可能构型

OVs 的出现将导致 P4$_3$32 Li$_2$ZnTi$_3$O$_8$ 出现无序化，Zn/Ti 排布将出现无序化。如果 Zn/Ti 排布不同于有序相 P4$_3$32 LZTO 的，将会出现二聚、三聚或者四聚体。Zn 聚集体的局部结构如图 6.10 所示。其中，Ti 和 Zn 的价态是基于 Bader

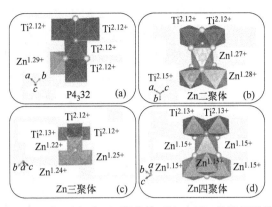

图 6.10　P4₃32 相（a）和 Zn 聚集体（b）～（d）的局部原子结构图

电荷得到的。

在 P4₃32 相和 Zn 聚集体中出现一个和两个氧缺陷的局部原子结构如图 6.11 所示。对于 P4₃32 Li₂ZnTi₃O₈ 相，两个 OVs 倾向于占据连接有更多 Ti 原子的 O 位。对于 Zn 二聚体、三聚体或者四聚体，第一个 OV 倾向于占据连有更多 Zn 原子的 O 位，第二个 OV 更倾向于占据连有更多 Ti 原子的 O 位。其中，Ti 和 Zn 的价态是基于 Bader 电荷得到的。

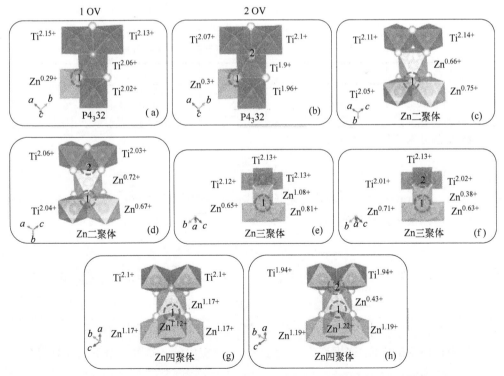

图 6.11　在 P4₃32 相和 Zn 聚集体中出现一个和两个氧缺陷的局部原子结构图

在 P4₃32 相和 Zn 聚集体中 300K 和 1000K 时 OVs 的形成能如图 6.12（a）、（b）所示。与 P4₃32 相相比，OVs 在 Zn 聚集体中 300K 和 1000K 时的形成能较低，表明在 Zn 聚集体中很容易出现 OVs。随着温度的升高，形成 OVs 变得更容易。另外，形成一个 OV 比形成两个 OV 容易。在 Zn 四聚体中出现一个 OV 时，形成能为负值，说明 OV 特别容易出现在 Zn 四聚体中。将有序相 P4₃32 Li₂ZnTi₃O₈ 中 Zn/Ti 的总能量设置为 0eV，Zn 聚集体和 P4₃32 相的能量差值急剧减小，如图 6.12（c）所示，说明 OVs 的出现促进了 Zn/Ti 的无序化。

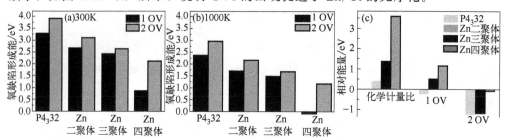

图 6.12　在 P4₃32 相和 Zn 聚集体中 300K 和 1000K 时 OVs 的
形成能（a）、（b），Zn 聚集体相对于 P4₃32 相的能量差（c）

采用第一性原理计算的晶格参数和晶胞体积如表 6.2 所示。可以看出，晶胞体积随着 OV 量增加而增大，这与实验结果一致。具有两个 OV 的 LZTO 的大的晶胞体积变化将会阻碍锂离子的扩散，进而影响材料电化学性能，这与实验结果一致。

表 6.2　采用第一性原理计算得到的平衡态的晶格参数和晶胞体积

样品	$a/Å$	$b/Å$	$c/Å$	$V/Å^3$
P4₃32 相	8.3310	8.3310	8.3310	578.2323
LZTO 1 OV	8.3281	8.3210	8.3584	579.2283
LZTO 2 OV	8.3574	8.2987	8.3679	580.3714

嵌锂电势采用以下公式计算[235]：

$$V = \frac{\Delta G}{nF} \tag{6.4}$$

其中，n 为嵌锂过程中转移的电子个数；F 为法拉第常数；ΔG 为吉布斯自由能，可以由以下公式计算得到：

$$\Delta G = \Delta E + P\Delta V - T\Delta S \tag{6.5}$$

其中，ΔV 和 ΔS 在嵌锂过程中可以忽略，所以嵌锂电势可以写成以下形式：

$$V \approx \frac{\Delta E}{nF} \tag{6.6}$$

其中，$Li_2ZnTi_3O_8$ 嵌锂变为 $Li_5ZnTi_3O_8$ 过程中的 ΔE 可以由下式计算得到：

$$\Delta E = E_{tot}[Li_5ZnTi_3O_8] - E_{tot}[Li_2ZnTi_3O_8] - 3E_{BCC}[Li] \tag{6.7}$$

其中，E_{tot} $[\text{Li}_5\text{ZnTi}_3\text{O}_8]$、$E_{\text{tot}}$ $[\text{Li}_2\text{ZnTi}_3\text{O}_8]$ 和 E_{BCC} $[\text{Li}]$ 分别表示一个单胞中 $\text{Li}_5\text{ZnTi}_3\text{O}_8$、$\text{Li}_2\text{ZnTi}_3\text{O}_8$ 和金属锂的总能量。

嵌锂电势如表 6.3 所示。与 $P4_332$ $\text{Li}_2\text{ZnTi}_3\text{O}_8$ 相比，具有一个 OV 的 LZTO 的嵌锂电势降低，但是具有两个 OV 的 LZTO 的嵌锂电位升高。所以，采用具有一个 OV 的 LZTO 作为负极组装的全电池的能量密度将会得到提升。

表 6.3　嵌锂电势和能带宽度

样品	嵌锂电势/V	能带隙/eV
$P4_332$ 相	1.34	3.2165
LZTO 1 OV	1.30	1.2547
LZTO 2 OV	1.38	0.1989

$P4_332$ 相、具有一个 OV 的 LZTO 和具有两个 OV 的 LZTO 的能带结构如图 6.13（a）、（c）、（e）所示。上述三者的带隙宽度分别为 3.2165eV、1.2547eV 和 0.1989eV（表 6.3）。可以看出，通过引入 OVs，LZTO 的导电性能得以提升，这与实验结果一致。

图 6.13（b）、（d）、（f）为 $P4_332$ 相、具有一个 OV 的 LZTO 和具有两个 OV 的 LZTO 的电子态密度（DOS）。随着 OVs 的增加，导带的最小值移向 Ti 和 O 原子的费米能级；然而，价带的最大值远离费米能级。特别是对于具有两个 OV 的 LZTO，Ti 和 O 原子导带的最小值已经穿越费米能级，使材料成为导体。

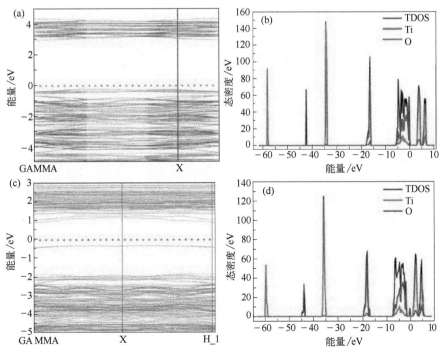

图 6.13

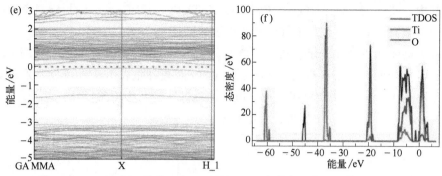

图 6.13 P4₃32 相、具有一个 OV 的 LZTO 和具有两个 OV 的 LZTO 的
能带结构（a）、（c）、（e）和电子态密度（DOS）（b）、（d）、（f）

锂离子迁移能垒是影响锂离子电池倍率性能的一个重要因素。P4₃32 相、具有一个 OV 的 LZTO 和具有两个 OV 的 LZTO 的锂离子迁移能垒如图 6.14 所示。其中，具有一个 OV 的 LZTO 在整个充放电过程中具有最低的锂离子扩散能垒，这将有利于其倍率性能，与实验结果一致。

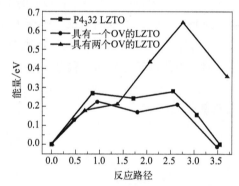

图 6.14 P4₃32 相、具有一个 OV 的 LZTO 和具有两个 OV 的 LZTO 的锂离子迁移能垒

第7章

结论与展望

7.1 结论

新型 $Li_2ZnTi_3O_8$（LZTO）材料因为其较高的理论比容量（$229mAh \cdot g^{-1}$）和良好的循环稳定性逐渐成为一种有潜力的负极材料。但是 LZTO 中 Ti 3d 的能带间隙宽，为 $2 \sim 3eV$，这使得 LZTO 的电子电导率低，进而影响了 LZTO 的电化学性能。本课题组对钛酸锌锂进行了深入而广泛的研究，着重从制备方法、包覆改性、掺杂改性等方面着手提高钛酸锌锂的电化学性能。得出的结论如下：

① 采用低温熔融盐法、一步固相法、微波法、溶胶-凝胶法都可以制备出纯相钛酸锌锂。其中以一步固相法的制备工艺简单，材料的整体电化学性能优良。

② 采用碳包覆可以提高 LZTO 材料的电子电导率和比表面积，减小材料的颗粒尺寸，进而提升材料的电化学性能，然而也会引发多的副反应，降低首次库仑效率。

③ 高价态离子掺杂取代 LZTO 中低价态离子，为了维持 LZTO 中的电荷平衡，晶格中会出现 Ti^{3+} 或（和）缺陷。相对于 Ti^{4+} 而言 Ti^{3+} 核外电子云密度大，可以提升材料的电子电导率，缺陷可以为锂离子扩散提供新的路径，进而提高锂离子的扩散速率。异种元素掺杂到 LZTO 晶格中可以抑制 LZTO 晶粒过度长大，获得小粒径的 LZTO，从而缩短锂离子扩散路径提升锂离子扩散速率。高的电子和离子电导率保证了 LZTO 优良的倍率性能。这可以为今后 LZTO 的掺杂改性工作提供一些借鉴。选择的掺杂元素与 O 之间的键能比 Li-O、Zn-O 和 Ti-O 的大，可以增强材料的结构以及表面稳定性，为锂离子扩散提供畅通的通道，为电子传输提供完整的导电网络，从而保证了材料的长循环稳定性。

④ 与单掺杂相比，两元素共掺杂对 LZTO 倍率性能的提升更明显；从掺杂取代位上看，掺杂 Li 位对 LZTO 循环性能的提升效果最差，Zn 和 Ti 位是较优的取

代位，其中取代 Zn 位对循环性能提升最明显。Mo^{6+}-P^{5+} 分别掺杂在 LZTO 的 Zn^{2+} 和 Ti^{4+} 位制备的材料在四个掺杂体系中表现出最优的整体电化学性能。这可为今后 LZTO 的掺杂改性工作提供一些指导。

7.2 展望

高性能 $Li_2ZnTi_3O_8$ 负极材料拥有相当稳定的简单立方结构和较高的理论比容量，虽然较差的锂离子迁移率和电子电导率阻碍了它的发展，但是其潜在的应用前景是毋庸置疑的。我们的制备方法、包覆改性、掺杂改性都提高了钛酸锌锂的电化学性能。改性后的样品在不同储能器件中都有潜在的应用前景，对 $Li_2ZnTi_3O_8$ 在不久的将来实现商业化提供了参考。今后可以在以下几个方面进行后续的研究：

① 通过增加碳类导电添加剂使其具备大倍率充放电性能以实现高功率储能设备的应用，而且除了用在锂离子电池上，也能作为锂离子电容器的负极材料。

② 通过水热、溶剂热等方法制备并控制原料的形貌，合成具有特殊结构优势的样品，缩短锂离子运输距离，提升锂离子迁移速率。

③ 考虑同时将其与碳和金属氧化物负极复合，$Li_2ZnTi_3O_8$ 提供一个稳定的核结构，碳作为导电剂以及充当缓冲层，金属氧化物提供高的比容量。

参 考 文 献

[1] Tarascon J M, Armand M. Issues and challenges facing rechargeable lithium batteries. Nature, 2001, 414 (15): 359-367.

[2] Scrosati B, Croce F, Panero S. Progress in lithium polyer battery R& D. Journal of Power Sources, 2001, 100 (1-2): 93-100.

[3] Nishi Y. Lithium ion secondary batteries: past 10 years and the future. Journal of Power Sources, 2001, 100 (1-2): 101-106.

[4] Linden D, Reddy T B. Handbook of batteries. New York: McGraw-Hill, 2002: 34.

[5] Schalkwijk W A V, Scrosati B. Advanced in lithium-ion batteries. New York: NY Kluwer Academic Publishers, 2002: 1.

[6] Steele B C H. Fast ion transport in solids: Solid state batteries and devices. Amsterdam/New York: North Holland/America Elsevier, 1973: 103.

[7] Whittingham M S. Electrical energy storage and intercalation chemistry. Science, 1976, 192 (4244): 1126-1127.

[8] Peled E, Golodnitsky D, Ardel G, et al. The sei model-application to lithium-polymer electrolyte batteries. Electrochimica Acta, 1995, 40 (13-14): 2197-2204.

[9] Armand M. Materials for advanced batteries. New York: Plenum Press, 1980: 145.

[10] Mizushima K, Jones P C, Wiseman P J, et al. LixCoO$_2$ ($0 < x < 1$): A new cathode material for batteries of high energy density. Materials Research Bulletin, 1980, 15 (6): 783-789.

[11] Thackeray M M, David W I F, Goodenough J B, et al. Lithium insertion into manganese spinels. Materials Research Bulletin, 1983, 18 (4): 461-472.

[12] Dunn B, Kamath H, Tarascon J M. Electrical energy for the grid: A battery of choices. Science, 2011, 334 (6058): 928-935.

[13] Hong Z S, Wei M D, Ding X K, et al. Li$_2$ZnTi$_3$O$_8$ nanorods: A new anode material for lithium-ion battery. Electrochemistry Communications, 2010, 12 (6): 720-723.

[14] Tang H Q, Zhou Y K, Zan L L, et al. Long cycle life of carbon coated lithium zinc titanate using copper as conductive additive for lithium ion batteries. Electrochimica Acta, 2016, 191: 887-889.

[15] Yang H, Lun N, Qi Y-X, et al. Li$_2$ZnTi$_3$O$_8$ coated with uniform lithium magnesium silicate layer revealing enhanced rate capability as anode material for Li-ion battery. Electrochimica Acta, 2019, 315: 24-32.

[16] Mukai K. Reversible movement of Zn^{2+} ions with zero-strain characteristic: Clarifying the reaction mechanism of Li$_2$ZnTi$_3$O$_8$. Inorganic Chemistry, 2019, 58: 10377-10389.

[17] Chen C, Ai C C, Liu X Y. Ti (Ⅲ) self-doped Li$_2$ZnTi$_3$O$_8$ as a superior anode material for Li-ion batteries. Electrochimica Acta, 2018, 265: 448-454.

[18] Qie F C, Tang Z Y. Cu-doped Li$_2$ZnTi$_3$O$_8$ anode material with improved electrochemical performance for lithium-ion batteries. Materials Express, 2014, 4 (3): 221-227.

[19] Tang H Q, Tang Z Y, Du C Q, et al. Ag-doped $Li_2ZnTi_3O_8$ as a high rate anode material for rechargeable lithium-ion batteries. Electrochimica Acta, 2014, 120: 187-192.

[20] Tang H Q, Zhu J T, Tang Z Y, et al. Al-doped $Li_2ZnTi_3O_8$ as an effective anode material for lithium-ion batteries with good rate capabilities. Journal of Electroanalytical Chemistry, 2014, 731: 60-66.

[21] Yi T F, Wu J Z, Yuan J, et al. Rapid lithiation and delithiation property of V-Doped $Li_2ZnTi_3O_8$ as anode material for lithium-ion battery. ACS Sustainable Chemistry & Engineering, 2015, 3 (12): 3062-3069.

[22] Li H, Li Z F, Cui Y H, et al. Long-cycled $Li_2ZnTi_3O_8/TiO_2$ composite anode material synthesized via a one-pot co-precipitation method for lithium ion batteries. New Journal of Chemistry, 2017, 41 (3): 975-981.

[23] Li H, Li Z F, Liang X, et al. High rate performance Fe doped lithium zinc titanate anode material synthesized by one-pot co-precipitation for lithium ion battery. Materials Letters, 2017, 192: 128-132.

[24] Ni J F, Zhou H H, Chen J T, et al. Molten salt synthesis and electrochemical properties of spherical $LiFePO_4$ particles. Materials Letters, 2007, 61: 1260-1264.

[25] Bai Y, Shi H J, Wang Z X, et al. Performance improvement of $LiCoO_2$ by molten salt surface modification. Journal of Power Sources, 2007, 167 (2): 504-509.

[26] Wang L J, Chen B K, Meng Z H, et al. High performance carbon-coated lithium zinc titanate as an anode material for lithium-ion batteries. Electrochimica Acta, 2016, 188: 135-144.

[27] Wang X J, Wang L J, Chen B K, et al. MOFs as reactant: In situ synthesis of $Li_2ZnTi_3O_8$ @ C-N nanocomposites as high performance anodes for lithium-ion batteries. Journal of Electroanalytical Chemistry, 2016, 775: 311-319.

[28] Wang S, Wang L J, Meng Z H, et al. Design of a three-dimensional-network $Li_2ZnTi_3O_8$ co-modified with graphene nanosheets and carbon nanotubes as a high performance anode material for lithium-ion batteries. Journal of Alloys and Compounds, 2019, 774: 581-585.

[29] Yang H, Wang X-H, Qi Y-X, et al. Improving the electrochemical performance of $Li_2ZnTi_3O_8$ by surface KCl modification. ACS Sustainable Chemistry & Engineering, 2017, 5 (7): 6099-6106.

[30] Liu T, Tang H Q, Zan L X, et al. Comparative study of $Li_2ZnTi_3O_8$ anode material with good high rate capacities prepared by solid state, molten salt and sol-gel methods. Journal of Electroanalytical Chemistry, 2016, 771: 10-16.

[31] Zeng X G, Peng J, Zhu H F, et al. Cr-doped $Li_2ZnTi_3O_8$ as a high performance anode material for lithium-ion batteries. Frontiers in Chemistry, 2021, 8: 600204-600210.

[32] Wang L, Wu L J, Li Z H, et al. Synthesis and electrochemical properties of $Li_2ZnTi_3O_8$ fibers as an anode material for lithium-ion batteries. Electrochimica Acta, 2011, 56 (15): 5343-5346.

[33] Li X, Xiao Q, Liu B, et al. One-step solution-combustion synthesis of complex spinel ti-

tanate flake particles with enhanced lithium-storage properties. Journal of Power Sources, 2015, 273: 128-135.

[34] Li Z F, Cui Y H, Wu J W, et al. Synthesis and electrochemical properties of lithium zinc titanate as an anode material for lithium ion batteries via microwave method. RSC Advances, 2016, 6 (45): 39209-39215.

[35] Chen C, Ai C C, He Y W, et al. High performance $Li_2ZnTi_3O_8$ coated with N-doped carbon as an anode material for lithium-ion batteries. Journal of Alloys and Compounds, 2017, 705: 438-444.

[36] Tang H Q, Zan L X, Zhu J T, et al. High rate capacity nanocomposite lanthanum oxide coated lithium zinc titanate anode for rechargeable lithium-ion battery. Journal of Alloys and Compounds, 2016, 667: 82-90.

[37] Li Z F, Li H, Cui Y H, et al. Li_2MoO_4 modified $Li_2ZnTi_3O_8$ as a high property anode material for lithium ion battery. Journal of Alloys and Compounds, 2017, 692: 131-139.

[38] Yang H, Park J Y, Kim C-S, et al. Uniform surface modification of $Li_2ZnTi_3O_8$ by liquated Na_2MoO_4 to boost electrochemical performance. ACS Applied Materials & Interfaces, 2017, 9 (50): 43603-43613.

[39] Xu Y X, Hong Z S, Xia L C, et al. One step sol-gel synthesis of $Li_2ZnTi_3O_8$/C nanocomposite with enhanced lithium-ion storage properties. Electrochimica Acta, 2013, 88: 74-78.

[40] Tang H Q, Tang Z Y. Effect of different carbon sources on electrochemical properties of $Li_2ZnTi_3O_8$/C anode material in lithium-ion batteries. Journal of Alloys and Compounds, 2014, 613: 267-274.

[41] Ren Y R, Lu P, Huang X B, et al. Enhanced electrochemical properties of $Li_2ZnTi_3O_8$/C nanocomposite synthesized with phenolic resin as carbon source. Journal of Solid State Electrochemistry, 2016, 21 (1): 125-131.

[42] Lan T B, Chen L, Liu Y B, et al. Nanocomposite $Li_2ZnTi_3O_8$/C with enhanced electrochemical performances for lithium-ion batteries. Journal of Electroanalytical Chemistry, 2017, 794: 120-125.

[43] Stenina I A, Nikiforova P A, Kulova T L, et al. Electrochemical properties of $Li_2ZnTi_3O_8$/C Nanomaterials. Nanotechnologies in Russia, 2017, 12: 605-612.

[44] Chen C, Li Z Y, Xu B M. Surface modification of $Li_2ZnTi_3O_8$ with the C&N layer for lithium-ion batteries. Materials Chemistry and Physics, 2020, 245: 122718-122725.

[45] Tang H Q, Chen C, Liu T, et al. Chitosan and chitosan oligosaccharide: Advanced carbon sources are used for preparation of N-doped carbon-coated $Li_2ZnTi_3O_8$ anode material. Journal of Electroanalytical Chemistry, 2020, 858: 113789-113797.

[46] Chen W, Zhou Z R, Wang R R, et al. High performance Na-doped lithium zinc titanate as anode material for Li-ion batteries. RSC Advances, 2015, 5 (62): 49890-49898.

[47] Chen C, Ai C C, Liu X Y, et al. Advanced electrochemical properties of Ce-modified $Li_2ZnTi_3O_8$ anode material for lithium-ion batteries. Electrochimica Acta, 2017, 227: 285-293.

[48] Yang H, Park J Y, Kim C-S, et al. Boosted electrochemical performance of $Li_2ZnTi_3O_8$ enabled by ion-conductive Li_2ZrO_3 concomitant with superficial Zr-doping. Journal of Power Sources, 2018, 379: 270-277.

[49] Chang Z R, Chen Z J, Wu F, et al. The synthesis of $Li(Ni_{1/3}Co_{1/3}Mn_{1/3})O_2$ using eutectic mixed lithium salt $LiNO_3$-$LiOH$. Electrochimica Acta, 2009, 54: 6529-6535.

[50] Rahman M M, Wang J Z, Hassan M F, et al. Amorphous carbon coated high grain boundary density dual phase $Li_4Ti_5O_{12}$-TiO_2: A nanocomposite anode material for Li-ion batteries. Advanced Energy Materials, 2011, 1: 212-220.

[51] Tang H Q, Zhu J T, Ma C X, et al. Lithium cobalt oxide coated lithium zinc titanate anode material with an enhanced high rate capability and long lifespan for lithium-ion batteries. Electrochimica Acta, 2014, 144: 76-84.

[52] Hong Z S, Zheng X Z, Ding X K, et al. Complex spinel titanate nanowires for a high rate lithium-ion battery. Energy & Environmental Science, 2011, 4: 1886-1891.

[53] Hong Z S, Lan T B, Zheng Y Z, et al. Spinel $Li_2MTi_3O_8$ (M = Mg, $Mg_{0.5}Zn_{0.5}$) nanowires with enhanced electrochemical lithium storage. Functional Materials Letters, 2011, 4: 65-69.

[54] Borghols W J H, Wagemaker M, Lafont U, et al. Size effects in the $Li_{4+x}Ti_5O_{12}$ spinel. Jounal of the American Chemical Society, 2009, 131: 17786-17792.

[55] Ge H, Li N, Li D, et al, Electrochemical characteristics of spinel $Li_4Ti_5O_{12}$ discharged to 0.01 V. Electrochemistry Communications, 2008, 10: 719-722.

[56] Saidi M Y, Barker J, Huang H, et al. Performance characteristics of lithium vanadium phosphateas a cathode material for lithium-ion batteries. Journal of Power Sources, 2003, 119-121: 266-272.

[57] Zhu X J, Liu Y X, Geng L M, et al. Synthesis and performance of lithium vanadium phosphate as cathode materials for lithium ion batteries by a sol-gel method. Journal of Power Sources, 2008, 184: 578-582.

[58] Zhou X C, Liu Y M, Guo Y L. Effect of reduction agent on the performance of $Li_3V_2(PO_4)_3$/C positive material by one-step solid-state reaction. Electrochimica Acta, 2009, 54: 2253-2258.

[59] 唐好庆. 锂离子电池负极材料 $Li_2ZnTi_3O_8$ 的制备及其电化学性能研究. 天津: 天津大学, 2015.

[60] Tang H Q, Zan L X, Mao W F, et al. Improved rate performance of amorphous carbon coated lithium zinc titanate anode material with alginic acid as carbon precursor and particle size controller. Journal of Electroanalytical Chemistry, 2015, 751: 57-64.

[61] Li Y Y, Du C Q, Liu J, et al. Synthesis and characterization of $Li_2Zn_{0.6}Cu_{0.4}Ti_3O_8$ anode material via a sol-gel method. Electrochimica Acta, 2015, 167: 201-206.

[62] Chen W, Liang H F, Ren W J, et al. Complex spinel titanate as an advanced anode material for rechargeable lithium-ion batteries. Journal of Alloys and Compounds, 2014, 611: 65-73.

[63] Tang H Q, Weng Q, Tang Z Y. Chitosan oligosaccharides: A novel and efficient water

soluble binder for lithium zinc titanate anode in lithium-ion batteries. Electrochimica Acta, 2015, 151: 27-34.

[64] Taberna P L, Mitra S, Poizot P, et al. High rate capabilities Fe_3O_4-based Cu nano-architectured electrodes for lithium-ion battery applications. Nature Materials, 2006, 5: 567-573.

[65] Kang S W, Xie H M, Zhang W M, et al. Improve the overall performances of lithium ion batteries by a facile method of modifying the surface of Cu current collector with carbon. Electrochimica Acta, 2015, 176: 604-609.

[66] Kovalenko I, Zdyrko B, Magasinski A, et al. A major constituent of brown algae for use in high-capacity Li-ion batteries. Science, 2011, 334: 75-79.

[67] Shen L Y, Shen L, Wang Z X, et al. In situ thermally cross-linked polyacrylonitrile as binder for high-performance silicon as lithium ion battery anode. ChemSusChem, 2014, 7: 1951-1956.

[68] Lecoeur C, Tarascon J M, Guery C. Al current collectors for Li-ion batteries made via a template-free electrodeposition process in ionic liquids. Journal of The Electrochemical Society, 2010, 157: A641-A646.

[69] Perre E, Nyholm L, Gustafsson T, et al. Direct electrodeposition of aluminium nanorods. Electrochemistry Communications, 2008, 10: 1467-1470.

[70] Wu H C, Wu H C, Lee E, et al. High-temperature carbon-coated aluminum current collector for enhanced power performance of $LiFePO_4$ electrode of Li-ion batteries. Electrochemistry Communications, 2010, 12: 488-491.

[71] Lecoeur C, Tarascon J M, Guery C. Al current collectors for Li-ion batteries made via an oxidation process in ionic liquids. Electrochemical and Solid-State Letters, 2011, 14: A6-A9.

[72] Dresselhaus M S, Jorio A, Saito R. Characterizing graphene graphite and carbon nanotubes by Raman spectroscopy. Annual Review of Condensed Matter Physics, 2010, 1: 89-108.

[73] Ferrari A C, Meyer J C, Scardaci V, et al. Raman spectrum of graphene and graphene layers. Physica Review Letters, 2006, 97: 187401-187404.

[74] Tang B, Guo X H, Gao H. Raman spectroscopic characterization of graphene. Applied Spectroscopy Reviews, 2010, 45: 369-407.

[75] Matz D L, Sojoudi H, Graham S, et al. Signature vibrational bands for defects in CVD single-layer graphene by surface-enhanced Raman spectroscopy. The Jounal of Physical Chemistry Letters, 2015, 6: 964-969.

[76] Martin L, Martinez H, Poinot D, et al. Comprehensive X-ray photoelectron spectroscopy study of the conversion reaction mechanism of CuO in lithiated thin film electrodes. The Jounal of Physical Chemistry, 2013, 117: 4421-4430.

[77] Xiang J Y, Tu J P, Zhang L, et al. Simple synthesis of surface-modified hierarchical copper oxide spheres with needle-like morphology as anode for lithium ion batteries. Electrochimica Acta, 2010, 55: 1820-1824.

[78] Ni S, Lv X, Li T, et al. A novel electrochemical activation effect induced morphology variation from massif-like Cu_xO to forest-like Cu_2O nanostructure and the excellent electrochemical performance as anode for Li-ion battery. Electrochimica Acta, 2013, 96: 253-260.

[79] Liu X Y, Liu P, Wang H. Preparation of spinel $LiMn_2O_4$ with porous microscopic morphology by simple coprecipitation-microwave synthesis method. Ionics, 2019, 25 (11): 5213-5220.

[80] Chen K F, Donahoe A C, Noh Y D, et al. Conventional and microwave-hydrothermal synthesis of $LiMn_2O_4$: effect of synthesis on electrochemical energy storage performances. Ceramics International, 2014, 40 (2): 3155-3163.

[81] Liu J, Li X F, Yang J L, et al. Microwave-assisted hydrothermal synthesis of nanostructured spinel $Li_4Ti_5O_{12}$ as anode materials for lithium ion batteries. Electrochimica Acta, 2012, 63: 100-104.

[82] Freeman R, Finder T, Bahshi L, et al. β-cyclodextrin-modified CdSe/ZnS quantum dots for sensing and chiroselective analysis. Nano Letters, 2009, 9: 2073-2076.

[83] Gu C, Shamsi S A. Evaluation of a methacrylate-bonded cyclodextrins as a monolithic chiral stationary phase for capillary electrochromatography (CEC)-UV and CEC coupled to mass spectrometry. Electrophoresis, 2011, 32: 2727-2737.

[84] Wang L J, Du C Q, Tang Z Y, et al. Improvement of electrochemical performance for $Li_3V_2(PO_4)_3/C$ electrode using $LiCoO_2$ as an additive. Electrochimica. Acta, 2013, 98: 218-224.

[85] Wang L J, Li X X, Tang Z Y, et al. Research on $Li_3V_2(PO_4)_3/Li_4Ti_5O_{12}/C$ composite cathode material for lithium ion batteries. Electrochemistry Communications, 2012, 22: 73-76.

[86] Wang L J, Liu H B, Tang Z Y, et al. Zhang, $Li_3V_2(PO_4)_3/C$ cathode material prepared via a sol-gel method based on composite chelating reagents. Journal of Power Sources, 2012, 204: 197-199.

[87] Gnanaraj J S, Levi M D, Levi E, et al. Comparison between the electrochemical behavior of disordered carbons and graphite electrodes in connection with their structure. Journal of The Electrochemical Society, 2001, 148: A525-A536.

[88] Wang L, Yu Y, Chen P C, et al. Electrospinning synthesis of C/Fe_3O_4 composite nanofibers and their application for high performance lithium-ion batteries. Journal of Power Sources, 2008, 183: 717-723.

[89] Zhu Z Q, Wang S W, Du J, et al. Ultrasmall Sn nanoparticles embedded in nitrogen-doped porous carbon as high-performance anode for lithium-ion batteries. Nano Letters, 2014, 14: 153-157.

[90] Wu Z S, Ren W C, Xu L, et al. Doped graphene sheets as anode materials with superhigh rate and large capacity for lithium ion batteries. ACSNANO, 2011, 5: 5463-5471.

[91] Zhang S G, Tsuzuki S, Ueno K, et al. Upper limit of nitrogen content in carbon materials. Angewandte Chemie International Edition, 2015, 54: 1302-1306.

[92] Wang B, Abdulla W A, Wang D L, et al. A three-dimensional porous LiFePO$_4$ cathode material modified with a nitrogen-doped graphene aerogel for high-power lithium ion batteries. Energy & Environmental Science, 2015, 8: 869-875.

[93] Wen Z H, Wang X C, Mao S, et al. Crumpled nitrogen-doped graphene nanosheets with ultrahigh pore volume for high-performance supercapacitor. Advanced Materials, 2012, 24: 5610-5616.

[94] Zheng F C, Yang Y, Chen Q W. High lithium anodic performance of highly nitrogen-doped porous carbon prepared from a metal-organic framework. Nature Communications, 2014, 5: 5261-5270.

[95] Nasalevich M A, Becker R, Ramos-Fernandez E V, et al. Co@NH$_2$-MIL-125 (Ti): Cobaloxime-derived metal-organic framework-based composite for light-driven H$_2$ production. Energy & Environmental Science, 2015, 8: 364-375.

[96] Zhu Q L, Li J, Xu Q. Immobilizing metal nanoparticles to metal-organic frameworks with size and location control for optimizing catalytic performance. Jounal of the American Chemical Society, 2013, 135: 10210-10213.

[97] Zha M T, Deng K, He L C, et al. Core-shell palladium nanoparticle @ metal-organic frameworks as multifunctional catalysts for cascade reactions. Jounal of the American Chemical Society, 2014, 136: 1738-1741.

[98] Li S-L, Xu Q. Metal-organic frameworks as platforms for clean energy. Energy & Environmental Science, 2013, 6: 1656-1683.

[99] Horcajada P, Chalati T, Serre C, et al. Porous metal-organic-framework nanoscale carriers as a potential platform for drug delivery and imaging. Nature Materials, 2010, 9: 172-178.

[100] Taylor-Pashow K M L, Rocca J D, Xie Z, et al. Postsynthetic modifications of iron-carboxylate nanoscale metal-organic frameworks for imaging and drug delivery. Jounal of the American Chemical Society, 2009, 131: 14261-14263.

[101] Xiang S, Zhou W, Zhang Z, et al. Open metal sites within isostructural metal-organic frameworks for differential recognition of acetylene and extraordinarily high acetylene storage capacity at room temperature. Angewandte Chemie International Edition, 2010, 49: 4615-4618.

[102] Murray L J, Dincă M, Long J R. Hydrogen storage in metal-organic frameworks. Chemical Society Review, 2009, 38: 1294-1314.

[103] Makal T A, Li J-R, Lu W, et al. Methane storage in advanced porous materials. Chemical Society Review, 2012, 41: 7761-7779.

[104] Guo H, Li T T, Chen W W, et al. General design of hollow porous CoFe$_2$O$_4$ nanocubes from metal-organic frameworks with extraordinary lithium storage. Nanoscale, 2014, 6: 15168-15174.

[105] Wu R B, Wang D P, Han J Y, et al. A general approach towards multi-faceted hollow oxide composites using zeolitic imidazolate frameworks. Nanoscale, 2015, 7: 7965-7974.

[106] Zhang L J, Su Z X, Jiang F L, et al. Highly graphitized nitrogen-doped porous carbon

nanopolyhedra derived from ZIF-8 nanocrystals as efficient electrocatalysts for oxygen reduction reactions. Nanoscale, 2014, 6: 6590-6602.

[107] Stánczyk K, Dziembaj R, Piwowarska Z, et al. Transformation of nitrogen structures in carbonization of model compounds determined by XPS. Carbon, 1995, 33: 1383-1392.

[108] Banham D, Feng F, Pei K, et al. Effect of carbon support nanostructure on the oxygen reduction activity of Pt/C catalysts. Journal of Materials Chemistry A, 2013, 1: 2812-2820.

[109] Jiang Z, Sun H Y, Qin Z H, et al. Synthesis of novel ZnS nanocages utilizing ZIF-8 polyhedral template. Chemical Communications, 2012, 48: 3620-3622.

[110] Han Y Z, Qi P F, Li S W, et al. A novel anode material derived from organic-coated ZIF-8 nanocomposites with high performance in lithium ion batteries. Chemical Communications, 2014, 50: 8057-8060.

[111] Bux H, Chmelik C, Krishna R, et al. Ethene/Ethane separation by the MOF membrane ZIF-8: Molecular correlation of permeation, adsorption, diffusion. Journal of Membrane Science, 2011, 369: 284-289.

[112] Huang X C, Lin Y Y, Zhang J P, et al. Ligand-directed strategy for zeolite-type metal-organic frameworks: Zinc (ii) imidazolates with unusual zeolitic topologies. Angewandte Chemie International Edition, 2005, 45: 1557-1559.

[113] Venna S R, Jasinski J B, Carreon M A. Structural evolution of zeolitic imidazolate framework-8. Jounal of the American Chemical Society, 2010, 132: 18030-18033.

[114] Zaitoun M A, Lin C T. Chelating behavior between metal ions and EDTA in sol-gel matrix. Journal of Physica Chemistry B, 1997, 101: 1857-1860.

[115] Chatterjee D, Sarkar P, Oszajca M, et al. Formation of $[Ru^{III}(edta)(SNO)]^{2-}$ in Ru^{III} (edta)-mediated S-nitrosylation of bisulfide ion. Inorganic Chemistry, 2016, 55: 5037-5040.

[116] Tsang D C W, Lo I M C, Chan K L. Modeling the transport of metals with rate-limited EDTA-promoted extraction and dissolution during EDTA-flushing of copper-contaminated soils. Environmental Science & Technology, 2007, 41: 3660-3666.

[117] Liu X H, Zhang J, Guo S J, et al. Graphene/N-doped carbon sandwiched nanosheets with ultrahigh nitrogen doping for boosting lithium-ion batteries. Journal of Materials Chemistry A, 2016, 4: 1423-1431.

[118] Zhu H W, Jing Y K, Pal M, et al. Mesoporous TiO_2@N-doped carbon composite nanospheres synthesized by direct carbonization of surfactants after sol-gel process for superior lithium storage. Nanoscale, 2017, 9: 1539-1546.

[119] Liu S W, Tong M Y, Liu G Q, et al. S, N-containing Co-MOFs derived Co_9S_8@S, N-doped carbon materials as efficient oxygen electrocatalysts and supercapacitor electrode materials. Inorganic Chemistry Frontiers, 2017, 4: 491-498.

[120] Kang J, Kim D Y, Suk J, et al. Enhanced energy and O_2 evolution efficiency using an in situ electrochemically N-doped carbon electrode in non-aqueous $Li-O_2$ batteries. Journal of Materials Chemistry A, 2015, 3: 18843-18846.

[121] Wang C, Shen W, Liu H M. Nitrogen-doped carbon coated $Li_3V_2(PO_4)_3$ derived from a facile in situ fabrication strategy with ultrahigh-rate stable performance for lithium-ion storage. New Journal of Chemistry, 2014, 38: 430-436.

[122] Cheng M, Zeng G M, Huang D L, et al. Advantages and challenges of Tween 80 surfactant-enhanced technologies for the remediation of soils contaminated with hydrophobic organic compounds. Chemical Engineering Journal, 2017, 314: 98-113.

[123] Rao S, Yang T Z, Zhang D C, et al. Leaching of low grade zinc oxide ores in NH_4Cl-NH_3 solutions with nitrilotriacetic acid as complexing agents. Hydrometallurgy, 2015, 158: 101-106.

[124] Shan C, Ma Z Y, Tong M P. Efficient removal of free and nitrilotriacetic acid complexed Cd (Ⅱ) from water by poly (1-vinylimidazole)-grafted $Fe_3O_4@SiO_2$ magnetic nanoparticles. Journal of Hazardous Materials, 2015, 299: 479-485.

[125] Adewuyi A, Pereira F V. Nitrilotriacetic acid functionalized Adansonia digitata biosorbent: Preparation, characterization and sorption of Pb (Ⅱ) and Cu (Ⅱ) pollutants from aqueous solution. Journal of Advanced Research, 2016, 7: 947-959.

[126] Zhang Y, Klamerth N, El-Din M G. Degradation of a model naphthenic acid by nitrilotriacetic acid-modified Fenton process. Chemical Engineering Journal, 2016, 292: 340-347.

[127] Ren Y R, Lu P, Huang X B, et al. Synthesis and high cycle performance of $Li_2ZnTi_3O_8$/C anode material promoted by asphalt as a carbon precursor. RSC Advances, 2016, 6: 49298-49306.

[128] Tian X, Zhou Y, Tu X, et al. Well-dispersed $LiFePO_4$ nanoparticles anchored on a threedimensional graphene aerogel as high-performance positive electrode materials for lithium-ion batteries. Journal of Power Sources, 2017, 340: 40-50.

[129] Chen B, Meng Y, He F, et al. Thermal decomposition-reduced layer-by-layer nitrogen-doped graphene/MoS_2/nitrogen-doped graphene heterostructure for promising lithium-ion batteries. Nano Energy, 2017, 41: 154-163.

[130] Xiong P, Zhu J W, Zhang L L, et al. Recent advances on graphene-based hybrid nanostructures for electrochemical energy storage. Nanoscale Horizons, 2016, 1: 340-373.

[131] Shi L, Zhao T S. Recent advances in inorganic 2D materials and their applications in lithium and sodium batteries. Journal of Materials Chemistry A, 2017, 5: 3735-3758.

[132] Zhong Y R, Yang M, Zhou X L, et al. Structural design for anodes of lithium-ion batteries: emerging horizons from materials to electrodes. Materials Horizon, 2015, 2: 553-576.

[133] Zhen M M, Guo S Q, Gao G D, et al. TiO_2-B nanorods on reduced graphene oxide as anode materials for Li ion batteries. Chemical Communications, 2015, 51: 507-510.

[134] Wang H, Cui L, Yang Y, et al. Mn_3O_4-graphene hybrid as a high-capacity anode material for lithium ion batteries. Jounal of the American Chemical Society, 2010, 132: 13978-13980.

[135] Stankovich S, Dikin D, Piner R, et al. Synthesis of graphene-based nanosheets via chemical reduction of exfoliated graphite oxide. Carbon, 2007, 45: 1558-1565.

[136] Zhou X C, Liu Y M, Guo Y L. Effect of reduction agent on the performance of $Li_3V_2(PO_4)_3/$C positive material by one-step solid-state reaction. Electrochimica Acta, 2009, 54: 2253-2258.

[137] Chen C, Ai C C, Liu X Y, et al. High performance $Li_2ZnTi_3O_8$@C anode material fabricated by a facile method without an additional carbon source. Journal of Alloys and Compounds, 2017, 698: 692-698.

[138] Liu X Y, Chen C, Wu Y X. Investigation of N-doped carbon-coated lithium zinc titanate using chitin as a carbon source for lithium-ion batteries. Ionics, 2016, 23: 889-896.

[139] Qiao Y Q, Tu J P, Wang X L, et al. Synthesis and improved electrochemical performances of porous $Li_3V_2(PO_4)_3$/C spheres as cathode material for lithium-ion batteries. Journal of Power Sources, 2011, 196: 7715-7720.

[140] 刘心仪. 锂离子电池负极材料钛酸锌锂的合成、改性及其电化学性能研究. 武汉：武汉工程大学, 2017.

[141] 吴静. 锂离子电池硅基复合负极的制备与性能研究. 武汉：武汉理工大学, 2017.

[142] 邓立. 聚多巴胺包覆改性锂离子电池正极材料 $LiFePO_4$ 的研究. 武汉：华中科技大学, 2013.

[143] Pereira N, Klein L C, Amatucci G G. The electrochemistry of Zn_3N_2 and LiZnN. A lithium reaction mechanism for metal nitride electrodes. Journal of The Electrochemical Society, 2002, 149 (3): A262-A271.

[144] 李珠叶. $Li_2ZnTi_3O_8$ 的结构修饰及电化学性能研究. 武汉：湖北工业大学, 2020.

[145] 周雄. 氧缺位型钛酸锂的制备及其电化学性能研究. 昆明：昆明理工大学, 2019.

[146] Zhou X, Pu T, Yang G L, et al. Origin and effect of oxygen defect in $Li_4Ti_5O_{12}$ prepared with carbon source. Journal of The Electrochemical Society, 2019, 166 (4): A448-A454.

[147] Park H, Jae W, Kim J. One-pot synthesis of Li_3VO_4 particles with thin nitrogen-doped carbon coating layers as an anode material for lithium-ion batteries. Journal of Alloys and Compounds, 2018, 767: 657-665.

[148] Fang R, Xiao W, Miao C, et al. Enhanced lithium storage performance of core-shell structural Si@TiO_2/NC composite anode via facile sol-gel and in situ N-doped carbon coating processes. Electrochimica Acta, 2019, 317: 575-582.

[149] Li H S, Shen L F, Zhang X G, et al. Nitrogen-doped carbon coated $Li_4Ti_5O_{12}$ nanocomposite: Superior anode materials for rechargeable lithium ion batterie. Journal of Power Sources, 2013, 221: 122-127.

[150] Liu H C, Shi L D, Li D Z, et al. Rational design of hierarchical ZnO@Carbon nanoflower for high performance lithium ion battery anodes. Journal of Power Sources, 2018, 387 (31): 64-71.

[151] 秦佳丽. 碳材料改性实现钛酸锌锂负极材料性能优化. 济南：山东大学, 2020.

[152] Ming H, Ming J, Li X W, et al. Hierarchical $Li_4Ti_5O_{12}$ particles co-modified with C&N towards enhanced performance in lithium-ion battery applications. Electrochimica Acta, 2014, 116: 224-229.

[153] Yang H, Hu Y W, Huang D, et al. Efficient hydrogen and oxygen evolution electrocatalysis by cobalt and phosphorus dual-doped vanadium nitride nanowires. Materials Today Chemistry, 2019, 11: 1-7.

[154] Liu X M, Zang W J, Guan C, et al. Ni-doped cobalt-cobalt nitride heterostructure arrays for high-power supercapacitors. ACS Energy Letters, 2018, 3: 1-22.

[155] 吴倩倩. 氮掺杂碳包覆 Li_2FeSiO_4 纳米复合材料的制备及储锂性能研究. 天津：天津工业大学, 2019.

[156] Qiao Y, Hu X L, Liu Y, et al. Conformal N-doped carbon on nanoporous TiO_2 spheres as a high-performance anode material for lithium-ion batteries. Journal of Materials Chemistry A, 2013, 1 (35): 10375-10381.

[157] Qin J L, Zhu H L, Lun N, et al. $Li_2ZnTi_3O_8$/C anode with high initial coulombic efficiency, long cyclic life and outstanding rate properties enabled by fulvic acid. Carbon, 2020, 163: 297-307.

[158] Huang C K, Sakamoto J S, Wolfenstine J, et al. The limits of low-temperature performance of Li-ion cells. Journal of The Electrochemical Society, 2000, 147 (8): 2893-2896.

[159] 范红红. 铁基氧族复合材料的设计制备与储锂/钠性能研究. 长春：东北师范大学, 2020.

[160] Tang H Q, Zan L X, Tang Z Y. Predominant electronic conductivity of $Li_2ZnTi_3O_8$ anode material prepared in nitrogen for rechargeable lithium-ion batteries. Journal of Electroanalytical Chemistry, 2018, 823: 269-277.

[161] 刘静华. 碳基超级电容器电极材料的 C_3N_4 模板法制备及其电化学性能. 哈尔滨：哈尔滨工业大学, 2019.

[162] Park H, Song T, Han H, et al. Electrospun $Li_4Ti_5O_{12}$ nanofibers sheathed with conductive TiN/TiO_xN_y layer as an anode material for high power Li-ion batteries. Journal of Power Sources, 2013, 244 (15): 726-730.

[163] 林小力. 钛酸锌锂锂离子电池负极材料的合成及电化学性能研究. 自贡：四川轻化工大学, 2019.

[164] Zhao L, Hu Y S, Li H, et al. Porous $Li_4Ti_5O_{12}$ coated with N-doped carbon from ionic liquids for Li-ion batteries. Advanced Materials, 2011, 23 (11): 1385-1388.

[165] Guo M, Wang S Q, Ding L X, et al. Synthesis of novel nitrogen-doped lithium titanate with ultra-high rate capability using melamine as a solid nitrogen source. Journal of Materials Chemistry A, 2015, 3 (20): 10753-10759.

[166] Liu J H, Li F F, Liu W W, et al. Effect of calcination temperature on the microstructure of vanadium nitride/nitrogen-doped graphene nanocomposites as anode materials in electrochemical capacitors. Inorganic Chemistry Frontiers, 2019, 6 (1): 164-171.

[167] Liu J H, Kang X, He X, et al. Temperature-directed synthesis of N-doped carbon-based nanotubes and nanosheets decorated with Fe (Fe_3O_4, Fe_3C) nanomaterials. Nanoscale, 2019, 11: 9155-9162.

[168] Wang Z H, Qie L, Yuan L X, et al. Functionalized N-doped interconnected carbon nanofibers as an anode material for sodium-ion storage with excellent performance. Carbon,

2013, 55: 328-334.

[169] Jin H L, Feng X, Li J, et al. A new class of heteroatom-doped porous carbon materials with unprecedented high volumetric capacitive performance. Angewandte Chemie International Edition, 2019, 58 (8): 8635-8643.

[170] Guo D H, Shibuya R, Akiba C, et al. Active sites of nitrogen-doped carbon materials for oxygen reduction reaction clarified using model catalysts. Science, 2016, 351: 361-365.

[171] Li X H, Kurasch S, Kaiser U, et al. Synthesis of monolayer-patched graphene from glucose. Angewandte Chemie International Edition, 2012, 51 (38): 9689-9692.

[172] Zhang H Q, Deng Q J, Mou C X, et al. Surface structure and high-rate performance of spinel $Li_4Ti_5O_{12}$ coated with N-doped carbon as anode material for lithium-ion batteries. Journal of Power Sources, 2013, 239 (10): 538-545.

[173] Li J, Huang J F, Li J Y, et al. N-doped TiO_2/rGO hybrids as superior Li-ion battery anodes with enhanced Li-ions storage capacity. Journal of Alloys and Compounds, 2019, 784: 165-172.

[174] Wan Z N, Cai R, Jiang S M, et al. Nitrogen- and TiN-modified $Li_4Ti_5O_{12}$: One-step synthesis and electrochemical performance optimization. Journal of Materials Chemistry, 2012, 22: 17773-17781.

[175] Zhang Z H, Li G C, Peng H R, et al. Hierarchical hollow microspheres assembled from N-doped carbon coated $Li_4Ti_5O_{12}$ nanosheets with enhanced lithium storage properties. Journal of Materials Chemistry A, 2013, 1 (48): 15429-15434.

[176] Jung H G, Myung S T, Yoon C S, et al. Microscale spherical carbon-coated $Li_4Ti_5O_{12}$ as ultra high power anode material for lithium batteries. Energy & Environmental Science, 2011, 4 (4): 1345-1351.

[177] Wang B F, Wang J S, Cao J, et al. Nitrogen-doped $Li_4Ti_5O_{12}$ nanosheets with enhanced lithium storage properties. Journal of Power Sources, 2014, 266: 150-154.

[178] Li Y N, Chen Q L, Meng Q Q, et al. Synergy of a hierarchical porous morphology and anionic defects of nanosized $Li_4Ti_5O_{12}$ toward a high-rate and large-capacity lithium-ion battery. Journal of Energy Chemistry, 2020, 54: 699-711.

[179] Jun Y S, Hong W H, Antonietti M, et al. Mesoporous, 2D hexagonal carbon nitride and titanium nitride/carbon composites. Advanced Materials, 2010, 21 (42): 4270-4274.

[180] Guo J L, Zuo W H, Cai Y J, et al. A novel $Li_4Ti_5O_{12}$-based high-performance lithium-ion electrode at elevated temperature. Journal of Materials Chemistry A, 2015, 3: 4938-4944.

[181] Li B, Li X P, Li W S, et al. Mesoporous tungsten trioxide polyaniline nanocomposite as an anode material for high-performance lithium-ion batteries. ChemNanoMat, 2016, 2 (4): 281-289.

[182] Mo L Y, Zheng H T. Solid coated $Li_4Ti_5O_{12}$ (LTO) using polyaniline (PANI) as anode materials for improving thermal safety for lithium ion battery. Energy Reports, 2020, 6 (10): 2913-2918.

[183] Xiong Q Q, Lou J J, Zhou Y J, et al. Ultrafast synthesis of $Mn_{(0.8)}Co_{(0.2)}CO_3$/graphene composite as anode material by microwave solvothermal strategy with enhanced Li storage properties. Materials Letters, 2018, 210 (1): 267-270.

[184] Lu Y, Shi S, Yang F, et al. Mo-doping for improving the ZrF_4 coated-Li$[Li_{0.20}Mn_{0.54}Ni_{0.13}Co_{0.13}]O_2$ as high performance cathode materials in lithium-ion batteries. Journal of Alloys and Compounds, 2018, 767: 23-33.

[185] Kazda T, Vondrák J, Visintin A, et al. Electrochemical performance of Mo doped high voltage spinel cathode material for lithium-ion battery. Journal of Energy Storage, 2018, 15: 329-335.

[186] Xue L, Li Y, Xu B, et al. Effect of Mo doping on the structure and electrochemical performances of $LiNi_{0.6}Co_{0.2}Mn_{0.2}O_2$ cathode material at high cut-off voltage. Journal of Alloys and Compounds, 2018, 748: 561-568.

[187] Tian B B, Xiang H F, Zhang L, et al. Niobium doped lithium titanate as a high rate anode material for Li-ion batteries. Electrochimica Acta, 2010, 55 (19): 5453-5458.

[188] Lv C J, Yang J, Peng Y, et al. 1D Nb-doped $LiNi_{1/3}Co_{1/3}Mn_{1/3}O_2$ nanostructures as excellent cathodes for Li-ion battery. Electrochimica Acta, 2019, 297: 258-266.

[189] Lee J, Cui X L. Facile preparation of Ti^{3+} self-doped TiO_2 microspheres with lichi-like surface through selective etching. Materials Letters, 2016, 175: 114-117.

[190] Chen C, Ai C C, Liu X Y, et al. High performance $Li_2ZnTi_3O_8$@C anode material fabricated by a facile method without an additional carbon source. Journal of Alloys and Compounds, 2016, 698: 692-698.

[191] He Y-B, Ning F, Li B H, et al. Carbon coating to suppress the reduction decomposition of electrolyte on the $Li_4Ti_5O_{12}$ electrode. Journal of Power Sources, 2012, 202: 253-261.

[192] He Y B, Li B H, Liu M, et al. Gassing in $Li_4Ti_5O_{12}$-based batteries and its remedy. Scientific Reports, 2012: 2913-2921.

[193] Xue X X, Yan H Y, Fu Y Q. Preparation of pure and metal-doped $Li_4Ti_5O_{12}$ composites and their lithium-storage performances for lithium-ion batteries. Solid State Ionics, 2019, 335: 1-6.

[194] Tian T, Zhang T W, Yin Y C, et al. Blow-spinning enabled precise doping and coating for improving high-voltage lithium cobalt oxide cathode performance. Nano Letters, 2020, 20 (1): 677-685.

[195] Mane V J, Malavekar D B, Ubale S B, et al. Binder free lanthanum doped manganese oxide@graphene oxide composite as high energy density electrode material for flexible symmetric solid state supercapacitor. Electrochimica Acta, 2020, 335: 135613-135661.

[196] Yao Z J, Yin H Y, Zhou L M, et al. Ti^{3+} self-doped $Li_4Ti_5O_{12}$ anchored on N-doped carbon nanofiber arrays for ultrafast lithium-ion storage. Small, 2019, 15 (50): 1905296-1905308.

[197] Lee J, Cui X L. Facile preparation of Ti^{3+} self-doped TiO_2 microspheres with lichi-like surface through selective etching. Materials Letters, 2016, 175: 114-117.

[198] Xing M Y, Zhang J L, Qiu B C, et al. A brown mesoporous TiO_{2-x}/MCF composite with an extremely high quantum yield of solar energy photocatalysis for H_2 evolution. Small, 2015, 11 (16): 1920-1929.

[199] Meng W W, Yan B L, Xu Y J. A facile electrochemical modification route in molten salt for Ti^{3+} self-doped spinel lithium titanate. Electrochimica Acta, 2018, 279: 128-135.

[200] Li X, Xu J, Huang P X, et al. In-situ carbon coating to enhance the rate capability of the $Li_4Ti_5O_{12}$ anode material and suppress the electrolyte reduction decomposition on the electrode. Electrochimica Acta, 2016, 190: 69-75.

[201] An C Y, Li C H, Tang H Q, et al. Binder-free flexible $Li_2ZnTi_3O_8$@MWCNTs stereoscopic network as lightweight and superior rate performance anode for lithium-ion batteries. Journal of Alloys and Compounds, 2019, 816: 152580-152590.

[202] Wang L, Chen D, Wang J F, et al. Improved structural and electrochemical performances of $LiNi_{0.5}Mn_{1.5}O_4$ cathode materials by Cr^{3+} and/or Ti^{4+} doping. RSC Advances, 2015, 5 (121): 99856-99865.

[203] Bai X, Li W, Wei A J, et al. Preparation and electrochemical properties of Mg^{2+} and F^- co-doped $Li_4Ti_5O_{12}$ anode material for use in the lithium-ion batteries. Electrochimica Acta, 2016, 222: 1045-1055.

[204] Yan G L, Xu X R, Zhang W T, et al. Preparation and electrochemical performance of P^{5+}-doped $Li_4Ti_5O_{12}$ as anode material for lithium-ion batteries. Nanotechnology, 2020, 31 (20): 205402-205432.

[205] Long B, Zou Y L, Li Z Y, et al. Effect of phosphorus doping on conductivity, diffusion, and high rate capability in silicon anode for lithium-ion batteries. ACS Applied Energy Materials, 2020, 3 (6): 5572-5580.

[206] Dong W, Xu J, Wang C, et al. A robust and conductive black tin oxide nanostructure makes efficient lithium-ion batteries possible. Advanced Materials, 2017, 29: 1700136-1700144.

[207] Deng X, Wei Z, Cui C, et al. Oxygen-deficient anatase TiO_2@C nanospindles with pseudocapacitive contribution for enhancing lithium storage. Journal of Materials Chemistry A, 2018, 6: 4013-4022.

[208] Zhu J, Chen J, Xu H, et al. Plasma-introduced oxygen defects confined in $Li_4Ti_5O_{12}$ nanosheets for boosting lithium-ion diffusion. ACS Applied Materials & Interfaces, 2019, 11: 17384-17392.

[209] Wang S, Hua W, Zhou S, et al. In situ synchrotron radiation diffraction study of the Li^+ de/intercalation behavior in spinel $LiNi_{0.5}Mn_{1.5}O_{4-\delta}$. Chemical Engineering Journal, 2020, 400: 125998-126003.

[210] Lee K-C, Chang-Jian C-W, Ho B-C, et al. Conductive PProDOT-Me2-capped $Li_4Ti_5O_{12}$ microspheres with an optimized Ti^{3+}/Ti^{4+} ratio for enhanced and rapid lithium-ion storage. Ceramics International, 2019, 45: 15252-15261.

[211] Jakes P, Granwehr J, Kungl H, et al. Mixed ionic-electronic conducting $Li_4Ti_5O_{12}$ as anode material for lithium ion batteries with enhanced rate capability-impact of oxygen non-

stoichiometry and aliovalent Mg^{2+}-doping studied by electron paramagnetic resonance. Zeitschrift für Physikalische Chemie, 2015, 229: 1439-1450.

[212] Deng X, Wei Z, Cui C, et al. Oxygen-deficient anatase TiO_2@C nanospindles with pseudocapacitive contribution for enhancing lithium storage. Journal of Materials Chemistry A, 2018 (6): 4013-4022.

[213] Yi T-F, Qiu L-Y, Mei J, et al. Porous spherical $NiO@NiMoO_4@PPy$ nanoarchitectures as advanced electrochemical pseudocapacitor materials. Science Bulletin, 2020, 65: 546-556.

[214] Yi T F, Shi L N, Han X, et al. Approaching high-performance lithium storage materials by constructing hierarchical $CoNiO_2@CeO_2$ nanosheets. Energy & Environmental Materials, 2021, 4: 586-595.

[215] Qiu L, Lai X-Q, Wang F, et al. Promoting the Li storage performances of $Li_2ZnTi_3O_8$ @ Na_2WO_4 composite anode for Li-ion battery. Ceramics International, 2021, 47: 19455-19463.

[216] Wang Y, Shi H T, Niu J R, et al. Self-healing Sn_4P_3@hard carbon co-storage anode for sodium-ion batteries. Journal of Alloys Compounds, 2021, 851: 156746-156755.

[217] Ma S, Noguchi H. High temperature electrochemical behaviors of ramsdellite $Li_2Ti_3O_7$ and its Fe-doped derivatives for lithium ion batteries. Journal of Power Sources, 2006, 161: 1297-1301.

[218] Zhu G-N, Chen L, Wang Y-G, et al. Binary $Li_4Ti_5O_{12}$-$Li_2Ti_3O_7$ nanocomposite as an anode material for Li-ion batteries. Advanced Functional Materials, 2013, 23: 640-647.

[219] Duraisamy E, Prabunathan P, Mani G, et al. [Zn (Salen)] metal complex-derived ZnO-implanted carbon slabs as anode material for lithium-ion and sodium-ion batteries. Materials Chemistry Frontiers, 2021, 5: 3886-3896.

[220] Liu T, Guo Y, Hou S, et al. Constructing hierarchical ZnO@C composites using discarded Sprite and Fanta drinks for enhanced lithium storage. Applied Surface Science, 2021, 541: 148495-148504.

[221] Wang Z G, Wang Z X, Peng W J, et al. An improved solid-state reaction to synthesize Zr-doped $Li_4Ti_5O_{12}$ anode material and its application in $LiMn_2O_4/Li_4Ti_5O_{12}$ full-cell. Ceramics International, 2014, 40 (7): 10053-10059.

[222] Yan H, Zhang D, Guo G B, et al. Hydrothermal synthesis of spherical $Li_4Ti_5O_{12}$ material for a novel durable $Li_4Ti_5O_{12}/LiMn_2O_4$ full lithium ion battery. Ceramics International, 2016, 42 (13): 14855-14861.

[223] Chien W-C, Wu Z-H, Hsieh Y-C, et al. Electrochemical performance of $Li_4Ti_5O_{12}$ anode materials synthesized using a spray-drying method. Ceramics International, 2020, 46 (17): 26923-26935.

[224] Xiang H F, Zhang X, Jin Q Y, et al. Effect of capacity matchup in the $LiNi_{0.5}Mn_{1.5}O_4/Li_4Ti_5O_{12}$ cells. Journal of Power Sources, 2008, 183 (1): 355-360.

[225] Huo J H, Xue Y J, Zhang L F, et al. Hierarchical TiO_{2-x} nanoarchitectures on Ti foils as binder-free anodes for hybrid Li-ion capacitors. Journal of Colloid and Interface Science,

2019, 555: 791-800.

[226] Xing T, Ouyang Y H, Zheng L P, et al. Free-standing ternary metallic sulphides/Ni/C-nanofiber anodes for high-performance lithium-ion capacitors. Journal of Energy Chemistry, 2020, 42: 108-115.

[227] Zhou X Y, Geng Z, Li B, et al. Oxygen doped activated carbon/SnO$_2$ nanohybrid for high performance lithium-ion capacitor. Journal of Electroanalytical Chemistry, 2019, 850: 113398-113403.

[228] He Z-H, Gao J-F, Kong L-B. NiGa$_2$O$_4$ nanosheets in a microflower architecture as anode materials for Li-ion capacitors. ACS Applied Nano Materials, 2019, 2 (10): 6238-6248.

[229] Li H, Guo S T, Wang L B, et al. Thermally durable lithium-ion capacitors with high energy density from all hydroxyapatite nanowire-enabled fire-resistant electrodes and separators. Advanced Energy Materials, 2019, 9 (46): 1902497-1902508.

[230] Divya M L, Aravindan V. Electrochemically generated gamma-Li$_x$V$_2$O$_5$ as insertion host for high-energy Li-ion capacitors. Chemistry-An Asian Journal, 2019, 14 (24): 4665-4672.

[231] Zhuang B Y, Wu Z J, Chu W J, et al. High-performance lithium-ion supercapatteries constructed using Li$_3$V$_2$(PO$_4$)$_3$/C mesoporous nanosheets. ChemistrySelect, 2019, 4 (33): 9822-9828.

[232] Li Y H, Tang X, Zhou X J, et al. Improvement of lithium ion storage in titanium dioxide nanowires by introducing interfacial capacity. Applied Surface Science, 2020, 505: 144649-144680.

[233] Zhu G Y, Ma L B, Lin H N, et al. High-performance Li-ion capacitor based on black-TiO$_{2-x}$/graphene aerogel anode and biomass-derived microporous carbon cathode. Nano Research, 2019, 12 (7): 1713-1719.

[234] Zhang M X, Zhang X, Liu Z X, et al. Ball milling-derived nanostructured Li$_3$VO$_4$ anode with enhanced surface-confined capacitive contribution for lithium ion capacitors. Ionics, 2020, 26 (8): 4129-4140.

[235] Samin A, Kurth M, Cao L. Ab initio study of radiation effects on the Li$_4$Ti$_5$O$_{12}$ electrode used in lithium-ion batteries. AIP Advances, 2015, 5: 047110.